# 기초통계학

김영훈 · 신재경 · 고정환 지음

KyoWooSa 敎友社

# 머 리 말

본 서에서는 통계자료분석을 하는 기초적인 방법을 다루고자 한다. 자료는 우리가 일상에서 부딪히는 우연적인 사건이나 어떠한 목적에 의해 생산되고 있다. 이러한 자료를 적절한 도구를 사용하여 잘 가공한다면 원석에서 보석을 생산하는 것처럼 더 값어치 있는 정보를 얻을 수 있다. 자료가 있는 어느 상황에서도 그 자료를 분석하기 위하여 통계학이 필수적으로 요구되는 이유가 여기에 있다.

여기서는 통계자료분석 중 가장 기본이 되는 자료를 정리하고 요약해서 표현하는 기술통계의 영역을 소개하는 것으로 시작한다. 통계적 추론의 기본이 되는 확률과 확률분포 및 통계량의 분포를 간단하게 설명한다. 그리고 점추정과 신뢰구간추정 및 가설검정 분야의 기본적인 내용을 소개하고 그 적용방법을 설명하고자 한다.

통계자료분석은 어렵다는 선견을 가지는 이유 가운데 하나는 계산의 복잡성에 기인하기도 한다. 계산부분을 통계패키지를 사용하여 해결하는 것도 하나의 극복 방법이 된다. 그러나 손쉽게 구할 수 있는 과학기술용 계산기로도 계산은 충분하다고 사료된다. 이 접근법이 자료분석방법을 이해하고 응용하는데 도움을 준다고도 생각한다. 확률을 계산하는 경우 필요에 따라 Excel을 이용하였다.

쉽지가 않다고 미리 생각해버리는 통계학의 기본적인 내용을 보다 쉽게 이해하도록 노력하였지만 부족한 면이 있으리라 사료되고, 이점은 추후 보완하도록 하겠다. 본 서가 나오기까지 도움을 준 자랑스러운 우리 학생, 동행 그리고 관계자에게 감사한 마음을 전한다.

마지막으로 통계자료분석을 이해하는데 조그마한 도움이라도 되기를 바란다.

저자 書

## 그리스 문자(Greek Alphabet)

| | | |
|---|---|---|
| 알파(alpha) | $\alpha$ | A |
| 베타(beta) | $\beta$ | B |
| 감마(gamma) | $\gamma$ | Γ |
| 델타(delta) | $\delta$ | Δ |
| 입실론(epsilon) | $\varepsilon$ | E |
| 제타(zeta) | $\zeta$ | Z |
| 에타(eta) | $\eta$ | H |
| 세타(theta) | $\theta$ | Θ |
| 이오타(iota) | $\iota$ | I |
| 카파(kappa) | $\kappa$ | K |
| 람다(lambda) | $\lambda$ | Λ |
| 뮤(mu) | $\mu$ | M |
| 뉴(nu) | $\nu$ | N |
| 크사이(xi) | $\xi$ | Ξ |
| 오미크론(omicron) | $o$ | O |
| 파이(pi) | $\pi$ | Π |
| 로(rho) | $\rho$ | P |
| 시그마(sigma) | $\sigma$ | Σ |
| 타우(tau) | $\tau$ | T |
| 입실론(upsilon) | $\upsilon$ | Υ |
| 파이(phi) | $\phi$ | Φ |
| 카이(chi) | $\chi$ | X |
| 프사이(psi) | $\psi$ | Ψ |
| 오메가(omega) | $\omega$ | Ω |

# 차 례


제 1 장 기술통계 – 표와 그래프 ······ 1

1.1 용어 ······ 1
1.2 도수분포 ······ 3
1.3 점도표 ······ 9
1.4 막대그래프 ······ 10
1.5 히스토그램 ······ 11
1.6 도수다각형 ······ 12
1.7 줄기-잎 그림 ······ 13
1.8 파이그래프 ······ 14
1.9 시계열그래프 ······ 15

제 2 장 기술통계 – 대표값 ······ 21

2.1 중심경향의 측도 ······ 21
2.2 산포의 측도 ······ 31
2.3 분포의 모양 ······ 36
2.4 탐색적 자료분석 ······ 39

제 3 장 확률과 확률분포 ······ 49

3.1 표본공간과 확률 ······ 49
3.2 확률변수와 확률분포 ······ 54
3.3 베르누이분포와 이항분포 ······ 59
3.4 정규분포 ······ 65

3.5 카이제곱분포 ······73
3.6 t-분포 ······75
3.7 F-분포 ······78

제 4 장 통계적 추론 ······85
4.1 추정 ······85
4.2 가설검정 ······86

제 5 장 모평균에 관한 추론 ······91
5.1 일표본 문제 ······91
5.2 정규 모분산을 아는 경우 ······92
5.3 정규 모분산을 모르는 경우 ······97

제 6 장 모평균차에 관한 추론 ······109
6.1 독립표본 문제 ······109
6.2 동일하지 않은 모분산을 모르는 경우 ······111
6.3 동일한 모분산을 모르는 경우 ······117

제 7 장 대응표본에서의 추론 ······127
7.1 대응표본 문제 ······127
7.2 평균차에 관한 추론 ······129

제 8 장 분산분석 ······139
8.1 일원배치법 ······139
8.2 반복수가 다른 일원배치법 ······153

제 9 장 모비율에 관한 추론 ···· 165
9.1 모비율에 관한 통계적 추론 ···· 165
9.2 모비율차에 관한 통계적 추론 ···· 169

제 10 장 범주형 자료분석 ···· 177
10.1 적합도 검정 ···· 177
10.2 독립성 검정 ···· 180

제 11 장 상관분석과 회귀분석 ···· 185
11.1 산점도 ···· 185
11.2 상관분석 ···· 186
11.3 단순회귀분석 ···· 190

부록–1 통계수표 ···· 203
표. 1 난수표 ···· 204
표. 2 누적이항분포표 ···· 205
표. 3 표준정규분포표 ···· 216
표. 4 t-분포표 ···· 217
표. 5 카이제곱분포표 ···· 218
표. 6 F-분포표 ···· 219

부록–2 Excel을 사용한 확률계산 ···· 229

찾아보기 ···· 237

# 제 1 장

# 기술통계 - 표와 그래프

이 장에서 다루는 주요 내용은 다음과 같다.

- ○ 용어
- ○ 도수분포
- ○ 점도표, 막대그래프
- ○ 히스토그램, 도수다각형, 줄기-잎 그림
- ○ 파이그래프, 시계열그래프

## 1.1 용어

통계학을 이해하려면 몇 개의 용어를 알아둘 필요가 있다. 우선 통계학의 정의를 살펴보자.

**통계학(statistics)**의 정의

자료를 수집하고, 분석하고, 해석하는 방법을 연구하는 학문이다.

통계학은 크게는 두 영역으로 나눈다. 자료를 수집하고, 체계화하고, 요약하고, 분석하는 영역을 기술통계학(descriptive statistics)이라 하고, 자료로부터 추론을 하는 영역을 추론통계학(inferential statistics)이라고 한다. 어떤 사건을 기술하기 위해 사용되는 변수(variable)를 설명해 주는 자료를 수집하면, 이 자료로부터 필요한 정보를 얻을 수 있다. 여기서 자료(data)는 어떤 사건을 기술하는 변수가 취할 수 있는 값(측정값 또는 관측값)이다. 그리고 그 값이 우연적으로 결정되는 변수를 확률변수(random variable)라고 부른다.

변수는 양적변수(quantitative variable)와 질적변수(qualitative variable)로 나뉘어진다. 질적변수는 원래는 숫자로 나타나지 않는다. 질적변수의 값인 비숫자를 숫자로 바꾸는 것을 코드화한다라고 한다. 양적변수는 숫자로 나타낼 수 있으며, 이산변수(discrete variable)와 연속변수(continuous variable)의 두 집단으로 분류할 수 있다. 변수들이 취하는 값을 모은 것을 자료집합(data set)이라고 하며, 개별 값을 자료값(data value)이라 한다.

질적자료는 어떤 특성이나 속성에 따라 서로 다른 범주로 분리할 수 있는 자료값이다. 예를 들면, 축구팀의 유니폼의 색, 유학생의 국적 등은 질적자료로 분류된다. 양적자료는 수치적 자료값이다. 예를 들면, 테니스 선수의 신장, 병원의 입원환자수, 대학의 재학생수, 강우량, 강우일수 등은 양적자료로 분류된다. 변수의 값을 셀 수 있으면 그 변수를 이산변수라고 한다. 예를 들어, 어떤 병원의 외래환자수, 어떤 대학의 휴학생수 등이다. 연속변수는 어떤 주어진 두 값 사이에 있는 모든 값을 취할 수 있는 변수이다. 예를 들어, 통계학 수강생의 체중, 농장에서의 수확량, 혈압 등이다.

통계자료분석을 하기 위해서는 반드시 자료를 수집해야만 한다. 통계전문가가 수행하고자 하는 일 중의 하나가 모집단(population)의 특성에 관한 몇 가지 추론이라고 하자. 때로는 모집단 전체의 자료를 수집하는 것은 불가능할 수도 있고 비용이 너무 많이 들 수도 있다. 이런 경우에 통계전문가는 모집단을 대표하는 일부분을 선택할 것이다. 모집단의 일부분을 표본(sample)이라고 한다.

모집단은 연구의 대상이 된 집단 전체를 의미한다. 즉, 모집단은 관심 대상이 되는 모든 원소로 구성된다. 예를 들어, 어떤 대학의 신입생들의 영어 수능점수를 연구한다고 하면 모집단은 그 대학의 모든 신입생들의 영어 수능점수다. 모집단의 부분집합을 표본이라고 부른다. 예를 들어, 어떤 대학 신입생의 영어 수능점수를 연구하는 경우 표본은 그 대학 신입생 가운데 일부분을 랜덤하게 추출하여 얻은 영어성적이다. 전수조사(census)는 전체 모집단이 표본이 되는 경우이다. 예를 들어, 우리 대학 신입생의 수능점수 중에서 영어성적에 관심이 있다면 모든 신입생의 영어성적 목록을 만들 수 있다. 이것이 전수조사의 산물이다.

모집단과 표본은 각각 그들과 관련된 특성을 가지는데, 이 특성들을 모수(parameter)와 통계량(statistic)이라고 부른다. 모수는 모집단에 관한 특성이다. 예를 들어, 우리 대학 신입생의 영어성적의 분포에 관심이 있다면 전수조사로 얻은 모든 신입생의 영어성적의 평균을 구할 수 있다. 이렇게 얻은 평균이 모수이다. 통계량은 표본에 관한 특성이다. 예를 들어, 우리대학 신입생의 영어성적의 분포에 관심이 있는 경우 모집단의 일부분을 표본으로 선택한다면 선택된 신입생의 영어성적의 평균을 구할 수 있다. 표본으로 계산한 평균은 통계량의 한 가지 예가 된다. 모수는 모집단에 대한 설명이므로 여러 개의 모수가 있을 수 있다. 예를 들어, 정규분포에는 모평균과 모분산 등의 모수가 있다. 유사하게 표본도 많은 통계량을 가질 수 있다. 예를 들면, 표본평균, 표본분산, 표본표준편차, 표본비율 등이 통계량이다.

통계전문가는 표본을 선택할 때 그 값이 어느 한쪽으로 치우치지 않도록 선택한 표본을 취하고 싶어한다. 즉, 타고난 편의인 고유편의(inherent bias)가 없도록 값을 선택하고 싶어한다. 이렇게 할 수 있는 한가지 방법이 확률표본(random sample)을 선택하는 것이다. 특정 크기의 확률표본이란 동일한 크기의 각 그룹이 선택될 기회가 동일하도록 하는 방법으로 선택된 표본이다. 예를 들어, 어떤 복권의 복권번호가 숫자 5개로 되어있다고 하자. 이 복권에서 크기가 5인 복권번호는 선택될 기회가 항상 동일하다. 따라서 이렇게 선택된 숫자 5개는 확률표본이 된다. 그리고 이렇게 표본을 선택하는 것을 랜덤하게 표본을 추출한다라고 한다.

## 1.2 도수분포

- 도수분포 - 질적 자료
- 도수분포 - 미그룹 양적자료
- 도수분포 - 그룹 양적자료

도수분포(frequency distribution)는 계급(class) 또는 계급구간(class

interval)과 도수(frequency)를 사용하여 원자료(raw data)를 표의 형태로 구성한 것이다. 일반적으로 도수는 각 계급에 속하는 자료값의 개수이다. 자료값의 도수는 자료집합에서 어떤 값이 나타나는 횟수이다. 여기서 다루는 도수분포는 다음의 자료형이다: 질적자료, 미그룹자료, 그룹자료.

## 도수분포 - 질적자료

자료가 성별, 지지정당, 머리색, 눈동자색, 혈액, 종교 등과 같은 범주형 또는 질적인 경우 범주형 도수분포를 사용할 수 있다.

**[예제 1.1]** 대학생 30명을 랜덤하게 추출하여 지지하는 정당(A, B, C)을 조사한 결과 다음과 같았다. 도수분포를 사용하여 자료를 요약해보자.

A, B, C, A, B, B, B, A, A, B, A, A, A, A, B
A, B, A, C, A, C, A, A, B, B, A, A, A, B, A

지지하는 정당을 계급으로, 각 지지정당의 출현 횟수를 도수로 나타낼 수 있다. 아래 표의 도수분포가 자료를 요약한다.

**[표 1.1] 도수분포표**

| 계급(지지정당) | 도수($f$) |
|---|---|
| A | 17 |
| B | 10 |
| C | 3 |
| 계 | $n=30$ |

주어진 자료가 질적인 경우 자료값을 숫자로 바꾸어 처리하는 것이 편리할 때가 많다. 예를 들어, 정당 A는 1로, B는 2로, C는 3으로 바꾸면 다음과 같을 것이다.

| 원자료 | A B C A B … |
|---|---|
| 코드 | 1 2 3 1 2 … |

위와 같이 수정한 자료를 사용하여 도수분포표를 작성하면 다음과 같다.

**[표 1.2] 도수분포표**

| 계급(지지정당) | 도수( $f$ ) |
|---|---|
| 1 | 17 |
| 2 | 10 |
| 3 | 3 |
| 계 | $n=30$ |

자료가 질적 또는 범주형인 경우 도수분포표 외에도 막대그래프, 파이그래프, 점도표 등으로 표현할 수 있다.

## 도수분포 - 미그룹 양적자료

양적자료가 그룹으로 구분되지 않은 경우의 도수분포는 각 값이 일어나는 횟수인 도수를 간단히 정리한 것이다.

**[예제 1.2]** 다음 자료는 24명의 신생아를 대상으로 처음 걷기 시작한 월령을 조사한 결과이다.

9, 10, 10, 10, 13, 10, 11, 10, 10, 12, 11, 15,
12, 12, 9, 12, 14, 13, 13, 12, 12, 14, 12, 11

이 자료를 도수분포표로 요약한 것이 [표 1.3]이다.

계급과 도수만으로 도수분포표를 작성하는 것이 일반적이지만, 가끔 상대도수를 함께 나타내기도 한다. 어떤 계급의 상대도수(relative frequency)는 그 계급의 도수를 총 자료의 개수로 나눈 값이다.

$$\text{Relative frequency} = \frac{f_i}{n}$$

여기서 $n$은 표본크기이고, $f_i$는 $i$번째 계급의 도수이다. 상대도수를 포함한 도수분포는 [표 1.4]와 같다.

**[표 1.3] 도수분포표**

| 계급(월령) | 도수($f$) |
|---|---|
| 9 | 2 |
| 10 | 6 |
| 11 | 3 |
| 12 | 7 |
| 13 | 3 |
| 14 | 2 |
| 15 | 1 |
| 계 | $n=24$ |

**[표 1.4] 도수분포표**

| 계급(월령) | 도수($f$) | 상대도수 |
|---|---|---|
| 9 | 2 | 2/24=0.0833 |
| 10 | 6 | 6/24=0.2500 |
| 11 | 3 | 3/24=0.1250 |
| 12 | 7 | 7/24=0.2917 |
| 13 | 3 | 3/24=0.1250 |
| 14 | 2 | 2/24=0.0833 |
| 15 | 1 | 1/24=0.0417 |
| 계 | $n=24$ | |

도수분포표를 작성하는 경우 누적도수(cumulative frequency)와 누적상대도수(cumulative relative frequency)를 함께 나타내는 경우도 있다. 계급 또는 값들이 오름차순으로 정리되었다고 가정하면 특정한 값의 누적도수는 도수분포에서 주어진 값 이하의 모든 값의 도수들의 합이다. 그리고 특정한 값의 누적상대도수는 도수분포에서 주어진 값 이하의 모든 값의 상대도수들의 합이다.

도수, 상대도수, 누적도수, 누적상대도수를 포함한 도수분포표는 다음과 같다.

**[표 1.5] 도수분포표**

| 계급(월령) | 도수($f$) | 상대도수 | 누적도수 | 누적상대도수 |
|---|---|---|---|---|
| 9 | 2 | 2/24=0.0833 | 2 | 0.0833 |
| 10 | 6 | 6/24=0.2500 | 8 | 0.3333 |
| 11 | 3 | 3/24=0.1250 | 11 | 0.4583 |
| 12 | 7 | 7/24=0.2917 | 18 | 0.7500 |
| 13 | 3 | 3/24=0.1250 | 21 | 0.8750 |
| 14 | 2 | 2/24=0.0833 | 23 | 0.9583 |
| 15 | 1 | 1/24=0.0417 | 24 | 1. |
| 계 | $n=24$ | | | |

## 도수분포 - 그룹 양적자료

여기서는 자료의 최소값과 최대값 및 표본크기를 고려하여 계급 또는 구간의 개수를 적절하게 정한 다음, 각 계급에 속하는 자료를 정리하는 도수분포를 다룬다. 도수분포를 작성하는 방법은 여러 가지가 있다.

도수분포는 5~20개의 정도 계급을 가지는 것이 좋다. 자료집합이 작은 경우 5~10개의 계급을 사용할 수 있으며, 큰 자료집합에서는 최대 20개의 계급을 사용할 수 있다. 또는 자료의 크기 $n$이 50~200인 경우 계급의 개수를 $\sqrt{n}\pm 3$의 범위 내에서 정하기도 한다.

계급구간은 보통 동일한 간격을 갖도록 하며, 계급의 경계값은 주어진 자료의 최소단위보다 한 단위 낮도록 설정하기도 한다.

**[예제 1.3]** 납을 다루는 어떤 제조공장의 근로자의 자녀 30명을 랜덤하게 추출하여 혈액표본을 얻었다. 전혈(whole blood)중 납농도를 측정한 결과는 다음과 같았다(단위: $mg/dl$).

41, 26, 44, 21, 40, 39, 26, 36, 34, 37, 27, 17, 14, 20, 30,
23, 18, 13, 48, 42, 25, 38, 52, 76, 47, 38, 46, 42, 37, 35

계급의 개수가 7인 도수분포를 사용하여 자료를 요약하면 다음과 같다.

**[표 1.6] 도수분포표**

| 계급(납농도) | 도수($f$) | 상대도수(%) |
|---|---|---|
| 10^이상^-20^미만^ | 4 | 13.33 |
| 20-30 | 7 | 23.33 |
| 30-40 | 9 | 30.00 |
| 40-50 | 8 | 26.67 |
| 50-60 | 1 | 3.33 |
| 60-70 | 0 | 0.00 |
| 70-80 | 1 | 3.33 |
| 계 | $n=30$ | |

상기 표는 7개의 계급을 사용하여 자료를 도수분포로 나타내었다. 첫 번째 계급의 상한값과 두 번째 계급의 하한값은 동일한 값 20이다. 경계값 20은 양쪽 계급에 포함될 수 없으므로 각 계급은 하한값 이상과 상한값 미만으로 표시하였다. 따라서 값 20이 존재한다면 두 번째 계급에 포함된다.

이 도수분포의 계급폭(class width)은 10이다. 이 값은 어떤 계급의 하한값을 그 다음 계급의 하한값에서 빼서 구한 것 이다.

상대도수의 합이 정확하게 100이 되지 않는 이유는 상대도수를 소수 아래 두 자리로 반올림했기 때문이다.

도수분포의 경계값인 하한값과 상한값을 보다 분명하게 나타내기 위하여 주어진 자료의 최소단위보다 한 단위가 낮은 자릿수를 갖도록 설정할 수도 있다. 계급구간의 경계값을 수정하여 구한 도수분포는 [표 1.7]과 같다.

[표 1.7]과 같이 도수분포를 작성하면 인접하는 두 계급의 경계값에 해당하는 자료값은 없다.

**[표 1.7] 도수분포표**

| 계급(납농도) | 도수($f$) | 상대도수 |
|---|---|---|
| 9.5−19.5 | 4 | 13.33 |
| 19.5−29.5 | 7 | 23.33 |
| 29.5−39.5 | 9 | 30.00 |
| 39.5−49.5 | 8 | 26.67 |
| 49.5−59.5 | 1 | 3.33 |
| 59.5−69.5 | 0 | 0.00 |
| 69.5−79.5 | 1 | 3.33 |
| 계 | $n=30$ | |

## 1.3 점도표

점도표(dot plot)는 자료집합의 각 값을 수평의 선위에 점으로 표시한 것이다. 어떤 특정한 값이 여러 개 있으면 점들은 수직으로 쌓일 것이다.

**[예제 1.4]** 앞에서 언급한 신생아들이 처음 걷기 시작한 월령을 조사한 자료를 점도표로 작성하면 [그림 1.1]과 같다.

[그림 1.1]의 점도표에서 수직으로 쌓인 점들은 중복 출현한 값을 나타낸다. 수직으로 쌓인 점의 개수가 특정한 값에 대한 도수를 나타낸다. 예를 들

어, 11이 3번 나타났으므로 값 11위로 3개의 점들이 쌓여있다.

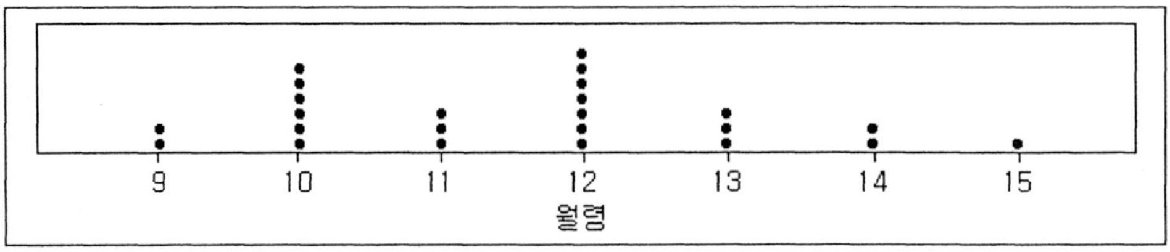


**[그림 1.1] 월령에 대한 점도표**

**[예제 1.5]** 앞에서 언급한 납을 취급하는 근로자의 자녀를 대상으로 한 혈중 납농도를 조사한 자료를 점도표로 나타내면 다음과 같다.

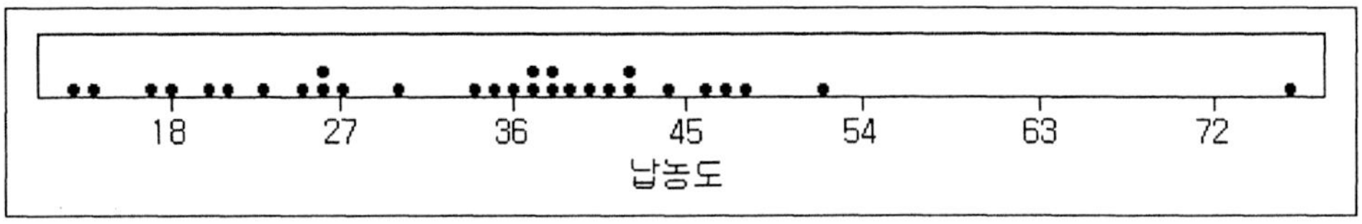


**[그림 1.2] 혈중 납농도에 대한 점도표**

상기 점도표를 살펴보면 오른쪽의 극단값 74는 나머지 값보다 상대적으로 크므로 이상점으로 의심할 만하다.

## 1.4 막대그래프

막대그래프(bar graph 또는 bar chart)는 자료집합에서 각 범주의 도수를 나타내기 위하여 수직 또는 수평의 막대를 사용한 그래프이다. 막대그래프는 각 범주의 크기를 막대 즉, 그림으로 표현함으로써 자료를 시각적으로 비교할 수 있게 해준다. 자료가 범주형(성별, 눈동자 색 등)인 경우 유용하다.

**[예제 1.6]** 앞에서 언급한 주민들이 지지하는 정당을 조사한 자료를 사용하여 막대그래프를 작성하면 [그림 1.3]과 같다.

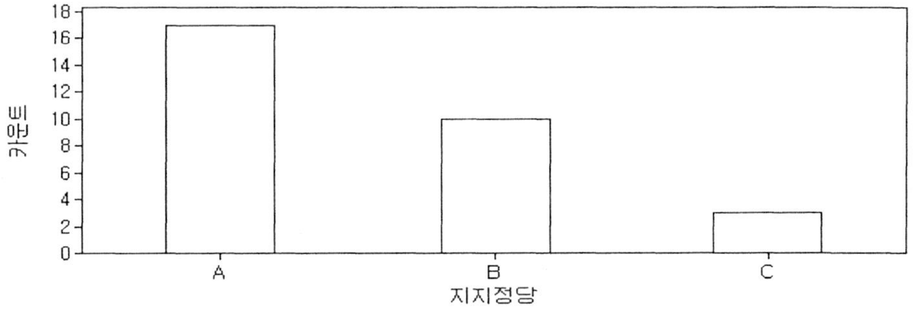


**[그림 1.3] 지지하는 정당에 대한 막대그래프**

그리고 막대그래프를 작성할 때 막대의 폭을 같게 하는 것이 바람직하다.

## 1.5 히스토그램

히스토그램(histogram)은 계급과 수직막대를 사용하여 도수분포 또는 상대도수분포를 그림으로 표현한 것이다. 히스토그램은 자료가 양적일 때 유용하고, 표본이 추출된 모집단의 분포모양을 추정할 수 있다.

**[예제 1.7]** 앞에서 언급한 납을 취급하는 근로자의 자녀를 대상으로 한 혈중 납농도 자료를 히스토그램으로 표현하면 다음과 같다.

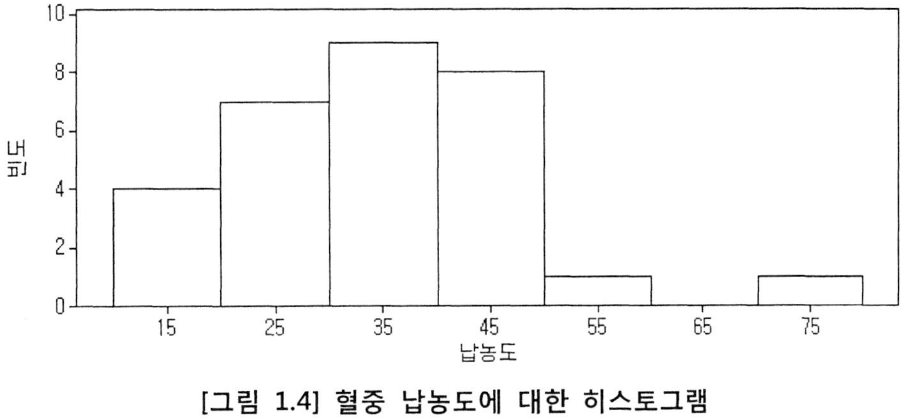


**[그림 1.4] 혈중 납농도에 대한 히스토그램**

위 그림은 자료를 계급의 개수가 7인 히스토그램으로 나타낸 것이다. 이 히스토그램은 각 계급의 폭을 10으로 하여 각 계급의 도수를 보여주고 있다. 히스토그램의 세로축을 도수 대신에 상대도수로 나타낼 수도 있으며, 그렇게 나타낸 것을 상대도수히스토그램이라고 한다.

## 1.6 도수다각형

도수다각형(frequency polygon)은 히스토그램의 수직막대의 꼭대기의 중앙점을 직선으로 연결하여 자료를 나타낸 그래프이다. 이 도수다각형으로 모집단의 분포모양을 추정할 수 있다.

**[예제 1.8]** 앞에서 언급한 혈중 납농도에 대한 히스토그램을 사용하여 도수다각형을 작성해보자.

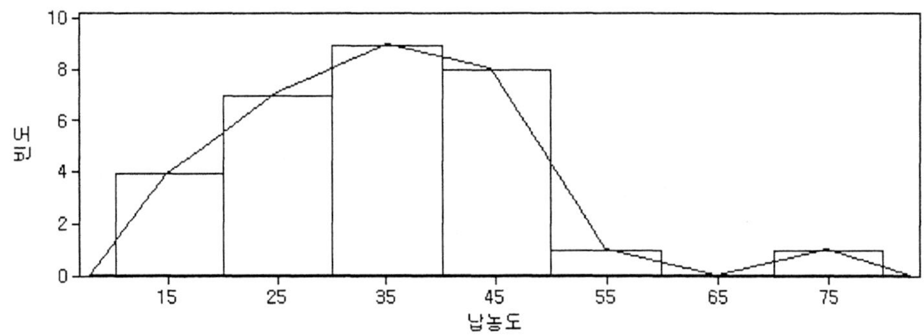


**[그림 1.5] 혈중 납농도에 대한 도수다각형**

상기 도수다각형에서 꺾은선의 양끝은 수평축까지 연결되어 있다는 것에 주의하자. 각 계급에 대응하는 막대 꼭대기의 중앙점을 계급마크(class mark) 또는 계급중앙점(class midpoint)이라고 부른다.

## 1.7 줄기-잎 그림

줄기-잎 그림(stem and leaf display)은 계급 또는 그룹을 형성하기 위하여 자료값의 일부를 줄기(stem)로 사용하고, 자료값의 일부를 잎(leaf)으로 사용하여 나타낸 그림이다. 줄기-잎 그림은 자료를 그래프 형태로 나타내면서도 실제 자료값을 유지하기 때문에 도수분포보다 장점이 많다.

**[예제 1.9]** 앞에서 언급한 혈중 납농도의 자료를 줄기-잎 그림으로 나타내보자. 줄기-잎 그림을 작성하는 절차는 다음과 같다.

단계 1: 납농도의 자료값은 두 자리 숫자이다. 자료값의 첫 번째 숫자인 10의 자리를 줄기로 한다. 줄기를 수직으로 적은 다음 줄기의 오른쪽에 수직선을 긋는다.

단계 2: 자료값의 마지막 숫자인 1의 자리를 잎으로 하고, 잎을 해당 줄기의 오른쪽에 적는다. 예를 들어, 납농도 41의 경우 줄기는 4이고 잎은 1이다.

단계 3: 각 줄기의 잎을 오름차순으로 정리한다.

이 경우 잎 단위는 1이며, 위 단계를 거쳐 작성한 그림은 다음과 같다.

| 줄기 | 잎 | 줄기 | 잎 | 줄기 | 잎 |
|---|---|---|---|---|---|
| 1 | | 1 | 7483 | 1 | 3478 |
| 2 | | 2 | 6167035 | 2 | 0135667 |
| 3 | | 3 | 964708875 | 3 | 045677889 |
| 4 | | 4 | 14082762 | 4 | 01224678 |
| 5 | | 5 | 2 | 5 | 2 |
| 6 | | 6 | | 6 | |
| 7 | | 7 | 6 | 7 | 6 |
| 단계 1 | | 단계 2 | | 단계 3 | |

[그림 1.6]은 통계패키지 Minitab으로 구한 줄기-잎 그림의 결과이다.

```
줄기-잎 그림: 납농도  N  = 30
잎 단위 = 1.0


  4   1  3478
 11   2  0135667
(9)   3  045677889
 10   4  01224678
  2   5  2
  1   6
  1   7  6
```

**[그림 1.6] 혈중 납농도에 대한 줄기와 잎 그림**

## 1.8 파이그래프

파이그래프(pie graph 또는 pie chart)는 각 범주에 속하는 자료값의 퍼센트에 따라 원을 조각으로 나눈 것이다. 파이그래프를 활용하면 전체 자료집합에 대한 각 부분의 상대적인 비를 관찰할 수 있다. 파이그래프는 양적자료와 질적자료에 모두 사용될 수 있다. 질적자료는 이미 범주의 형태이기 때문에 파이그래프를 쉽게 작성할 수 있다.

**[예제 1.10]** 앞에서 언급한 대학생들이 지지하는 정당을 조사한 자료를 파이그래프로 나타내자. 다음은 각 정당을 지지하는 도수 또는 지지율에 상응하는 부분을 원의 일부분으로 표시한 파이그래프이다.

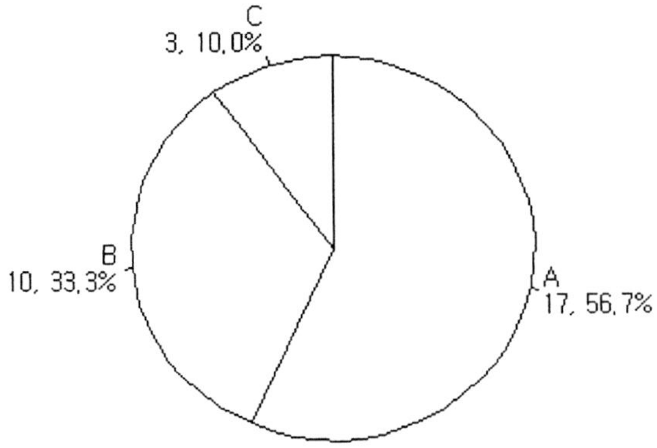


**[그림 1.7] 지지하는 정당에 대한 파이그래프**

파이그래프의 각 조각은 각 정당과 그 정당의 지지 도수와 지지율을 나타내 주고 있다.

## 1.9 시계열그래프

일정 기간 동안 수집된 자료는 시계열그래프를 이용하여 나타낼 수 있다. 시계열그래프(time series graph)는 주어진 기간 동안 관측한 자료를 나타내 준다. 이 그래프로는 시간에 따라 자료가 변하는 형태를 분석할 수 있다.

**[예제 1.11]** 다음 자료는 1991년부터 2008년까지 태풍이 발생한 빈도이다. 시계열그래프를 사용하여 이 정보를 나타내자. 이 자료에 대한 시계열그래프는 [그림 1.8]과 같다.

| 년도 | 1991 | 1992 | 1993 | 1994 | 1995 | 1996 | 1997 | 1998 | 1999 |
|---|---|---|---|---|---|---|---|---|---|
| 태풍 수 | 29 | 31 | 28 | 36 | 23 | 26 | 28 | 16 | 22 |
| 년도 | 2000 | 2001 | 2002 | 2003 | 2004 | 2005 | 2006 | 2007 | 2008 |
| 태풍 수 | 23 | 26 | 26 | 21 | 29 | 23 | 23 | 24 | 12 |

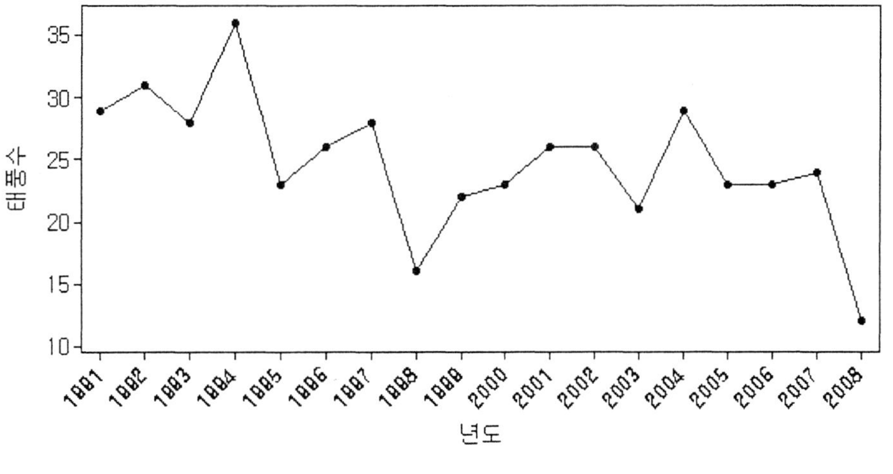


**[그림 1.8] 태풍 수에 대한 시계열그래프**

이 그래프를 살펴보면 지난 18년 동안 1994년에 태풍이 가장 많이 발생하였고, 2008년에 가장 적게 발생하였다.

## 다음 용어를 설명하시오.

1. 통계학
2. 기술통계학
3. 추론통계학
4. 확률변수
5. 양적변수
6. 질적변수
7. 이산변수
8. 연속변수
9. 모집단
10. 표본
11. 전수조사
12. 모수
13. 통계량
14. 확률표본
15. 도수분포
16. 점도표
17. 막대그래프
18. 히스토그램
19. 도수다각형
20. 줄기-잎 그림
21. 파이그래프
22. 시계열그래프

# 문 제

1-1 다음의 도수분포표에 대한 히스토그램을 작성하시오.

| 계급 | 도수 | 계급 | 도수 |
|---|---|---|---|
| 75~89 | 8 | 150~164 | 25 |
| 90~104 | 15 | 165~179 | 13 |
| 105~119 | 23 | 180~194 | 7 |
| 120~134 | 27 | 195~209 | 5 |
| 135~149 | 33 | 210~224 | 3 |

1-2 다음은 200명의 대학생을 랜덤하게 추출하여 좋아하는 커피를 조사한 결과이다.

| 커피 | 도수 |
|---|---|
| 카페라테 | 60 |
| 에스프레스 커피 | 30 |
| 비엔나 커피 | 38 |
| 카푸치노 | 32 |
| 모카 카리엔디 | 40 |
| 계 | 200 |

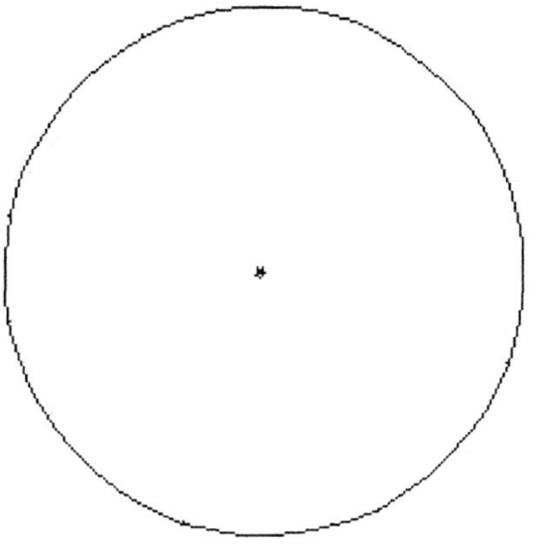

주어진 원을 사용하여 파이그래프를 작성하시오.

1-3 어느 대학 캠퍼스에서 헌혈한 대학생 25명의 혈액형을 조사한 결과는 다음과 같다. 이 자료를 사용하여 아래의 문제를 해결하시오.

AB, A, O, B, A, A, O, B, A, O, O, B, AB,
A, A, B, B, O, AB, B, A, AB, O, B, BA

(1) 도수분포
(2) 막대그래프
(3) 파이그래프

1-4 다음은 어떤 봉제 공장의 제작 공정에서 불량 항목별 불량 개수를 1달 동안 조사한 자료이다.

| 불량 항목 | 불량 개수 |
|---|---|
| A | 95 |
| B | 36 |
| C | 17 |
| D | 3 |
| E | 8 |

(1) 도수분포
(2) 막대그래프
(3) 파이그래프

1-5 어떤 뮤지컬 코미디의 오디션에 응모한 50명의 무용수의 나이를 정리하였더니 다음과 같았다.

21, 23, 23, 24, 18, 20, 19, 19, 23, 20, 22, 19, 20, 23, 19, 20, 21,
20, 22, 21, 20, 22, 20, 22, 20, 18, 21, 20, 21, 22, 19, 19, 18, 20,
22, 23, 20, 21, 21, 19, 22, 24, 19, 20, 19, 18, 24, 19, 22, 22

(1) 도수분포표를 작성하시오.
(2) 도수다각형을 작성하시오.
(3) 히스토그램을 작성하시오.
(4) 줄기-잎 그림을 그리시오.

1-6 어떤 제조 공정에서 25일간 매일 생산된 불량품의 수를 조사한 결과가 다음과 같다.

6, 18, 12, 21, 23, 9, 10, 8, 6, 10, 17, 12, 18,
9, 19, 6, 18, 18, 18, 6, 15, 11, 15, 8, 19

(1) 점도표를 작성하시오.
(2) 도수분포표를 작성하시오.
(3) 도수다각형을 작성하시오.
(4) 히스토그램을 작성하시오.
(5) 줄기-잎 그림을 그리시오.

1-7 어떤 농업회사의 연간 수입을 연도별로 조사한 결과가 다음과 같다. 시계열그래프를 작성하시오.

| 년도 | 2000 | 2001 | 2002 | 2003 | 2004 | 2005 | 2006 | 2007 | 2008 |
|---|---|---|---|---|---|---|---|---|---|
| 수입 | 68 | 72 | 92 | 86 | 76 | 52 | 76 | 82 | 78 |

# 제 2 장

# 기술통계 – 대표값

이 장에서 다루는 주요 내용은 다음과 같다.

○ 중심경향의 측도
○ 산포의 측도
○ 분포의 모양
○ 탐색적자료분석

## 2.1 중심경향의 측도

- 평균, 그룹자료의 평균, 가중평균
- 중앙값
- 최빈값
- 사분위수
- 절사평균

통계자료분석을 하는 경우 먼저 조사대상인 모집단으로부터 자료를 수집한 다음, 그 자료들의 집합인 자료집합(또는 데이터세트)을 이용하여 분석대상집단의 특성을 하나의 값으로 집약시켜서 나타낸다. 이때 자료들의 중심 또는 중간을 나타내는 것을 중심경향의 측도(measure of central tendency)라고 부른다.

통상적으로 사용하는 것으로 평균, 중앙값, 최빈값이 있다.

## 평균

평균(mean)은 중심경향의 측도 중에서 가장 널리 사용되는 대표값이다. 표본크기가 $n$이고, 자료가 $x_1, x_2, \cdots, x_n$이면 평균은 다음과 같다.

$$\bar{x} = \frac{x_1 + x_2 + \cdots + x_n}{n} = \frac{1}{n}\sum_{i=1}^{n} x_i$$

이를 산술평균(arithmetic mean) 또는 표본평균(sample mean)이라고도 부른다. 여기서 특정하지 않으면 평균은 표본평균을 의미한다.

**[예제 2.1]** 어떤 농작물의 산출량을 조사하기 위하여 7개 농장을 조사한 결과는 $8, 7, 14, 9, 11, 8, 13$이다. 그러면 이 자료의 표본평균은 다음과 같다.

$$\bar{x} = \frac{8+7+14+9+11+8+13}{7} = \frac{70}{7} = 10$$

**평균의 성질 :**

1. 평균에 대한 편차합은 0이다. 즉, $\sum(x_i - \bar{x}) = 0$.
2. 자료에 극단값(extreme value) 또는 이상값(outlier)이 있으면 평균은 상당한 영향을 받는다. 이상값은 조사대상인 모집단에 속하지 않는다고 의심할 정도로 나머지 자료로부터 아주 멀리 떨어진 값이다. 예를 들어, 앞에서 언급한 자료에서 가장 큰 값이 14가 아니고 140이라고 하자. 이 경우 합은 $\sum x_i = 196$이 되고, 평균은 $\bar{x} = 196/7 = 28$이 된다. 평균 28은 대표값이라고 생각할 수 없다. 극단값 또는 이상값이라고 여겨지는 자료가 있는 경우 보다 적절한 측도를 선택하여 사용하는 것도 고려할 만하다.

### 그룹자료의 평균

자료가 도수분포표로 정리되어 있는 경우 계급, 도수, 중간값을 사용하여 평균을 구하게 된다. 이때 원래의 값은 알 수가 없다. 그룹자료(grouped data)의 평균은 다음과 같다.

$$\bar{x} = \frac{1}{\sum f_i}\sum_{i=1}^{m} f_i y_i = \frac{1}{n}\sum_{i=1}^{m} f_i y_i, \quad n = \sum f_i$$

여기서 $f_i$는 $i$번째 계급의 도수이고, $y_i$는 $i$번째 계급의 중간값이고, $m$은 계급의 개수이다.

**[예제 2.2]** 어떤 과수원에서 생산한 사과수확량이 다음과 같다(단위:t/ha).

| 계급 | 도수($f_i$) | 중간값($y_i$) | $f_i\ y_i$ |
|---|---|---|---|
| 0이상−1미만 | 3 | 0.5 | 1.5 |
| 1−2 | 6 | 1.5 | 9.0 |
| 2−3 | 8 | 2.5 | 20.0 |
| 3−4 | 7 | 3.5 | 24.5 |
| 4−5 | 2 | 4.5 | 9.0 |
| 계 | 26 | | 64.0 |

이 자료의 평균은 다음과 같다.

$$\bar{x} = \frac{64}{26} = 2.4615$$

또한 평균을 다음과 같이 계산할 수도 있다.

$$\bar{x} = \frac{(0.5+0.5+0.5)+(1.5+1.5+\cdots+1.5)+\cdots+(4.5+4.5)}{26}$$

$$= \frac{64}{26} = 2.4615$$

### 가중평균

대학생이 이수한 교과목들의 성적을 대표하는 값인 평균평점은 가중평균(weighted mean)으로 계산한다.

**[예제 2.3]** 어떤 대학생의 이수과목, 학점수, 평점이 다음과 같다고 하자.

| 과목 | 학점수($w_i$) | 평점($y_i$) | $w_i\, y_i$ |
|---|---|---|---|
| 통계학 | 3 | 4.5 | 13.5 |
| 회계원리 | 3 | 4.0 | 12.0 |
| 한국사 | 2 | 3.5 | 7.0 |
| 계 | 8 | | 32.5 |

이 학생의 평균평점은 다음과 같다.

$$\bar{x} = \frac{(4.5+4.5+4.5)+(4+4+4)+(3.5+3.5)}{8}$$

$$= \frac{(3\times 4.5)+(3\times 4)+(2\times 3.5)}{8}$$

$$= \frac{32.5}{8} = 4.0625$$

이를 가중평균이라고 부르고, 이 경우 학점수가 가중값(weight)이다.

가중평균의 공식은 다음과 같다.

$$\bar{x} = \frac{1}{\sum w_i}\sum_{i=1}^{m} w_i y_i$$

## 중앙값

중앙값(median)도 역시 중심경향의 측도 가운데 중요한 하나이다. 중앙값은 자료를 크기순(오름차순 또는 내림차순)으로 나열했을 때 가장 중앙에 위치한 값을 의미한다. 즉, 중앙값은 자료를 크기순으로 정리한 다음 자료들을 양분하는 값으로 정의한다. 표본크기 $n$이 홀수인 경우 $(n+1)/2$번째 값이 중앙값이 되고, 표본크기 $n$이 짝수인 경우 $n/2$번째 값과 $(n/2)+1$번째 값의 평균이 중앙값이 된다.

**[예제 2.4]** ($n$=홀수) 앞에서 언급한 자료를 다시 이용해보자. 주어진 자료와 이를 오름차순으로 재 정리하면 다음과 같다.

$n=7$

| $x_1$ | $x_2$ | $x_3$ | $x_4$ | $x_5$ | $x_6$ | $x_7$ |
|---|---|---|---|---|---|---|
| 8 | 7 | 14 | 9 | 11 | 8 | 13 |
| 7 | 8 | 8 | 9 | 11 | 13 | 14 |
| $x_{(1)}$ | $x_{(2)}$ | $x_{(3)}$ | $x_{(4)}$ | $x_{(5)}$ | $x_{(6)}$ | $x_{(n)}$ |

자료를 반으로 나누는 가장 중앙에 위치한 값은 9이며, 이것이 중앙값이다. 여기서 $x_{(i)}$는 자료 $x_i$를 오름차순으로 정리할 때 $i$번째 값을 의미한다. 따라서 중앙값은 $(n+1)/2=(7+1)/2=4$번째 값인 $x_{((n+1)/2)}=x_{(4)}=9$가 됨을 알 수 있다.

만약 최대값 $x_{(7)}=140$이라고 가정하자. 이 경우에도 중앙값은 $x_{((n+1)/2)}=9$이다. 따라서 이상값이 존재하는 경우 중앙값은 이상값의 영향을 받지 않으므로 표본평균보다 중심경향의 측도로서 더 적절하다고 할 수 있다.

**[예제 2.5]** ($n$=짝수) 다음의 자료가 주어진다고 하자.

8, 7, 14, 9, 11, 8, 13, 15

이 자료와 오름차순으로 재정리한 값을 표현하면 다음과 같다.

$n=8$

| $x_1$ | $x_2$ | $x_3$ | $x_4$ | $x_5$ | $x_6$ | $x_7$ | $x_8$ |
|---|---|---|---|---|---|---|---|
| 8 | 7 | 14 | 9 | 11 | 8 | 13 | 15 |
| 7 | 8 | 8 | 9 | 11 | 13 | 14 | 15 |
| $x_{(1)}$ | $x_{(2)}$ | $x_{(3)}$ | $x_{(4)}$ | $x_{(5)}$ | $x_{(6)}$ | $x_{(7)}$ | $x_{(n)}$ |

가장 중앙에 위치하는 중앙값은 4번째 값인 9와 5번째 값인 11의 평균인

$(9+11)/2=10$ 이다. 즉, 9 는 $n/2=8/2=4$ 번째 값이고, 11 은 $(n/2)+1=4+1=5$ 번째 값이다. 따라서 중앙값은 $x_{(n/2)}$ 과 $x_{(n/2+1)}$ 의 평균임을 알 수 있다.

중앙값을 표현하기 위해서는 먼저 자료를 크기순으로 재배열하게 된다. 자료 $x_1, x_2, \cdots, x_n$ 을 오름차순으로 나열한 것을 $x_{(1)}, x_{(2)}, \cdots, x_{(n)}$ 로 나타내는데, $x_{(i)}$ 는 $x_{(1)} \le x_{(2)} \le \cdots \le x_{(n)}$ 의 성질이 있다. 이렇게 배열한 값들을 순서통계량(order statistic)이라고도 한다. 중앙값의 공식을 다음과 같이 표현할 수 있다.

$$Median = \begin{cases} x_{\left(\frac{n+1}{2}\right)}, & n = \text{홀수} \\ \dfrac{x_{\left(\frac{n}{2}\right)} + x_{\left(\frac{n}{2}+1\right)}}{2}, & n = \text{짝수} \end{cases}$$

여기서 $x_{(i)}$ 는 자료를 오름차순으로 나열할 때 $i$ 번째 값이다.

중앙값은 자료값보다 표본크기에 영향을 받는다. 평균과는 다르게 중앙값은 극단값의 영향을 받지 않을 것이다. 그러나 중앙값은 대수적으로 더 이상 다루기가 용이하지 않다.

## 최빈값

중심경향의 측도로 널리 사용되는 것으로 최빈값(mode)이 있다. 최빈값은 최대 도수를 갖는 자료값이다.

**[예제 2.6]**

1. 어떤 식물의 꽃가루의 길이를 측정하였더니 5, 3, 6, 7, 6 으로 나타났다. 6 의 도수는 2이고, 나머지 값의 도수는 각각 1이다. 따라서 이 자료의 최빈값은 6 이 된다. 이 자료의 분포는 단봉(unimodal)이라고 한다.
2. 자료가 5, 3, 6, 7, 8 인 경우 모든 값의 도수는 1이므로 최빈값이 없다고 한다.

3. 자료가 $5, 3, 6, 7, 6, 3$인 경우 3과 6의 도수는 각각 2이고, 나머지 값의 도수는 각각 1이다. 따라서 이 자료의 최빈값은 3과 6이다. 이 경우 자료는 이봉(bimodal)분포를 갖는다고 한다.

최빈값도 중앙값과 마찬가지로 극단값의 영향을 받지 않는다.

## 사분위수

자료를 오름차순으로 정리한 후 자료를 양분하는 값이 중앙값이다. 만약 자료를 4등분한다면 그 4등분하는 값을 사분위수라고 부르며 $Q_1$, $Q_2$, $Q_3$로 표기한다. $Q_1$, $Q_2$, $Q_3$는 각각 제1사분위수(first quartile), 제2사분위수(second quartile), 제3사분위수(third quartile)이라고 부른다. 그리고 $Q_2$는 중앙값이다.

**[예제 2.7]** 어떤 신품종 작물의 생산력을 분석하기 위해 12개 지역에서 시험재배한 결과 다음과 같다고 하자.

47, 48, 50, 51, 52, 53, 53, 54, 57, 58, 61, 62

이를 오름차순으로 정리하면 다음과 같다.

$n = 12$

| 47 | 48 | 50 | 51 | 52 | 53 | 53 | 54 | 57 | 58 | 61 | 62 |
|---|---|---|---|---|---|---|---|---|---|---|---|
| $x_{(1)}$ | $x_{(2)}$ | $x_{(3)}$ | $x_{(4)}$ | $x_{(5)}$ | $x_{(6)}$ | $x_{(7)}$ | $x_{(8)}$ | $x_{(9)}$ | $x_{(10)}$ | $x_{(11)}$ | $x_{(n)}$ |

먼저 사분위수 $Q_1$, $Q_2$, $Q_3$를 구해보자.

제2사분위수 $Q_2$는 중앙값이고, 표본크기$(n = 12)$는 짝수이므로 $Q_2$는 $x_{(6)}$과 $x_{(7)}$의 평균이다. 즉,

$$Q_2 = \frac{x_{(6)} + x_{(7)}}{2} = \frac{53 + 53}{2} = 53$$

제1사분위수 $Q_1$과 제3사분위수 $Q_3$는 각각 $(n+1)/4$번째 값, $3(n+1)/4$번째 값으로 정의하면 다음과 같다.

$$Q_1 = x_{\left(\frac{n+1}{4}\right)}, \quad Q_3 = x_{\left(\frac{3(n+1)}{4}\right)}$$

$n=12$이므로 $(n+1)/4=(12+1)/4=3.25$, $3(n+1)/4=9.75$가 된다. $Q_1$은 3번째와 4번째 사이의 값이고, $Q_3$는 9번째와 10번째 사이의 값이다. $Q_1$과 $Q_3$를 간편하게 구하는 방법은 인접한 두 값의 평균으로 구하는 것이며, 다음과 같다.

$$Q_1 = \frac{x_{(3)} + x_{(4)}}{2} = \frac{50+51}{2} = 50.5$$

$$Q_3 = \frac{x_{(9)} + x_{(10)}}{2} = \frac{57+58}{2} = 57.5$$

$Q_1$과 $Q_3$를 구하기 위하여 선형보간법[1]을 사용할 수도 있으며, 다음과 같다.

$$\begin{aligned} Q_1 &= x_{(3)} + \frac{3.25-3}{4-3}(x_{(4)} - x_{(3)}) = x_{(3)} + 0.25(x_{(4)} - x_{(3)}) \\ &= 50 + 0.25(51-50) = 50.25 \end{aligned}$$

$$\begin{aligned} Q_3 &= x_{(9)} + \frac{9.75-9}{10-9}(x_{(10)} - x_{(9)}) = x_{(9)} + 0.75(x_{(10)} - x_{(9)}) \\ &= 57 + 0.75(58-57) = 57.75 \end{aligned}$$

제1사분위수와 제3사분위수의 공식을 다음과 같이 표현할 수도 있다.

$$Q_1 = x_{(t)} + \left(\frac{n+1}{4} - t\right) \times (x_{(t+1)} - x_{(t)}), \quad t = \left\lfloor \frac{n+1}{4} \right\rfloor$$

---

[1] $x_0 \neq x_1$일 때 $(x_0, y_0)$와 $(x_1, y_1)$을 통과하는 선형보간함수 $P_1(x)$는 다음과 같다.

$$P_1(x) = y_0 + \frac{x - x_0}{x_1 - x_0}(y_1 - y_0)$$

$$Q_3 = x_{(t)} + \left(\frac{3(n+1)}{4} - t\right) \times (x_{(t+1)} - x_{(t)}), \quad t = \left\lfloor \frac{3(n+1)}{4} \right\rfloor$$

여기서 $\lfloor y \rfloor$는 버림(floor)함수이다. 예를 들면, $\lfloor 2.1 \rfloor = 2$, $\lfloor 2.6 \rfloor = 2$.

## 절사평균

표본평균은 극단값에 매우 민감하다. 이러한 문제를 해결하기 위하여 고안한 방법 중 하나가 절사평균(trimmed mean)이다. $100p\%$ 절사평균은 크기순으로 나열된 자료에서 양쪽 끝부분을 각각 $100p\%$ 를 버린 후 나머지 $100(1-2p)\%$ 자료의 평균을 구한 것이다.

표본크기가 $n$인 자료 $x_i$를 오름차순으로 나열하면 $x_{(1)}, x_{(2)}, \cdots, x_{(n)}$와 같다. 절사비율을 $100p\%$ $(0 \le p \le 1)$ 라고 하자. $t = \lfloor np \rfloor + 1$로 두면 $t$는 '$np$ 의 정수부분' +1을 의미한다. $100p\%$ 절사평균을 다음과 같이 정의한다.

$$TM_{100p} = \frac{1}{n(1-2p)}\left[(t-np)\left(x_{(t)} + x_{(n-t+1)}\right) + \sum_{i=t+1}^{n-t} x_{(i)}\right], \quad t = \lfloor np \rfloor + 1$$

**[예제 2.8]** 주어진 분석용 자료와 이를 오름차순으로 나열한 것은 다음과 같다고 하자.

$n = 10$

| $x_1$ | $x_2$ | $x_3$ | $x_4$ | $x_5$ | $x_6$ | $x_7$ | $x_8$ | $x_9$ | $x_{10}$ |
|---|---|---|---|---|---|---|---|---|---|
| 8 | 7 | 140 | 9 | 15 | 10 | 13 | 5 | 12 | 20 |
| 5 | 7 | 8 | 9 | 10 | 12 | 13 | 15 | 20 | 140 |
| $x_{(1)}$ | $x_{(2)}$ | $x_{(3)}$ | $x_{(4)}$ | $x_{(5)}$ | $x_{(6)}$ | $x_{(7)}$ | $x_{(8)}$ | $x_{(9)}$ | $x_{(n)}$ |

1. 10% 절사평균을 구해보자.
   $n = 10,\ p = 0.10$ 이므로 $np = 1$ 이다. $np$ 가 정수인 경우 자료의 양 끝단에서 $np = 1$ 개의 값을 절단하고 나머지 $n - 2np = 8$ 개의 평균이 절사평균이 된다.

$$TM_{10} = \frac{1}{8}\sum_{i=2}^{9} x_{(i)} = \frac{1}{8}[7+8+9+10+12+13+15+20] = \frac{94}{8} = 11.75$$

상기 공식을 사용하여 절사평균을 구하면 다음과 같다. $np = 1$ , $t = 2$ 이므로

$$\begin{aligned} TM_{10} &= \frac{1}{10(1-2\times 0.10)}\left[(2-1)\left(x_{(2)} + x_{(9)}\right) + \sum_{i=3}^{8} x_{(i)}\right] \\ &= \frac{1}{8}[(1)(7+20)+(8+9+10+12+13+15)] = \frac{94}{8} \\ &= 11.75. \end{aligned}$$

2. 15% 절사평균을 구해보자.
$n = 10, p = 0.15$ 이므로 $np = 1.5$ 이고 $t = 2$ 이다. 따라서 15% 절사평균은 다음과 같다.

$$\begin{aligned} TM_{15} &= \frac{1}{10(1-2\times 0.15)}\left[(2-1.5)\left(x_{(2)} + x_{(9)}\right) + \sum_{i=3}^{8} x_{(i)}\right] \\ &= \frac{1}{7}[(0.5)(7+20)+(8+9+10+12+13+15)] = \frac{80.5}{7} \\ &= 11.5 \end{aligned}$$

3. 23% 절사평균을 구해보자.
$n = 10, p = 0.23$ 이므로 $np = 2.3$, $t = 3$ 이 된다. 따라서 23% 절사평균은 다음과 같다.

$$\begin{aligned} TM_{23} &= \frac{1}{10(1-2\times 0.23)}\left[(3-2.3)\left(x_{(3)} + x_{(8)}\right) + \sum_{i=4}^{7} x_{(i)}\right] \\ &= \frac{1}{5.4}[(0.7)(8+15)+(9+10+12+13)] = \frac{60.1}{5.4} \\ &= 11.1296 \end{aligned}$$

절사평균의 개념은 많은 스포츠의 채점방식과 정성적 평가에서 사용하고 있다. 예를 들어, 어떤 스포츠에서는 채점평균으로 채점관들의 점수 중에서

최하점수와 최고점수를 제외하고 나머지 점수의 평균을 사용하고 있다. 그리고 절사평균을 절단평균이라고도 부른다.

## 2.2 산포의 측도

- 범위
- 평균편차
- 분산
- 표준편차
- 사분위범위
- 변동계수

전술한 중심경향의 측도는 어떤 자료들의 중심위치에 대한 정보만 제공하고 자료들이 흩어져 있는 정도는 나타내 주지 않는다. 주어진 자료들이 중심을 기준으로 퍼져있는 정도를 나타내 주는 값을 산포의 측도(measure of dispersion)라고 부른다. 분산, 표준편차, 변동계수 등이 통상적으로 사용된다.

### 범위

자료의 최대값과 최소값의 차이를 범위(range)라고 부른다. 범위는 계산하기는 쉬우나 최대값과 최소값만을 사용하므로 산포의 측도로써 좋은 것이라고는 할 수가 없다.

범위를 구하는 공식은 다음과 같다.

$$Range = x_{(n)} - x_{(1)}$$

범위는 계산이 용이하고 극단값에 관심이 있는 상황에서 사용이 가능하지만 이상값에 민감하게 반응하는 성질이 있다.

**[예제 2.9]** 다음 자료는 어떤 과수농원에서 생산한 사과 7개의 무게를 측정한 결과이다(단위:g).

463, 454, 532, 357, 375, 369, 572

이 자료의 범위는 다음과 같다.

$$Range = 572 - 357 = 215$$

## 평균편차

개별 자료 $x_i$ 와 평균 $\bar{x}$ 와의 차이 $x_i - \bar{x}$ 를 편차(deviation)라 하고, 편차는 $x_i$ 가 중심 $\bar{x}$ 에서 떨어진 정도 즉, 거리(distance)이다. $|x_i - \bar{x}|$를 절대편차(absolute deviation)라고 부른다. 거리를 사용하는 산포의 측도로는 평균편차, 분산, 표준편차 등이 있다. 평균편차(mean deviation)는 절대편차의 합을 표본크기로 나눈 것으로 공식은 다음과 같다.

$$MD = \frac{1}{n}\sum_{i=1}^{n}|x_i - \bar{x}|$$

**[예제 2.10]** 어떤 식물의 꽃자루 5개의 길이를 측정하였더니 10, 3, 5, 8, 4 로 나타났다(단위:cm). 평균은 $\bar{x} = 30/5 = 6$ 이므로 절대편차는 다음과 같이 계산된다.

$$MD = \frac{|10-6| + |3-6| + |5-6| + |8-6| + |4-6|}{5} = \frac{12}{5} = 2.4$$

평균의 성질에서 본 바와 같이 편차의 합 $\sum(x_i - \bar{x})$ 은 항상 0 이므로 절대편차의 합 $\sum|x_i - \bar{x}|$ 을 사용할 필요성이 생긴다. 이 절대편차는 평균편차를 계산할 때 반드시 사용된다. 평균편차는 계산에 모든 자료를 사용하고 계산이 용이한 측도이고 이해하기도 쉽지만 더 이상의 계산에는 유용하지가 않다.

## 분산과 표준편차

산포의 측도로 널리 사용되는 분산(variance)은 편차의 제곱합(sum of squares)을 사용하며 다음과 같이 정의한다.

$$s^2 = \frac{1}{n-1}\sum_{i=1}^{n}(x_i - \overline{x})^2$$

이를 표본분산(sample variance)이라고도 부른다.

다음은 편차제곱합을 계산하는 또 다른 방법이다.

$$\sum(x_i - \overline{x})^2 = \sum x_i^2 - n\overline{x}^2 = \sum x_i^2 - \frac{1}{n}(\sum x_i)^2$$

여기서 $\sum x_i^2$ 을 미수정제곱합(uncorrected sum of squares), $n\overline{x}^2$을 수정항(correction term), $\sum x_i^2 - n\overline{x}^2$ 을 수정제곱합(corrected sum of squares)이라고 부른다.

**Note**

$$\begin{aligned}\sum(x_i - \overline{x})^2 &= (x_1 - \overline{x})^2 + (x_2 - \overline{x})^2 + \cdots + (x_n - \overline{x})^2 \\ &= (x_1^2 + \overline{x}^2 - 2\overline{x}x_1) + (x_2^2 + \overline{x}^2 - 2\overline{x}x_2) + \cdots + (x_n^2 + \overline{x}^2 - 2\overline{x}x_n) \\ &= (x_1^2 + x_2^2 + \cdots + x_n^2) + n\overline{x}^2 - 2\overline{x}(x_1 + x_2 + \cdots + x_n) \\ &= \sum x_i^2 + n\overline{x}^2 - 2\overline{x}\sum x_i = \sum x_i^2 - n\overline{x}^2 = \sum x_i^2 - (\sum x_i)^2 / n\end{aligned}$$

**[예제 2.11]** 앞에서 언급한 자료인 10, 3, 5, 8, 4 의 분산을 구해보자. 관측값은 꽃자루의 길이이고 평균은 6 이다. 편차, 편차제곱, 편차제곱합을 구하면 아래 표와 같다.

따라서 분산은

$$s^2 = \frac{1}{n-1}\sum(x_i - \overline{x})^2 = \frac{34}{4} = 8.5$$

이다.

| 자료 | 편차, $(x_i - \overline{x})$ | 편차제곱, $(x_i - \overline{x})^2$ |
|---|---|---|
| 10 | 4 | 16 |
| 3 | −3 | 9 |
| 5 | −1 | 1 |
| 8 | 2 | 4 |
| 4 | −2 | 4 |
| 계 | | 34 |

또 다른 계산 방법을 사용하여 분산을 구하기 위하여 미수정제곱합과 수정항을 구하면 다음과 같다.

$$\sum x_i^2 = 10^2 + 3^2 + 5^2 + 8^2 + 4^2 = 214$$

$$n\overline{x}^2 = 5 \times 6^2 = 180$$

따라서 분산을 다음과 같이 계산한다.

$$s^2 = \frac{1}{n-1}\left(\sum x_i^2 - n\overline{x}^2\right) = \frac{1}{4}(214 - 180) = \frac{34}{4} = 8.5$$

분산의 양의 제곱근을 표준편차(standard deviation)라고 하며, 이 또한 대표적인 산포의 측도이다.

$$s = \sqrt{s^2} = \sqrt{\frac{1}{n-1}\sum (x_i - \overline{x})^2}$$

예를 들어, 자료의 단위가 $cm$ 이면 분산은 $cm^2$ 으로 표현되지만 표준편차는 $cm$ 가 될 것이다. 따라서 계산과 해석이 용이해진다.

## 사분위범위

제3사분위수와 제1사분위수 간의 차이를 사분위범위(interquartile range)라고 한다.

$$IQR = Q_3 - Q_1$$

이것은 자료들의 중앙 50% 의 변동의 범위이고, 자료들의 하위 25% ( $Q_1$ 하부) 또는 상위 25% ( $Q_3$ 상부)내의 변동은 설명하지 않는다. 사분위범위의 계산과정에서 극단값이 제거되므로 좋은 산포의 측도가 되는 경우도 종종 있다. 사분위범위는 교육학 등에서 자주 사용된다.

## 변동계수

변동계수(coefficient of variation)는 또 다른 산포의 측도로써 산포에 대한 무차원지수(dimensionless index)이다. 두 개 이상의 분포를 비교하는 경우 표준편차는 측정단위에 따라 달라질 수 있다. 예를 들어, 어떤 과일의 특성을 중량은 g, 길이는 cm, 당도는 brix(%)로 측정하였다고 하자. 이 경우 측정단위가 다르므로 표준편차를 사용하여 이들을 비교할 수는 없을 것이다. 그리고 신생아의 체중과 성인의 체중을 kg으로 측정한 경우 동일한 측정단위를 사용하였지만 값의 차가 크므로 두 개 이상의 분포를 비교하기 위해 표준편차를 사용하는 것이 타당하지가 않다.

그래서 두 개 이상의 분포를 비교하기 위해서 상대적 산포의 측도가 필요하게 된다. 이같은 상대적 측도가 변동계수이며, 표준편차와 평균의 비로 표현한다.

$$CV = \frac{s}{\bar{x}} \times 100(\%)$$

표준편차를 평균으로 나눈 값 $s/\bar{x}$ 를 변동계수로 사용하기도 하며, 변동계수를 변이계수라고도 부른다.

**[예제 2.12]** 실험자 두 명이 동일한 실험을 수행한 결과 아래와 같은 통계량을 얻었다고 하자.

표준편차는 동일하지만 실험자 A의 변동이 더 큰 것으로 나타났다. 따라서 실험자 B의 실험결과가 더 신뢰할 만하다고 하겠다.

| 실험자 | 평균 | 표준편차 | 변동계수(%) |
|---|---|---|---|
| A | 15.8 | 1.07 | 6.7722 |
| B | 21.6 | 1.07 | 4.9537 |

**[예제 2.13]** 어떤 약용수목을 대상으로 한 실험의 결과가 다음과 같다고 하자.

| 특성 | 평균 | 표준편차 | 변동계수(%) |
|---|---|---|---|
| 높이(cm) | 215.3 | 46.2 | 21.4584 |
| 수확량(kg) | 15.6 | 4.1 | 26.2821 |

위 자료분석결과를 살펴보면 특성이 서로 다르기 때문에 변동의 양을 표준편차를 근거로 평가할 수가 없다. 변동계수를 근거로 한다면 수확량이 높이보다 산포가 더 크다는 것을 알 수 있다.

## 2.3 분포의 모양

- 왜도
- 첨도

지금까지 주어진 자료들의 중심 또는 산포를 나타내는 측도를 살펴보았다. 이들이 제공하지 못하는 분포의 좌우대칭성과 뾰족함의 정도를 나타내는 측도로는 각각 왜도와 첨도를 사용한다.

### 왜도

다음 그림은 분포가 단봉인 경우 좌우대칭인 분포와 비대칭인 분포를 보여주는 것이다.

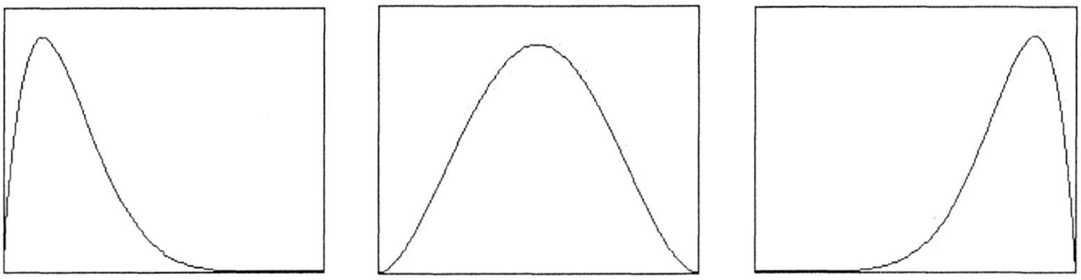


비대칭분포 중에서 오른쪽 꼬리가 긴 분포 즉, 오른쪽으로 기운 분포는 양의 왜도(positively skewed 또는 skewed right)를 갖는다고 하고, 왼쪽 꼬리가 긴 분포 즉, 왼쪽으로 기운 분포는 음의 왜도(negatively skewed 또는 skewed left)를 갖는다고 한다. 비대칭 또는 기움의 측도로는 왜도(skewness)를 사용하며 그 공식은 다음과 같다.

$$Skewness = \frac{n}{(n-1)(n-2)} \frac{\sum (x_i - \bar{x})^3}{s^3}$$

여기서 $s$는 분모가 $n-1$ 인 표본표준편차이다.

좌우대칭인 경우 왜도는 0이며, 양의 왜도인 경우 왜도는 양수이고, 음의 왜도인 경우 왜도는 음수이다.

## 첨도

다음 그림은 정규분포와 비교하여 뾰족한 정도가 다른 분포를 보여주고 있다. 뾰족함의 정도를 나타내는 측도인 첨도 중에서 정규분포인 경우 첨도가 0인 공식을 여기서 다룬다.

정규분포와 비교해서 어느 정도 뾰족한 가를 나타내는 첨도(kurtosis)의 공식은 다음과 같다.

$$Kurtosis = \frac{n(n+1)}{(n-1)(n-2)(n-3)} \frac{\sum (x_i - \bar{x})^4}{s^4} - \frac{3(n-1)^2}{(n-2)(n-3)}$$

여기서 $s$는 분모가 $n-1$인 표본표준편차이다.

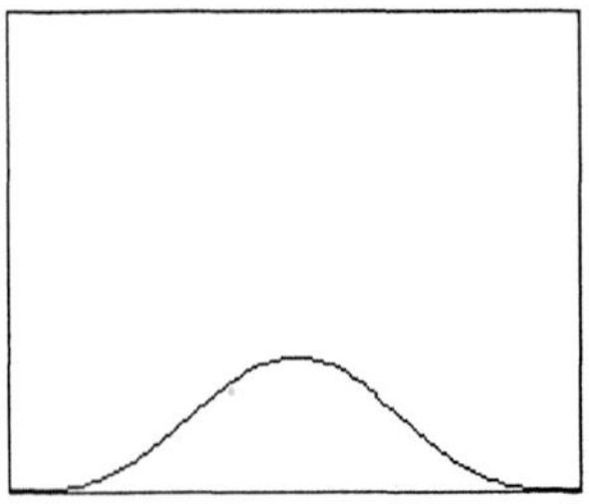
Platykurtic

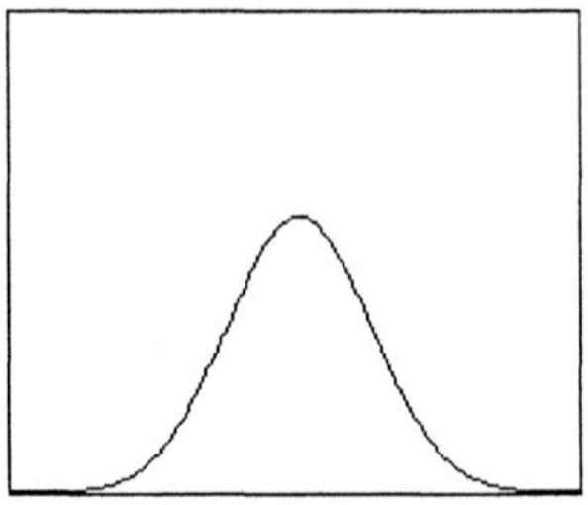
Mesokurtic(Normal dist.)

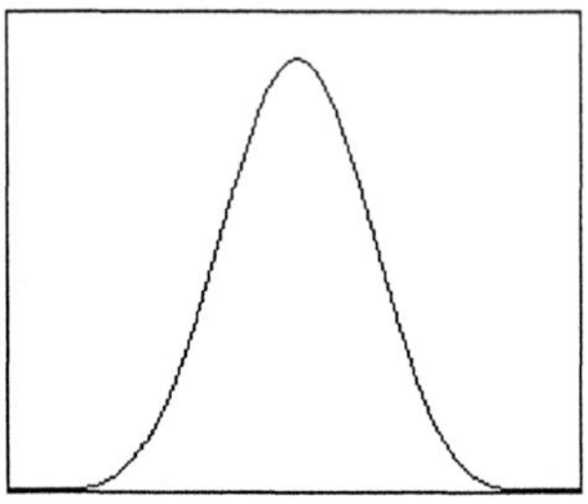
Leptokurtic

첨도가 양수이면 정규분포보다 뾰족한 분포(leptokurtic, 급첨)라고 하고, 첨도가 음수이면 정규분포보다 평편한 분포(platykurtic, 완첨)라고 한다. 첨도가 0인 정규분포는 중첨(mesokurtic)분포라고 부른다.

**[예제 2.14]** 다음 자료의 왜도와 첨도를 구해보자.

4, 29, 33, 2, 10, 7, 25, 27, 5, 43, 41, 13

표본크기 $n=12$이며, 왜도와 첨도를 계산하기 위해 먼저 다음을 구한다.

$$\sum x_i = 239, \quad \bar{x} = 19.9167, \quad \sum (x_i - \bar{x})^2 = 2416.9167,$$

$$\sum (x_i - \bar{x})^3 = 8583.2361, \quad \sum (x_i - \bar{x})^4 = 777329.3733$$

그러면 표준편차, 첨도, 왜도는 다음과 같다.

$$s = \sqrt{2416.9167/11} = 14.8229$$

$$\begin{aligned} Skewness &= \frac{12}{(11)(10)} \times \frac{8583.2361}{14.8229^3} = \frac{102998.8332}{358254.9678} \\ &= 0.2875 \end{aligned}$$

$$\begin{aligned} Kurtosis &= \frac{(12)(13)}{(11)(10)(9)} \frac{777329.3733}{14.8229^4} - \frac{3(11^2)}{(10)(9)} = \frac{121263382.2}{47793398.06} - \frac{363}{90} \\ &= 2.5372 - 4.0333 \\ &= -1.4961 \end{aligned}$$

따라서 위 자료의 왜도가 양수이므로 오른쪽으로 기운 분포이고, 첨도가 음수이므로 정규분포보다 평편한 분포이다.

## 2.4 탐색적 자료분석

- 이상값 판별
- 다섯숫자요약
- 상자그림

탐색적 자료분석(exploratory data analysis)은 주어진 자료집합의 중요한 특성을 이해하기 위하여 자료집합을 조사하는 통계적 도구를 사용하는 과정이다. 여기서는 이상값으로 의심되는 자료를 판별하는 기준과 다섯숫자요약 및 상자그림을 설명하고자 한다.

### 이상값 판별

어떤 자료가 나머지 자료들에 비해 극단적으로 작거나 크면 이상값(outlier)이라고 부른다. 자료집합내의 주어진 값이 이상값인 가를 판단하는 기준을 고려하자. 이상값을 분류하는 여러 가지 방법 중에서 통상적으로 사용하는 방법은 다음과 같다. 자료를 오름차순으로 정리한 다음 $Q_1$, $Q_3$, $IQR = Q_3 - Q_1$을 계산한다. 그리고 $Q_1 - 1.5 \times IQR$과 $Q_3 + 1.5 \times IQR$을 구하여 주어진 값 $x$가 $Q_1 - 1.5 \times IQR$보다 작거나 $Q_3 + 1.5 \times IQR$보다 크면 이상값으로 결정한다.

**[예제 2.15]** 다음 자료는 어떤 농장에서 생산한 토마토의 무게를 측정한 것이다(단위:g).

50, 800, 60, 400, 900, 700, 600, 600, 800, 300, 500, 1600

무게가 $1600g$인 토마토는 나머지 토마토와 비교할 때 이상값인 가를 판단해보자. 먼저 자료를 오름차순으로 정리한 후 필요한 값을 계산하면

$$Q_1 = 325, Q_3 = 800$$
$$IQR = Q_3 - Q_1 = 800 - 325 = 475$$
$$Q_1 - 1.5 \times IQR = 325 - 1.5 \times 475 = -387.5$$
$$Q_3 + 1.5 \times IQR = 800 + 1.5 \times 475 = 1512.5$$

이 된다. $1600 > 1512.5$ 이므로 무게가 $1600g$ 인 토마토는 위에서 기술한 판단 기준에 의하면 이상값이라고 할 수 있다.

이상값을 검출하는 다른 기준을 살펴보자. $1.5 \times IQR$ 대신에 $3 \times IQR$ 을 사용하여 $[Q_1 - 3 \times IQR, \quad Q_3 + 3 \times IQR]$ 을 구한 다음 자료가 이 구간밖에 있으면 이상값으로 분류하는 방법도 있다. 이 판단기준에 의해 판별된 이상값을 극단이상값(extreme outlier)이라고 부르고, $1.5 \times IQR$ 을 사용한 경우를 순한 이상값(mild outlier)이라고 부른다.

이상값을 검출하는 또 다른 방법으로 $z-$ 값(z-value 또는 z-score)을 사용하는 것이 있다. $z-$ 값은 자료의 상대적 위치를 나타내는 측도인데, 그 계산공식은 다음과 같다.

$$z_i = \frac{x_i - \bar{x}}{s}$$

여기서 $x_i$ 는 자료값, $\bar{x}$ 는 표본평균, $s$ 는 표본표준편차이다. $z-$ 값인 $z_i$ 를 계산한 다음 -3보다 작거나 +3보다 크면 자료 $x_i$ 를 이상값으로 분류한다.

통계분석용 자료 중에서 어떤 판단기준으로 이상값으로 분류되는 자료값이 생기면 통계전문가들은 이를 신중하게 재검토한다. 부정확한 자료가 이상값인 경우는 당연하게 자료집합에서 제거해야 한다. 그러나 이상값으로 분류된 자료가 정확하며 보기 드문 것이면 제거해서는 안된다.

**[예제 2.16]** 전술한 예제의 자료 $x_i$ 에서 평균 $\bar{x}$ 와 표준편차 $S$ 를 구한 다음 $z-$ 값 $z_i$ 를 구하면 아래와 같다.

모든 $z_i$ 가 ±3사이에 있으므로 이 판단기준으로 따른다면 이상값은 없다고 할 수 있다.

| $x_i$ | z-score, $z_i$ |
|---|---|
| 50 | -1.3408 |
| 800 | 0.4576 |
| 60 | -1.3168 |
| 400 | -0.5016 |
| 900 | 0.6974 |
| 700 | 0.2178 |
| 600 | -0.0220 |
| 600 | -0.0220 |
| 800 | 0.4576 |
| 300 | -0.7414 |
| 500 | -0.2618 |
| 1600 | 2.3759 |

## 다섯숫자요약

자료를 요약하기 위하여 사용하는 다섯숫자요약(five-number summary)은 다음을 포함한다.

1. 최소값, $x_{(1)}$
2. 제1사분위수, $Q_1$
3. 중앙값, $Q_2$
4. 제3사분위수, $Q_3$
5. 최대값, $x_{(n)}$

그리고 다섯 숫자요약을 다음과 같은 표로 나타내기도 한다.

| | $Q_2$ | |
|---|---|---|
| $Q_1$ | | $Q_3$ |
| $x_{(1)}$ | | $x_{(n)}$ |

**[예제 2.17]** 전술한 예제의 자료를 요약하면 다음과 같다. 최소값 $=50$, 제1사분위수 $=325$, 중앙값 $=600$, 제3사분위수 $=800$, 최대값 $=1600$. 이를 다음과 같이 표로 나타낼 수도 있다.

| | 600 | |
|---|---|---|
| 325 | | 800 |
| 50 | | 1600 |

## 상자그림

상자그림(box plot)은 최소값, 제1사분위수, 중앙값, 제3사분위수, 최대값을 그림으로 나타낸 것이다. 다음은 다섯숫자요약인 $x_{(1)}$, $Q_1$, $Q_2$, $Q_3$, $x_{(n)}$ 을 사용하여 상자그림의 기본형을 표현한 그림이다.

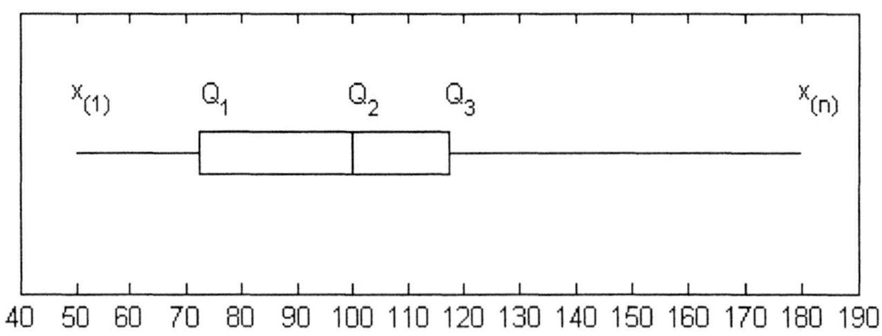


이 상자그림을 상자수염그림도(box-and-whisker plot)라고도 부른다.

**[예제 2.18]** 다음 자료를 사용하여 먼저 다섯숫자요약을 구한 다음 상자그림을 그려보자($n=12$).

50, 70, 60, 100, 90, 110, 150, 100, 120, 80, 100, 180

상자그림작성에 필요한 값들을 구하면 다음과 같다.

$x_{(1)}=50,\ Q_1=72.5,\ Q_2=100,\ Q_3=117.5,\ x_{(n)}=180$

$IQR=Q_3-Q_1=45$

$Q_1-1.5\times IQR=5,\ Q_3+1.5\times IQR=185$

다음은 이 값으로 표현한 상자그림이다(Minitab 결과).

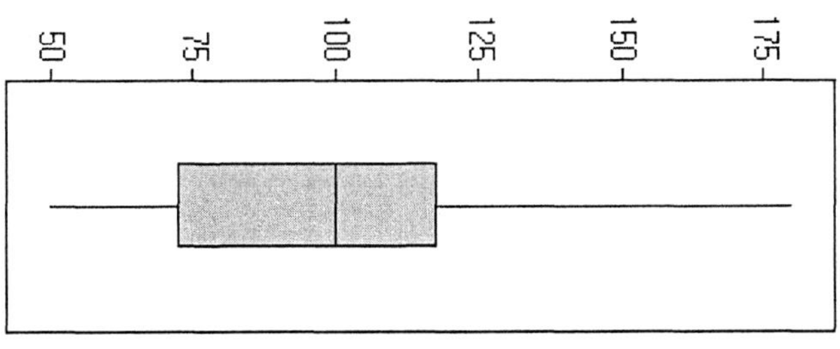


자료집합에 이상값이 있는 경우 이를 상자그림에서 표시할 수 있다. 이러한 상자그림을 작성하는 절차는 다음과 같다.

1. 자료집합에서 $x_{(1)}$, $Q_1$, $Q_2$, $Q_3$, $x_{(n)}$을 구한다.
2. $IQR=Q_3-Q_1$, $Q_1-1.5\times IQR$, $Q_3+1.5\times IQR$을 구한다.
3. 상자(box)의 양끝을 $Q_1$과 $Q_3$로, 상자내의 분할선을 $Q_2$로 그린다.
4. 상자그림의 하한과 상한을 계산하고 그 값을 표시한다. 즉, 상자그림의 하한은 $Q_1$ 아래쪽 $1.5\times IQR$ 지점인 $Q_1-1.5\times IQR$이고, 상한은 $Q_3$ 위쪽 $1.5\times IQR$ 지점인 $Q_3+1.5\times IQR$이다.
5. 상자바깥의 직선을 수염(whiskers)이라고 부르는데, 수염은 상자의 양끝에서 단계 4에서 구한 하한과 상한내에 있는 자료값의 최소값과 최대값까지 그린다.
6. 하한과 상한 밖의 자료들이 있으면 이를 이상값으로 간주하고 *로 표시한다.

아래 그림을 살펴보면 위에서 설명한 상자그림을 구하는 절차를 따라 상자그림을 작성하는데 도움이 될 것이다.

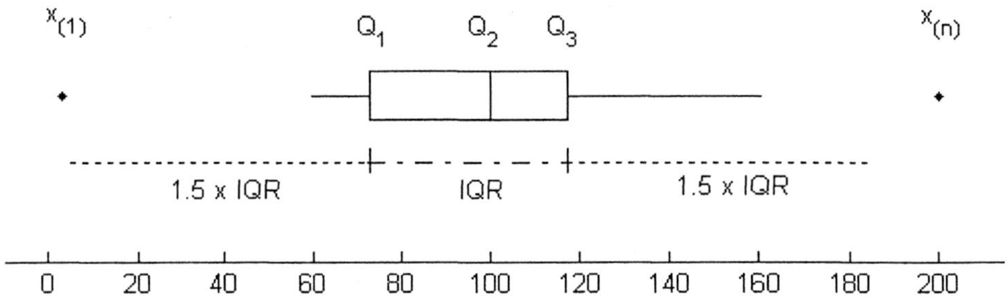


**[예제 2.19]** 다음 자료의 다섯숫자요약과 상자그림을 구해보자.

(a) 13, 70, 60, 100, 90, 110, 150, 100, 120, 80, 100, 200

(b) 3, 70, 60, 100, 90, 110, 150, 100, 120, 80, 100, 200

위 자료 (a)와 (b)로 구한 다섯숫자요약, $IQR$, 하한$(= Q_1 - 1.5 \times IQR)$과 상한$(= Q_3 + 1.5 \times IQR)$은 다음과 같다.

| | $x_{(1)}$ | $Q_1$ | $Q_2$ | $Q_3$ | $x_{(n)}$ | $IQR$ | 하한 | 상한 |
|---|---|---|---|---|---|---|---|---|
| (a) | 13 | 72.5 | 100 | 117.5 | 200 | 45 | 5 | 185 |
| (b) | 3 | 72.5 | 100 | 117.5 | 200 | 45 | 5 | 185 |

이를 이용하여 상자그림을 그리면 다음과 같다(Minitab 결과).

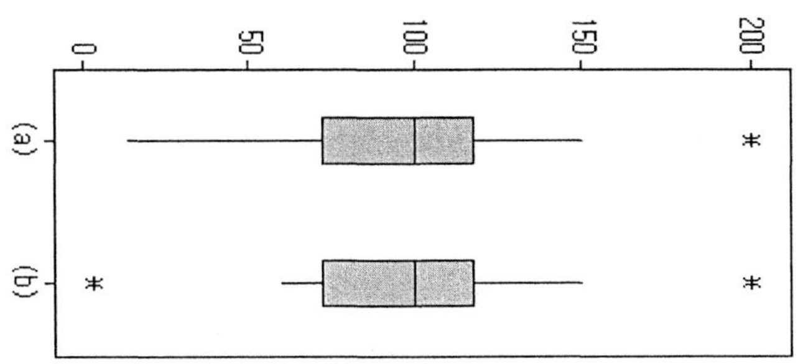

자료 (a)의 경우 값 200이 이상값으로 표시되고, 자료 (b)의 경우 값 3과 200이 이상값으로 표시된 것을 알 수 있다.

상자그림은 수평 또는 수직의 형태로 나타낼 수 있으며, 여기서는 편의상 상자그림을 수평으로 표현하고 있다. 통계패키지를 사용하면 일반적으로 상자그림이 수직으로 표현되어 있다.

## 다음 용어를 설명하시오.

1. 중심경향의 측도
2. 평균
3. 산술평균
4. 가중평균
5. 중앙값
6. 순서통계량
7. 최빈값
8. 이봉
9. 사분위수
10. 선형보간법
11. 버림함수
12. 절사(절단)평균
13. 산포의 측도
14. 범위
15. 편차
16. 분산
17. 표준편차
18. 제곱합
19. 표본분산

20. 미수정제곱합
21. 수정항
22. 수정제곱합
23. 사분위범위
24. 변동(변이)계수
25. 왜도
26. 오른쪽으로 기운 분포
27. 왼쪽으로 기운 분포
28. 첨도
29. 이상값
30. z-값
31. 다섯숫자요약
32. 상자그림(상자수염그림도)

## 문 제

2-1 자료는 2, 5, 7, 8, 3 으로 주어진다. 다음을 계산하시오.

(1) $\sum x_i$ (2) $\sum x_i^2$ (3) $\prod x_i$ (4) $\bar{x}$
(5) $\sum (x_i - \bar{x})$ (6) $\sum (x_i - \bar{x})^2$ (7) $\sum x_i^2 - n\bar{x}^2$
(8) $\sum x_i^2 - (\sum x_i)^2 / n$ (9) $\sum (x_i - \bar{x})^3$ (10) $\sum (x_i - \bar{x})^4$
(11) $x_{(1)}$ (12) $x_{(3)}$ (13) $x_{(5)}$

2-2 자료가 2, 4, 6, 7, 6, 8, 9 일 때 다음을 계산하시오.

(1) $\sum x_i$ (2) $\sum x_i^2$ (3) $\prod x_i$ (4) $\sum (1/x_i)$
(5) $\bar{x}$ (6) $\sum (x_i - \bar{x})^2$ (7) $\sum x_i^2 - n\bar{x}^2$

2-3 문제 2-1의 자료를 사용하여 다음을 계산하시오.

(1) 평균 (2) 중앙값 (3) 최빈값 (4) 최소값
(5) 최대값

2-4 문제 2-2의 자료를 사용하여 다음을 계산하시오.
(1) 평균 (2) 중앙값 (3) 최빈값 (4) $Q_1$
(5) $Q_3$ (6) 범위 (7) 평균편차 (8) 분산
(9) 표준편차 (10) 사분위범위 (11) 변동계수

2-5 문제 2-1의 자료를 사용하여 왜도와 첨도를 계산하시오.

2-6 자료가 3, 7, 1, 5, 9, 4, 6 으로 주어질 때 다음을 계산하시오.
(1) 평균 (2) 중앙값 (3) 최빈값 (4) $Q_1$
(5) $Q_3$ (6) 범위 (7) 평균편차 (8) 분산
(9) 표준편차 (10) 사분위범위 (11) 변동계수

2-7 어떤 대학교의 학생 50명의 체중을 조사한 결과가 다음 도수분포표로 주어졌다. 평균을 계산하시오.

| 계급 | 도수($f_i$) |
|---|---|
| 58[이상] - 60[미만] | 6 |
| 60 - 62 | 11 |
| 62 - 64 | 22 |
| 64 - 66 | 8 |
| 66 - 68 | 3 |
| 계 | 50 |

2-8 자료가 7, 10, 1, 3, 10, 8, 2, 4, 5, 11, 6, 12 일 때 다음을 계산하시오.
(1) $Q_1$ (2) $Q_2$ (3) $Q_3$ (4) 10% 절사평균 (5) 상자그림

2-9 자료가 3, 15, 2, 9, 5, 7, 18, 8, 8, 3, 6, 9, 10, 9, 12 로 주어진 경우 다음을 계산하시오.
(1) $Q_1$ (2) $Q_2$ (3) $Q_3$ (4) 15% 절사평균 (5) 상자그림

2-10 문제 2-9의 자료에 이상값이 존재하는 가를 다음 기준으로 확인하시오

(1) $1.5 \times IQR$ 기준
(2) $3.0 \times IQR$ 기준
(3) $z-$값과 $\pm 3$기준

2-11 문제 2-9의 자료 가운데 값 15를 77로 수정한다. 그러면 수정한 자료 집합에 이상값이 존재하는 가를 다음 기준으로 확인하시오.

(1) $1.5 \times IQR$ 기준
(2) $3.0 \times IQR$ 기준
(3) $z-$값과 $\pm 3$기준

# 제 3 장

# 확률과 확률분포

이 장에서 다루는 주요 내용은 다음과 같다.

- ○ 표본공간과 확률
- ○ 확률변수와 확률분포
- ○ 베르누이분포와 이항분포
- ○ 정규분포
- ○ 카이제곱분포, t-분포, F-분포

## 3.1 표본공간과 확률

- 표본공간과 사건
- 확률
- 조건부확률과 독립

### 표본공간과 사건

한 사건의 확률은 그 사건이 일어날 가능성을 나타낸 수치적 척도이다. 이 척도는 실험이나 관측의 결과가 다양하게 나타나는 상황에 자연스럽게 사용된다.

실험이나 관측, 조사 등을 하는 일을 시행(trial)이라 한다. 시행에서 나올 수 있는 모든 결과들의 집합을 표본공간(sample space)이라 하고 $S$로 나타낸다. 또한 표본공간의 부분집합을 사건(event)이라 한다. 표본공간과 사건의 예를 들면 다음과 같다.

**[예제 3.1]** 하나의 공정한 주사위를 던져서 나오는 눈의 수를 살피는 시행에서 표본공간을 구해보자. 주사위를 던지는 시행에서 표본공간의 원소는 6개이고, 표본공간은 다음과 같다.

$$S = \{1, 2, 3, 4, 5, 6\}$$

그리고 사건 $A$를 홀수가 나타나는 사건, 사건 $B$를 3이상이 나타나는 사건이라 할 때, 사건 $A$와 $B$의 결과집합은 다음과 같다.

$$A = \{1, 3, 5\}, \quad B = \{3, 4, 5, 6\}$$

사건 $A$와 $B$의 합사건은 $A$와 $B$중에서 적어도 하나의 사건에 포함되는 모든 결과들의 집합으로 정의하고 $A \cup B$로 나타내며, 교사건은 $A$와 $B$에 동시에 포함되는 결과들의 집합으로 정의하고 $A \cap B$로 나타낸다. 또한 사건 $A$의 여사건은 $A$에 속하지 않는 표본공간의 원소들의 집합을 의미하며 $A^c$로 나타낸다. 한편 $A \cap B = \varnothing$ 경우, 즉 사건 $A$와 $B$에 공통적으로 속하는 결과가 하나도 없는 경우에는 $A$와 $B$는 서로 배반(exclusive)인 사건이라 한다.

## 확률

앞에서 표본공간과 사건에 대하여 검토하였다. 여기서는 이들 사건들이 어떤 실험을 하였을 때 얼마만큼의 비율로 나타날 것인가 하는데 대하여 알아보기로 한다. 우리는 일상 생활에서 확률에 대한 표현을 많이 쓰고 있다. 예를 들면 다음과 같다.

- 일기예보에서 오늘 눈이 올 확률은 50%이고 내일 새벽부터 눈이 올 확률은 90%입니다.
- 프로농구에서 $A$팀의 3점슛 성공률이 $B$팀의 3점슛 성공률보다 높았다.

확률(probability)이란 어떤 특정한 사건이 일어날 가능성을 0과 1사이의 값으로 나타낸 것이다. 표본공간의 모든 원소가 일어날 가능성이 같은 경우에 사건 $A$의 확률을 다음과 같이 정의한다.

$$P(A)=\frac{\text{사건 A에 속하는 원소의 개수}}{\text{표본공간의 전체원소의 개수}}$$

이를 확률의 고전적 정의라고 부른다.

**[예제 3.2]** 하나의 공정한 동전을 세 번 던져 앞면이 두 번 이상 나올 확률을 구해보자. 이 실험의 포본공간은 다음과 같다.

$$S=\{HHH, HHT, HTH, HTT, THH, THT, TTH, TTT\}$$

앞면이 두 번 이상 나올 사건을 $A$라 하면 사건 $A$는 다음과 같다.

$$A=\{HHH, HHT, HTH, THH\}$$

따라서 $P(A)=4/8=0.5$이 된다.

그리고 다음을 확률의 공리적 정의라고 부른다.

**확률의 공리적 정의**

다음 공리를 반복하는 $P(A)$를 사건 $A$의 확률로 정의한다.

공리 1 : 표본공간 $S$에서 임의의 사건 $A$에 대하여 $0 \le P(A) \le 1$

공리 2 : $P(S)=1$

공리 3 : 서로 배반인 사건 $A_1, A_2, \cdots$에 대하여 $P\left(\bigcup A_i\right)=\sum P(A_i)$

이제까지 기본적인 사건 간의 관계와 확률에 대해 알아보았다. 그러나 이제부터 어떤 사건의 확률을 구하기 위해서는 확률의 법칙을 이용하면 훨씬 간단하게 구할 수 있다.

**확률의 법칙**

1. $P(\varnothing)=0$
2. $P(A^c)=1-P(A)$
3. $A \subset B$ 이면 $P(A) \le P(B)$
4. $P(A \cup B)=P(A)+P(B)-P(A \cap B)$
5. $A$ 와 $B$ 가 서로 배반이면 $P(A \cup B)=P(A)+P(B)$

**[예제 3.3]** 어떤 학생이 수강 신청한 교과목 중에서 통계학의 학점을 취득할 확률은 0.90이고, 프로그래밍언어의 학점을 취득할 확률은 0.85이다. 만약 적어도 한 과목의 학점을 취득할 확률이 0.95라면, 이 학생이 두 과목의 학점을 모두 취득할 확률을 구해보자.

$A$ 를 통계학의 학점을 취득하는 사건, $B$ 를 프로그래밍언어의 학점을 취득하는 사건이라고 두자. 그러면 적어도 한 과목의 학점을 취득할 사건은 $A \cup B$ 이 된다. 이 경우 확률은

$$P(A)=0.90, P(B)=0.85, P(A \cup B)=0.95$$

이다. 따라서 두 과목의 학점을 모두 취득할 사건인 $A \cap B$ 에 대한 확률은 확률의 법칙 4를 사용하면 다음과 같다.

$$P(A \cap B)=P(A)+P(B)-P(A \cup B)=0.90+0.85-0.95=0.80$$

## 조건부확률과 독립

조건부확률(conditional probability)은 한 사건이 일어났다는 조건하에서 다른 사건이 일어날 확률을 의미하는데, 사건 $A$ 가 일어났다는 가정하에 사건 $B$ 가 일어날 조건부 확률은 다음과 같이 정의된다.

$$P(B \mid A)=\frac{P(A \cap B)}{P(A)}, \quad P(A)>0$$

조건부확률의 정의로부터 두 사건 $A$ 와 $B$ 에 대한 곱사건의 확률을 계산하는 공식을 아래와 같이 유도할 수 있으며, 이를 승법정리(multiplicative theorem)라고 한다.

$$P(A \cap B) = P(A) \cdot P(B \mid A) = P(B) \cdot P(A \mid B)$$

두 사건 $A$와 $B$에 대하여 그 중 어느 하나의 사건이 일어나는 것에 관계없이 다른 하나의 사건이 일어나는 확률이 일정하면 두 사건 $A$와 $B$는 독립(independent)이다라고 한다. 즉, 아래 식을 만족하면 두 사건 $A$와 $B$는 독립이라고 한다.

$$P(A) = P(A \mid B), \; P(B) = P(B \mid A)$$

따라서 두 사건 $A$와 $B$가 독립인 경우에는 곱사건의 확률은 다음과 같을 것이다.

$$P(A \cap B) = P(A) \cdot P(B \mid A) = P(A) \cdot P(B)$$

**[예제 3.4]** 공정한 주사위 한 개를 두 번 던지는 실험을 한다고 하자. 첫 번째의 결과에서 2보다 큰 수가 나타날 사건을 $A$라 하고, 두 번째의 결과에서 짝수가 나타나는 사건을 $B$라 하자. 사건 $A$가 나타난 후 사건 $B$가 나타날 확률을 구해보자. 이 경우 표본공간은 다음과 같다.

$$S = \begin{Bmatrix} (1,1), & (1,2), & (1,3), & (1,4), & (1,5), & (1,6), \\ (2,1), & (2,2), & (2,3), & (2,4), & (2,5), & (2,6), \\ (3,1), & (3,2), & (3,3), & (3,4), & (3,5), & (3,6), \\ (4,1), & (4,2), & (4,3), & (4,4), & (4,5), & (4,6), \\ (5,1), & (5,2), & (5,3), & (5,4), & (5,5), & (5,6), \\ (6,1), & (6,2), & (6,3), & (6,4), & (6,5), & (6,6) \end{Bmatrix}$$

사건 $A$의 원소의 개수는 24이므로 $P(A) = 24/36$이 되고, 사건 $B$의 원소의 개수는 18이므로 $P(B) = 18/36$이 된다. 그리고 사건 $A$와 사건 $B$가 동시에 나타나는 사건 $A \cap B$의 원소의 개수는 12개이므로 $P(A \cap B) = 12/36$이다. 따라서 사건 $A$가 일어난 후 사건 $B$가 나타날 확률은 다음과 같다.

$$P(B \mid A) = \frac{P(A \cap B)}{P(A)} = \frac{12/36}{24/36} = \frac{1}{2} = 0.5$$

그리고 $P(B) = 0.5$이므로 사건 $A$와 사건 $B$는 서로 독립이다.

# 3.2 확률변수와 확률분포

- 확률변수
- 확률분포
- 기대값

## 확률변수와 확률분포

표본공간의 각 원소에 하나의 실수 값을 대응시켜 주는 함수를 확률변수(random variable, rv)라 하고 $X$로 표시한다.

예를 들어, 두 개의 공정한 동전을 동시에 던져서 앞면이 나타내는 경우를 $H$, 뒷면이 나타나는 경우를 $T$라고 표시한다고 하자. 그러면 모든 가능한 결과인 표본공간은 다음과 같다.

$$S = \{(HH), (HT), (TH), (TT)\}$$

여기서 앞면의 개수를 확률변수 $X$로 정의하면 각 단순사건에 대응하는 $X$의 값 $x$는 다음과 같다.

| 단순사건 | $(HH)$ | $(HT)$ | $(TH)$ | $(TT)$ |
|---|---|---|---|---|
| $X = x$ | 2 | 1 | 1 | 0 |

확률변수는 크게 두 가지로 나누어진다. 확률변수 $X$의 가능한 값이 유한 개 또는 무한 개이지만 셀 수 있는 경우이면 확률변수 $X$를 이산확률변수(discrete rv)라고 한다. 예를 들면, 불량품의 개수, 사건사고의 발생수 등이다. 반면 신생아의 몸무게, 전구 수명 등과 같이 확률변수 $X$의 가능한 값이 셀 수 없이 많은 경우이면 확률변수 $X$를 연속확률변수(continuous rv)라고 한다.

확률변수 $X$의 확률함수를 확률밀도함수(probability density function,

pdf)라고 하고, 보통 $f(x)$로 표기한다. 확률변수 $X$가 취하는 범위와 각 대응하는 확률을 요약한 것을 확률분포(probability distribution)라고 하며, 그림, 표, 식으로 나타낼 수 있다. 예를 들어, 앞에서 설명한 공정한 동전 두 개를 던지는 실험의 결과를 나타낸 확률분포는 다음과 같다.

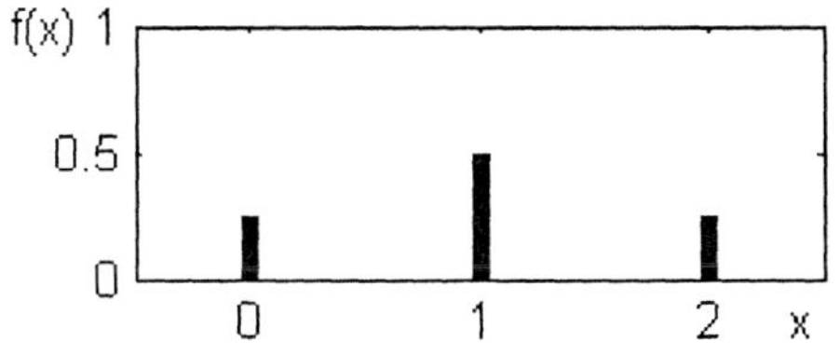


**[그림 3.1]** $X$ **의 확률분포**

**[표 3.1]** $X$ **의 확률분포**

| $x$ | 0 | 1 | 2 |
|---|---|---|---|
| $f(x)$ | 1/4 | 1/2 | 1/4 |

$$f(x)=\begin{cases}0.5, & x=1\\ 0.25, & x=0,2\\ 0 & \text{그밖의경우}\end{cases}$$

이산확률변수와 연속확률변수의 확률밀도함수는 각각 다음과 같이 정의한다.

**이산확률변수의 확률밀도함수 정의**

이산확률변수 $X$에 대하여 확률 $f(x)$가 다음을 만족하면 $f(x)$를 $X$의 확률밀도함수라고 한다.

① $0 \le f(x) \le 1,\ \sum_{\text{모든}x} f(x)=1$

② $P(a<X\le b)=\sum_{a<x\le b} f(x)$

**연속확률변수의 확률밀도함수 정의**

연속확률변수 $X$ 에 대하여 함수 $f(x)$가 다음을 만족하면 $f(x)$를 $X$ 의 확률밀도함수라고 한다.

① $f(x) \ge 0, \quad \int_{-\infty}^{\infty} f(x)dx = 1$

② $P(a \le X \le b) = \int_a^b f(x)dx, \quad -\infty \le a < b \le \infty$

그리고 확률변수 $X$ 가 어떤 확률분포를 따를 때 $X$ 가 특정한 값 $x$ 보다 작거나 같을 확률인 $P(X \le x)$ 를 $X$ 의 분포함수(distribution function, df) 또는 누적분포함수(cumulative distribution function, cdf)라고 하고, $F(x)$ 로 표기한다. 예를 들어, 위의 동전 실험에서 분포함수는 다음과 같다.

**[표 3.2]** $X$ **의 분포함수**

| $X = x$ | $P(X \le x)$ |
|---|---|
| 0 | 1/4 |
| 1 | 3/4 |
| 2 | 4/4 |

## 기대값

제2장에서 표본의 중심을 나타내는 대표적인 측도로 표본평균을, 산포의 측도로 분산과 표준편차를 다루었다. 이 개념은 모집단에서도 적용되며, 확률변수를 이용한 평균, 분산 및 표준편차로 나타난다.

앞에서 설명한 두 개의 공정한 동전을 동시에 던지는 실험을 살펴보자. 주어진 확률분포로부터 $X$ 의 평균을 계산하면 다음과 같다.

$$\sum(\text{확률변수가 취하는 값} \times \text{그 값을 가질 확률}) = 0 \times \frac{1}{4} + 1 \times \frac{1}{2} + 2 \times \frac{1}{4} = 1$$

일반적으로 확률변수 $X$ 의 확률밀도함수가 $f(x)$ 일 때 확률변수 $X$ 의 기대값을 확률분포의 모평균(population mean)이라고 하고, $E(X)$, $\mu$ 으로 나타내며 다음과 같이 정의한다.

$$\mu = E(X) = \begin{cases} \sum_{\text{모든}x} x f(x), & X = \text{이산확률변수} \\ \int_{-\infty}^{\infty} xf(x)dx, & X = \text{연속확률변수} \end{cases}$$

그리고 $X$ 의 확률밀도함수는 $f(x)$ 이고 $g(x)$ 는 $X$ 의 함수일 때, $g(x)$ 의 기대값 $E[g(X)]$ 는 다음과 같이 정의한다.

$$E[g(X)] = \begin{cases} \sum_{\text{모든}x} g(x)f(x), & X = \text{이산확률변수} \\ \int_{-\infty}^{\infty} g(x)f(x)dx, & X = \text{연속확률변수} \end{cases}$$

확률변수 $X$ 의 모분산(population variance)은 확률분포의 퍼진 정도를 나타내는 수치로 기대값 $E[(X-\mu)^2]$ 으로 정의되고, $Var(X)$, $\sigma^2$ 으로 표기한다.

$$\sigma^2 = Var(X) = E[(X-\mu)^2] = E(X^2) - [E(X)]^2$$

그리고 분산의 양의 제곱근을 확률변수 $X$ 의 모표준편차(population standard deviation)라고 하며, $SD(X)$, $\sigma$ 로 표시한다.

$$\sigma = SD(X) = \sqrt{Var(X)}$$

그리고 기대값은 다음 성질을 갖는다.

$a$ 와 $b$ 는 상수일 때,

$E(aX \pm b) = aE(X) \pm b$

$Var(aX + b) = a^2 Var(X)$

**[예제 3.5]** 한 퀴즈 프로그램에서 참가자에게 정답(O), 오답(X) 2종류의 대답이 있는 세가지 질문을 했다. 참가자가 정답을 대답할 횟수를 $X$ 라 하자.

(a) 확률분포를 표로 나타내보자.

$X$ 는 정답의 개수이므로 확률변수 $X$ 의 값은 0, 1, 2, 3이 될 수 있고 그 각각의 확률은 다음과 같다.

| $X$ | 0 | 1 | 2 | 3 |
|---|---|---|---|---|
| $f(x)$ | 1/8 | 3/8 | 3/8 | 1/8 |

(b) $P(X \geq 1)$ 을 구해보자.

$$P(X \geq 1) = P(X=1) + P(X=2) + P(X=3) = 3/8 + 3/8 + 1/8$$
$$= 7/8$$

(c) $P(1 \leq X \leq 2)$ 을 구해보자.

$$P(1 \leq X \leq 2) = P(X=1) + P(X=2) = 3/8 + 3/8$$
$$= 3/4$$

(d) $X$ 의 평균, 분산을 구해보자.

$$E(X) = \sum_{\text{모든x}} xf(x) = 0 \times \frac{1}{8} + 1 \times \frac{3}{8} + 2 \times \frac{3}{8} + 3 \times \frac{1}{8} = \frac{12}{8}$$
$$= 3/2$$

$$Var(X) = E(X^2) - [E(X)]^2 = \sum_{\text{모든x}} x^2 f(x) - [\sum_{\text{모든x}} xf(x)]^2$$

$$= 0^2 \times \frac{1}{8} + 1^2 \times \frac{3}{8} + 2^2 \times \frac{3}{8} + 3^2 \times \frac{1}{8} - \left(\frac{3}{2}\right)^2 = \frac{24}{8} - \frac{9}{4} = \frac{3}{4}$$
$$= 0.75$$

(e) $E(3X+2)$ 와 $Var(3X+2)$ 를 구해보자.

$$E(3X+2) = 3E(X) + 2 = 3\frac{3}{2} + 2 = \frac{9}{2} + 2$$
$$= 6.5$$

$$Var(3X+2) = 9Var(X) = 9\frac{3}{4} = \frac{27}{4}$$
$$= 6.75$$

## 3.3 베르누이분포와 이항분포

- 베르누이분포
- 이항분포

### 베르누이분포

공정한 동전 한 개를 한 번 던지는 경우 실현 가능한 결과(outcome)는 서로 배반인 사건인 앞면(H)과 뒷면(T)이다. 어떤 제조공정에서 생산한 제품 중 하나를 랜덤하게 선택하는 경우 그 제품은 양호품 또는 불량품으로 분류할 수 있다. 유사하게 공정한 주사위 한 개를 한 번 던지는 실험의 경우 주사위의 눈이 1인 경우와 1이 아닌 경우의 두 가지로 분류할 수 있다. 이와 같이 실험의 결과를 두 개의 단순사건으로 나타낼 수 있는 확률실험을 베르누이실험(Bernoulli experiment)이라고 한다.

동전, 제품 또는 주사위 실험의 경우 각각 앞면, 불량품, 주사위 눈 1에 관심이 있을 것이며 이를 성공(success)으로 분류하고, 나머지를 실패(failure)로 분류할 것이다. 동일한 조건하에서 베르누이실험을 여러 번 반복하여도 성공의 확률 $p = P(success)$는 항상 일정하다. 이와 같은 실험을 베르누이시행(Bernoulli trial)이라고 한다.

베르누이시행의 결과에 대한 분포를 베르누이분포(Bernoulli distribution)라고 부르며, 그 확률밀도함수는 다음과 같다.

$$f(x) = P(X = x) = \begin{cases} p^x (1-p)^{1-x}, & x = 0,1 \\ 0 & \text{그 밖의 경우} \end{cases}$$

여기서 $p$는 성공의 확률이고, 실패의 확률은 $1-p$이며 통상적으로 $q$로 표기한다.

**[예제 3.6]** 동전을 던지는 베르누이시행의 결과를 표와 그림 및 확률밀도함수를 사용하여 분포를 나타내보자. 먼저 앞면이 나오면 성공으로 두고, 확률변수 $X$의 값을 1로 하고, 실패의 경우 $X$의 값을 0으로 하자. 그러면 베르누이분포를 나타내는 표와 그림은 다음과 같다.

**[표 3.3] 확률분포**

| $x$ | $P(X=x)$ |
|---|---|
| 0 | 1/2 |
| 1 | 1/2 |

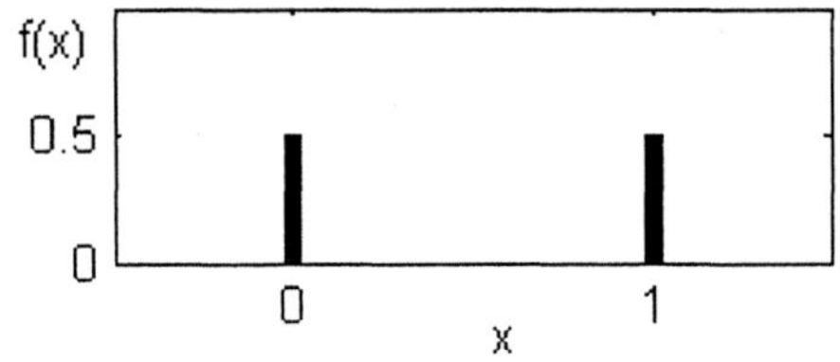

**[그림 3.2] 확률분포**

이를 확률밀도함수로 표현하면 다음과 같다.

$$P(X=x)=\begin{cases}\frac{1}{2}, & x=0,1\\ 0 & \text{그 밖의경우}\end{cases}$$

또는

$$P(X=x)=\begin{cases}\left(\frac{1}{2}\right)^x(1-\frac{1}{2})^{1-x}, & x=0,1\\ 0 & \text{그 밖의경우}\end{cases}$$

## 이항분포

베르누이시행을 $n$번 반복할 때 성공의 횟수에 대하여 관심이 있는 상황이 많이 있다. 만약 $X$를 $n$번 베르누이시행에서의 성공의 횟수라고 하면 $X$를 이항확률변수(binomial random variable)라고 한다. 위와 같은 실험을 이항실험이라고 한다. 그 확률밀도함수는 다음과 같다.

$$f(x)=P(X=x)=\begin{cases}\binom{n}{x}p^x(1-p)^{n-x}, & x=0,1,2,\cdots,n\\ 0 & \text{그 밖의 경우}\end{cases}$$

여기서 $n$은 베르누이시행 횟수, $x$는 성공의 횟수, $p$는 성공의 확률이다.

그리고 이항확률변수 $X$의 분포를 이항분포(binomial distribution)라고 하고, $X \sim B(n, p)$로 표기한다.

그리고 조합은 다음을 나타낸다.

$$\binom{n}{x} = {}_nC_x = \frac{n!}{x!(n-x)!}$$

이항분포의 평균과 분산은 각각 다음과 같다.

$$E(X) = np$$
$$Var(X) = npq\,,\quad q = 1 - p$$

이항분포의 특징은 다음과 같다. 시행의 횟수는 $n$이고, 시행의 결과는 두 가지($S$ 또는 $F$)로 분류된다. 각 시행에서 성공의 확률 $p$는 변하지 않고, 시행은 독립이다.

**[예제 3.7]** 이항분포 $X \sim B(5, 0.25)$에서 아래의 확률을 구해보자. 확률변수 $X$가 $n=5$, $p=0.25$인 이항분포를 따르므로 확률분포를 표와 그림으로 나타내면 다음과 같다.

**[표 3.4] 확률분포**

| $x$ | $p = P(X = x)$ | $P(X \le x)$ |
|---|---|---|
| 0 | 0.2373 | 0.2373 |
| 1 | 0.3955 | 0.6328 |
| 2 | 0.2637 | 0.8965 |
| 3 | 0.0879 | 0.9844 |
| 4 | 0.0146 | 0.9990 |
| 5 | 0.0010 | 1.0000 |

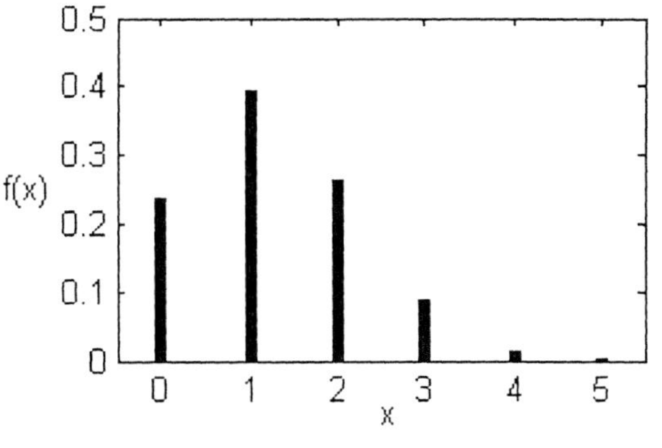


**[그림 3.3] 확률분포**

이 분포의 확률밀도함수는 다음과 같다.

$$P(X=x)=\binom{5}{x}(0.25)^x(1-0.25)^{5-x},\quad x=0,1,2,\cdots,5$$

이항분포의 확률은 표 또는 확률밀도함수를 사용하여 구할 수 있다.

(a) $P(X=0)=\binom{5}{0}(0.25)^0(0.75)^{5-0}=(0.75)^5=0.2373$

(b) $P(X=1.5)=0$

(c) $P(X\le 2)=P(X=0)+P(X=1)+P(X=2)$

$=0.2373+0.3955+0.2637=0.8965$

(d) $P(1\le X\le 2)=P(X=1)+P(X=2)=0.3955+0.2637=0.6592$

(e) $P(X\ge 4)=P(X=4)+P(X=5)=0.01465+0.0009766=0.01563$

$=1-P(X<4)=1-P(X\le 3)=0.0156$

**[예제 3.8]** 공정한 주사위 한 개를 다섯 번 던지는 이항실험에서 다음의 확률을 구해보자.

(a) 주사위의 눈이 1인 경우가 한번 나올 확률은 구해보자.

공정한 주사위를 던지는 경우 주사위의 눈이 1이면 성공, 그렇지 않으면 실패로 두면 성공의 확률은 $p=1/6$이다. $X$를 $n=5$회의 시행에서의 성공의 횟수로 두면 $X$는 이항분포 $X\sim B(5,\frac{1}{6})$를 따르게 된다. 이 분포의 확률밀도함수는 다음과 같이 나타난다.

$$f(x)=P(X=x)=\begin{cases} {}_5C_x\left(\frac{1}{6}\right)^x\left(\frac{5}{6}\right)^{5-x}, & x=0,1,2,\cdots,5 \\ 0 & \text{그 밖의경우} \end{cases}$$

해결할 문제 $P(X=1)$는 다음과 같다.

$$P(X=1)=\binom{5}{1}\left(\tfrac{1}{6}\right)^1\left(\tfrac{5}{6}\right)^{5-1}=\frac{5!}{1!(5-1)!}\left(\tfrac{1}{6}\right)\left(\tfrac{5}{6}\right)^4$$

$$=(5)\left(\tfrac{1}{6}\right)\left(\tfrac{5}{6}\right)^4$$

$$=0.4019$$

(b) 주사위 눈이 1인 경우가 2번 이하 나오는 확률을 구해보자.
해결해야 할 문제는 $P(X \le 2)$가 된다.

$$\begin{aligned} P(X \le 2) &= \sum_{x=0}^{2} P(X = x) \\ &= P(X = 0) + P(X = 1) + P(X = 2) \\ &= {}_5C_0(\tfrac{1}{6})^0(\tfrac{5}{6})^5 + {}_5C_1(\tfrac{1}{6})^1(\tfrac{5}{6})^4 + {}_5C_2(\tfrac{1}{6})^2(\tfrac{5}{6})^3 \\ &= (1)(\tfrac{5}{6})^5 + (5)(\tfrac{1}{6})^1(\tfrac{5}{6})^4 + (10)(\tfrac{1}{6})^2(\tfrac{5}{6})^3 \\ &= 0.9645 \end{aligned}$$

이항분포에서 확률을 계산할 때 부록에 있는 누적이항분포표를 이용하면 도움이 된다. 이 표에는 누적분포함수인 다음의 확률이 주어져 있다.

$$P(X \le c) = \sum_{x=0}^{c} P(X = x) = \sum_{x=0}^{c} {}_nC_x p^x (1-p)^{n-x}$$

부록의 표값을 이용하면 다음과 같은 다른 형태의 확률도 계산할 수 있다.

$a, b$가 정수이면 다음이 성립한다.

$$P(X = a) = P(X \le a) - P(X \le a-1)$$

$$P(a \le X \le b) = P(X \le b) - P(X < a) = P(X \le b) - P(X \le a-1)$$

$$P(X \ge a) = 1 - P(X < a) = 1 - P(X \le a-1)$$

**[예제 3.9]** 15개의 5지선다형 문제를 해결하는 상황을 고려한다. 학생은 5개의 선택 가능한 답 가운데 1개를 정답으로 랜덤하게 정한다고 가정한다.

(a) 학생이 정답을 1개 맞출 확률을 구해보자.
각 문항은 정답이 1개 있는 5개의 답으로 구성되어 있으므로 정답을 맞출 확률인 성공의 확률은 $p = 1/5 = 0.2$이고, 문항 수인 시행횟수는 $n = 15$이다. 또한 시행은 각 문제를 해결하는 것이므로 서로 독립이고, 각 문제는 가능한 두 개의 결과(정답 또는 오답)가 있다. $X$를 정답의 개수로 두면 $X$는 $n = 15$, $p = 0.2$인 이항분포를 따른다. 즉,

$X \sim B(15, 0.20)$. 확률밀도함수는 다음과 같다.

$$f(x) = P(X = x) = \binom{15}{x}(0.2)^x(0.8)^{15-x}, \quad x = 0, 1, 2, \cdots, 15$$

그러면 해결할 문제는 $P(X = 1)$이 되고, 그 계산을 하면

$$P(X = 1) = \binom{15}{1}(0.2)^1(0.8)^{15-1} = \frac{15!}{1!14!}(0.2)^1(0.8)^{14}$$
$$= (15)(0.20)(0.80)^{14} = 0.1319$$

가 된다. 이를 부록의 누적이항분포표를 사용하여 구하면 다음과 같다.

$$P(X = 1) = P(X \le 1) - P(X \le 0) = 0.1671 - 0.0352$$
$$= 0.1319$$

(b) 정답을 3개 이하 맞출 확률을 구해보자.
정답의 개수가 3이하일 확률은 $P(X \le 3)$과 동일하다. 필요한 확률의 계산은 다음과 같다.

$$P(X \le 3) = P(X = 0) + P(X = 1) + P(X = 2) + P(X = 3)$$
$$= \sum_{x=0}^{3}\binom{15}{x}0.20^x 0.80^{15-x}$$

이를 부록의 누적이항분포표를 사용하여 구하면 다음과 같다.

$$P(X \le 3) = 0.6482$$

(c) 정답을 6개 이상 맞출 확률을 구해보자.
정답의 개수가 6이상일 확률은 $P(X \ge 6)$과 동일하다. 즉,

$$P(X \ge 6) = \sum_{x=6}^{15} P(X = x) = \sum_{x=6}^{15}\binom{15}{x}0.20^x 0.80^{15-x}$$

로 계산할 수도 있고

$$P(X \ge 6) = 1 - P(X < 6) = 1 - P(X \le 5)$$

로 계산할 수 있다. 후자의 방법을 이용하기 위하여 부록의 누적이항분포표를 사용하면 다음과 같다.

$$P(X \geq 6) = 1 - P(X \leq 5) = 1 - 0.9389 = 0.0611$$

(d) 정답이 3개 이상이면서 7개 이하일 확률을 구해보자.
정답의 개수가 3개에서 7개 사이에 있을 확률은 $P(3 \leq X \leq 7)$ 과 동일하다. 그래서 다음을 계산하면 될 것이다.

$$P(3 \leq X \leq 7) = P(X = 3) + P(X = 4) + P(X = 5) + P(X = 6) + P(X = 7)$$

또는

$$P(3 \leq X \leq 7) = P(X \leq 7) - P(X < 3) = P(X \leq 7) - P(X \leq 2)$$

부록의 누적이항분포표로부터 $P(X \leq 7) = 0.9958,\ P(X \leq 2) = 0.3980$ 이므로

$$P(3 \leq X \leq 7) = 0.9958 - 0.3980 = 0.5978$$

이 된다.

## 3.4 정규분포

- 정규분포
- 표준정규분포
- 표준정규분포의 응용

### 정규분포

여기서는 구간 $(-\infty, \infty)$ 내에서 임의의 값을 취할 수 있는 아주 특별한 연속확률변수를 고려하는데 그 분포는 정규분포(normal distribution)이다. 이 분포를 가우스분포(Gaussian distribution)라고도 한다. 정규분포는 통계학 전반에서 매우 중요한 확률분포이다. 이 분포는 확률변수의 분포, 오차의 분포, 통계량의 분포 등으로 널리 사용된다. 정규분포의 확률밀도함수는 다음과 같다.

$$f(x) = \begin{cases} \dfrac{1}{\sqrt{2\pi}\sigma} e^{-\frac{(x-\mu)^2}{2\sigma^2}}, -\infty < x < \infty, -\infty < \mu < \infty, \sigma > 0 \\ 0 \qquad \text{그밖의 경우} \end{cases}$$

이를 평균이 $\mu$, 분산이 $\sigma^2$인 정규분포라고 하고, $X \sim N(\mu, \sigma^2)$으로 표기한다. $\sigma$를 표준편차라고 부른다.

정규분포의 특징은 다음과 같다. 종 모양의 연속분포이다. 평균 $\mu$에 대하여 좌우대칭이고 평균, 중앙값, 최빈값이 모두 같다. 평균 근방에서 위로 볼록한 단봉분포이다. 정규곡선 아래의 면적은 1이다. 표준편차는 정규곡선의 변곡점에서 평균까지의 거리이다.

다음은 정규분포의 모양이다.

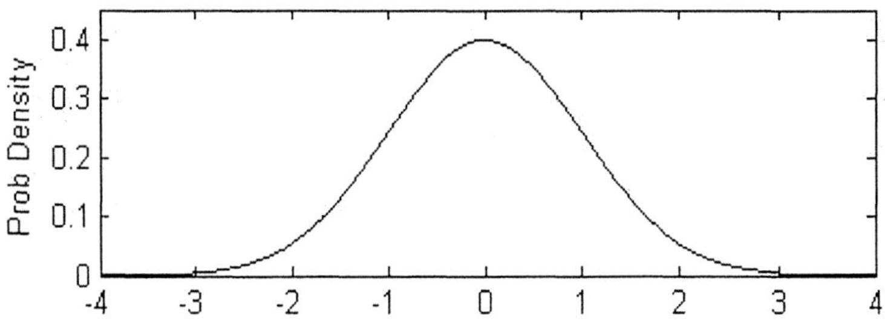


**[그림 3.4] 정규분포의 모양,** $N(0,1)$

정규분포의 평균과 분산의 변화에 따른 확률밀도함수의 형태는 [그림 3.5], [그림 3.6], [그림 3.7]과 같다.

정규곡선은 모두 유사한 형태를 띄고 있고, 평균의 변화에 따라 위치하는 지점이 다르다. 분산 또는 표준편차가 커지면 분포는 더 많이 퍼져있다. 정규곡선은 평균에 대하여 좌우대칭이다.

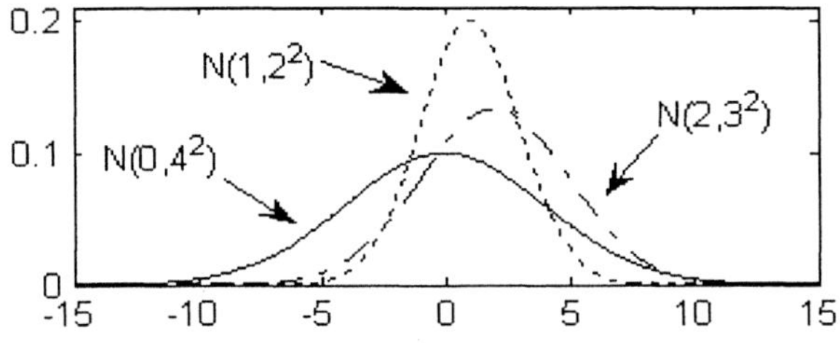


**[그림 3.5] 평균과 분산이 서로 다른 정규분포**

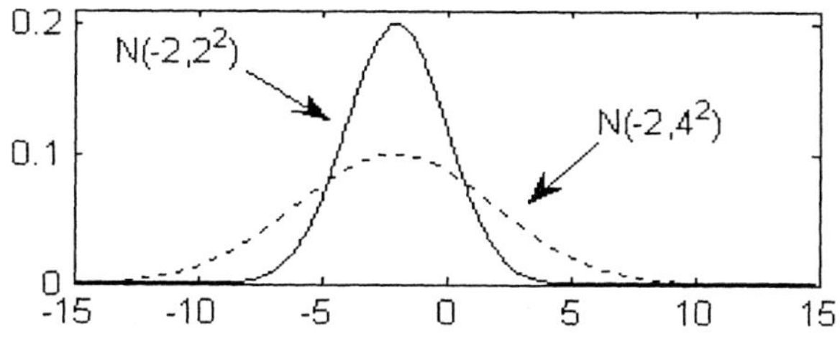


**[그림 3.6] 평균은 같지만 분산이 다른 정규분포**

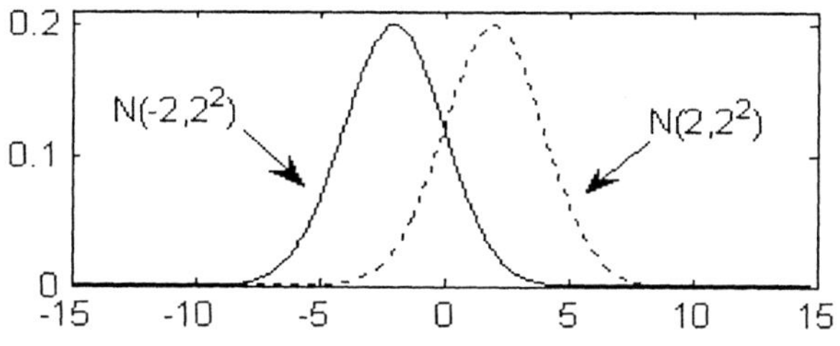


**[그림 3.7] 분산은 같지만 평균이 다른 정규분포**

정규분포의 중요한 성질 중 하나는 다음과 같다. 먼저 확률변수 $X$가 정규분포 $N(\mu,\sigma^2)$을 따르면 아래의 성질을 갖는다. 이를 그래프로 나타내 것이 [그림 3.8]이다.

$$P[-\sigma < X < \sigma] = 0.6827$$
$$P[-2\sigma < X < 2\sigma] = 0.9545$$
$$P[-3\sigma < X < 3\sigma] = 0.9973$$

## 표준정규분포

평균이 0이고 분산이 1인 정규분포를 표준정규분포(standard normal distribution)라고 부른다. 표준정규분포의 확률밀도함수는 다음과 같다.

$$f(x) = \frac{1}{\sqrt{2\pi}} e^{-\frac{x^2}{2}}, -\infty < x < \infty$$

이를 $X \sim N(0,1)$로 표기한다. 그리고 통상적으로 표준정규분포의 확률변수를 $Z$로 표기한다. 즉 $Z \sim N(0,1)$.

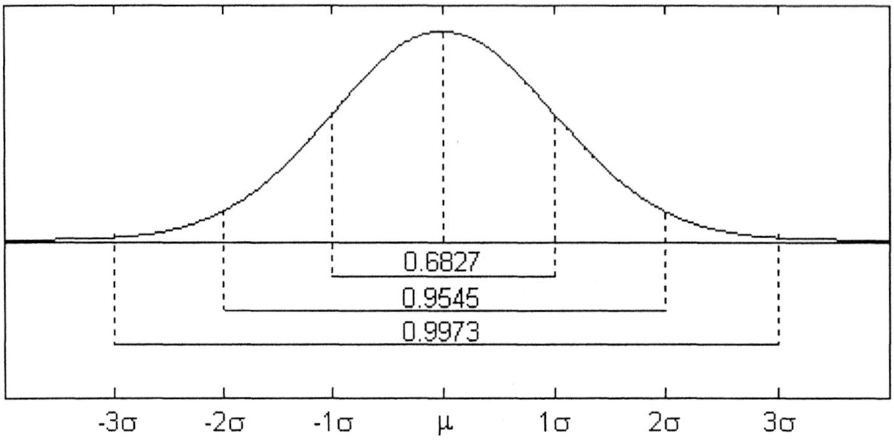


**[그림 3.8] 평균에서 $\pm 1\sigma$, $\pm 2\sigma$, $\pm 3\sigma$ 까지의 확률**

정규분포와 표준정규분포 사이에는 중요한 성질이 존재한다.

**정규분포와 표준정규분포의 관계**

확률변수 $X$ 가 평균이 $\mu$ 이고 분산이 $\sigma^2$ 인 정규분표를 따를 때, $(X-\mu)/\sigma$ 는 표준정규분포가 된다. 즉,

$$X \sim N(\mu, \sigma^2) \ \Rightarrow \ Z = \frac{X-\mu}{\sigma} \sim N(0,1).$$

어떠한 정규확률변수 $X$ 도 변환 $Z=(X-\mu)/\sigma$ 를 하면, 확률변수 $Z$ 는 표준정규분포가 되는데, 이를 표준화라고 부른다. 그리고 표준화 변환을 한 값

$$z = \frac{\text{값} - \text{평균}}{\text{표준편차}} = \frac{x - \mu}{\sigma}$$

를 $z-$값($z-$value) 또는 $z-$점수($z-$score)라고 부른다. 이 표준화 개념은 확률 계산, 통계적 추론, 각종 학업능력평가시스템에서 중요한 역할을 한다.

정규분포에서 확률을 계산하는 것은 정규확률밀도함수를 사용하여 적분을 구하는 것이다. 이 계산이 간단하지 않아서 통상적으로 표준정규분포표를 이

용한다. 부록에 주어진 표준정규분포표에서 값 $P(Z \le z) = P(-\infty \le Z \le z)$ 을 알 수 있다. 표준정규분포표의 값을 이용하면 다음과 같은 다른 형태의 확률도 계산할 수 있다.

$a, b$는 양수일 때 다음이 성립한다.

$$P(a < Z < b) = P(Z < b) - P(Z < a)$$
$$P(Z > a) = 1 - P(Z < a)$$
$$P(-a < Z < -b) = P(b < Z < a) = P(Z < a) - P(Z < b)$$
$$P(Z < -a) = P(Z > a) = 1 - P(Z < a)$$
$$P(Z > -a) = P(Z < a)$$

**[예제 3.10]** 확률변수 $Z$가 표준정규분포 $N(0, 1)$을 따를 때 다음을 구해보자.

(a) $P(0 < Z < 1.5) = P(Z < 1.5) - P(Z < 0) = 0.9332 - 0.5 = 0.4332$

(b) $P(0 < Z < 2.38) = P(Z < 2.38) - 0.5 = 0.9913 - 0.5 = 0.4913$

(c) $P(Z > 1.78) = 1 - P(Z < 1.78) = 1 - 0.9625 = 0.0375$

(d) $P(Z > -1.38) = P(Z < 1.38) = 0.9162$

(e) $P(Z < -1.38) = P(Z > 1.38) = 1 - P(Z < 1.38) = 1 - 0.9162 = 0.0838$

(f) $P(-1.2 < Z < 1.51) = P(Z < 1.51) - P(Z < -1.2) = P(Z < 1.51) - P(Z > 1.2)$
$= P(Z < 1.51) - [1 - P(Z < 1.2)] = 0.9345 - (1 - 0.8849)$
$= 0.9345 - 0.1151 = 0.8194$

(g) $P(|Z| > 2.2) = P(Z > 2.2 \text{ or } Z < -2.2) = P(Z > 2.2) + P(Z < -2.2)$
$= 2 \times P(Z > 2.2) = 2 \times [1 - P(Z < 2.2)] = 2 \times (1 - 0.9861) = 2 \times 0.0139$
$= 0.0278$

(h) $P(1.1 < Z < 2.2) = P(Z < 2.2) - P(Z < 1.1) = 0.9861 - 0.8643 = 0.1218$

(i) $P(-1.3 < Z < -0.9) = P(0.9 < Z < 1.3) = P(Z < 1.3) - P(Z < 0.9) = 0.9032 - 0.8159$
$= 0.0873$

정규분포의 표준화를 활용하면 임의의 정규분포에서의 확률을 계산할 수 있다.

**[예제 3.11]** 확률변수 $X$ 는 정규분포 $N(2, 16)$ 을 따른다고 하자. 다음 확률을 계산해보자.

(a) $P(X = 2) = 0$

(b) $P(X > 2) = P\left(\frac{X-\mu}{\sigma} > \frac{2-2}{4}\right) = P(Z > 0) = 0.5$

(c) $P(X < 3) = P\left(\frac{X-\mu}{\sigma} < \frac{3-2}{4}\right) = P(Z < 0.25) = 0.5987$

(d) $P(1 < X < 3) = P\left(\frac{1-2}{4} < \frac{X-\mu}{\sigma} < \frac{3-2}{4}\right) = P(-0.25 < Z < 0.25) = 2 \times P(0 < Z < 0.25)$

$= 2 \times [P(Z < 0.25) - 0.5] = 2 \times (0.5987 - 0.5) = 0.1974$

(e) $P(-3 < X < 1) = P\left(\frac{-3-2}{4} < \frac{X-\mu}{\sigma} < \frac{1-2}{4}\right) = P(-1.25 < Z < -0.25) = P(0.25 < Z < 1.25)$

$= P(Z < 1.25) - P(Z < 0.25) = 0.8944 - 0.5987 = 0.2957$

(f) $P(3 < X < 4) = P\left(\frac{3-2}{4} < \frac{X-\mu}{\sigma} < \frac{4-2}{4}\right) = P(0.25 < Z < 0.5) = P(Z < 0.5) - P(Z < 0.25)$

$= 0.6915 - 0.5987 = 0.0928$

통계적 추론에서는 빈번하게 사용되는 기호 $z_\alpha$ 를 이해하고 있어야만 한다. 아래 그림에 나타나 있는 $z_\alpha$ 는 표준정규분포의 상위 $\alpha$ 지점 또는 $(1-\alpha)$ 분위수이다. 즉, 주어진 $\alpha$ 에 대하여 $P[Z > z] = \alpha$ 를 만족하는 $z$ 의 값이다. 따라서 표준정규확률변수 $Z \sim N(0, 1)$ 일 때 $P[Z \geq z_\alpha] = \alpha$ 이다.

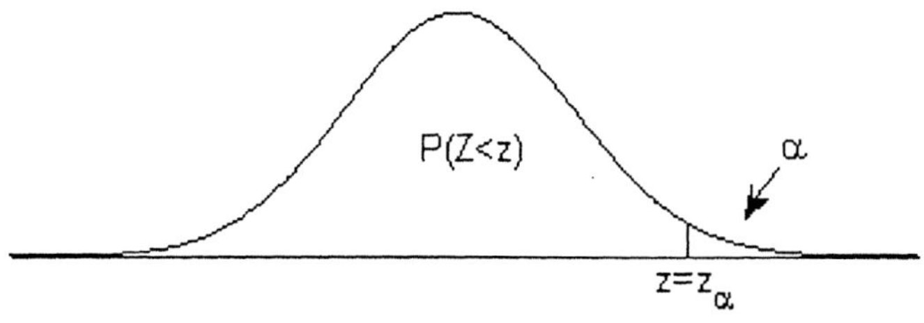

**[예제 3.12]** 부록의 표준정규분포표를 이용하여 $z_\alpha$ 를 구하면 다음과 같다.

$z_{0.025} = 1.96$

$z_{0.975} = -1.96$

$z_{0.05}$ 의 값은 수표에서 얻을 수 있는 값인 $z_{0.0505} = 1.64$ 와 $z_{0.0495} = 1.65$ 를 사용하여 보간법으로 구할 수 있다.

| $\alpha$ | $z_\alpha$ |
|---|---|
| 0.0505 | 1.64 |
| 0.0495 | 1.65 |

$$\begin{aligned} z_{0.05} &= z_{0.0495} + \frac{0.05 - 0.0495}{0.0505 - 0.0495}(z_{0.0505} - z_{0.0495}) \\ &= 1.65 + (0.5)(1.64 - 1.65) \\ &= 1.645 \end{aligned}$$

$z_{0.10}$ 의 값은 수표에 주어진 값인 $z_{0.1003} = 1.28$ 과 $z_{0.0985} = 1.29$ 를 사용하여 보간법으로 구할 수 있다.

| $\alpha$ | $z_\alpha$ |
|---|---|
| 0.0985 | 1.29 |
| 0.1003 | 1.28 |

$$\begin{aligned} z_{0.10} &= z_{0.0985} + \frac{0.10 - 0.0985}{0.1003 - 0.0985}(z_{0.1003} - z_{0.0985}) \\ &= 1.29 + (0.8\dot{3})(1.28 - 1.29) \\ &= 1.29 + (-0.008\dot{3}) \\ &= 1.282 \end{aligned}$$

일반적으로 자주 사용하는 $z_\alpha$ 는 다음과 같다.

$$z_{0.10} = 1.282,\quad z_{0.05} = 1.645,\quad z_{0.025} = 1.960,\quad z_{0.01} = 2.326,\quad z_{0.005} = 2.576$$

## 표준정규분포의 응용

자료값이 정규분포를 따르거나 근사적으로 정규분포를 따른다고 가정하면 문제를 풀기 위하여 표준정규분포를 사용할 수 있다. 정규확률변수를 포함하는 문제를 해결하기 위해서는 표준화의 원리를 사용한다. 즉, 다음의 관계를 사용한다.

$$X \sim N(\mu, \sigma^2) \quad \Rightarrow \quad Z = \frac{X - \mu}{\sigma} \sim N(0, 1)$$

또는

$$Z \sim N(0, 1) \quad \Rightarrow \quad Y = \mu + \sigma Z \sim N(\mu, \sigma^2)$$

위 성질을 사용하는 예를 살펴보자.

**[예제 3.13]** IQ점수는 평균이 110이고 분산이 25인 정규분포를 따른다고 하자. 그러면 랜덤하게 선택한 어떤 사람의 IQ가 120보다 클 확률을 구해보자. $X$를 IQ점수로 두면 $X \sim N(110, 25)$가 된다. 따라서 필요한 계산은 $P(X > 120)$이다. 그러면 $z-$값은 $z = (120 - 110)/5 = 2$가 되고, 이는 표준정규분포를 따르게 된다.

$$P(X > 120) = P\left(\frac{X - \mu}{\sigma} > \frac{120 - 110}{5}\right) = P(Z > 2) = 1 - P(Z < 2) = 1 - 0.9772$$
$$= 0.0228$$

**[예제 3.14]** 수학능력시험에서 어떤 과목에 응시한 모든 학생의 점수는 정규분포를 따른다고 하자. 이 과목의 모든 응시자의 시험성적의 평균과 표준편차는 각각 모평균과 모표준편차가 된다. 그러면 점수 $X_i$는 평균이 $\mu$이고 표준편차가 $\sigma$인 정규분포를 따른다고 할 수 있다. 즉, $X_i \sim N(\mu, \sigma^2)$. 이를 표준화한

$$Z_i = \frac{X_i - \mu}{\sigma}, \quad i = 1, 2, \cdots, N$$

는 표준정규분포 $N(0,1)$을 따른다. 여기서 $N$은 응시자의 수이다.

따라서 수리영역의 경우 평균을 100, 표준편차를 20으로 두기를 원한다면 다음 변환식을 사용하면 된다.

$$Y_i = Z_i \times 20 + 100 = \left(\frac{X_i - \mu}{\sigma}\right) \times 20 + 100, \quad i = 1, 2, \cdots, N$$

## 3.5 카이제곱분포

여기서는 카이제곱분포와 그의 성질을 설명하고자 한다. 카이제곱분포의 확률밀도함수는 다음과 같다.

$$f(x) = \frac{1}{\Gamma(\frac{k}{2})2^{\frac{k}{2}}} x^{\frac{k}{2}-1} e^{-\frac{x}{2}} \quad , \; x > 0 \;\; , \; k \in \mathbb{N}$$

이를 자유도가 $k$인 $\chi^2$-분포(chi-square distribution)라고 하고, $X \sim \chi^2_{(k)}$로 표기한다. 다음은 $\chi^2$-분포의 모양을 나타낸다.

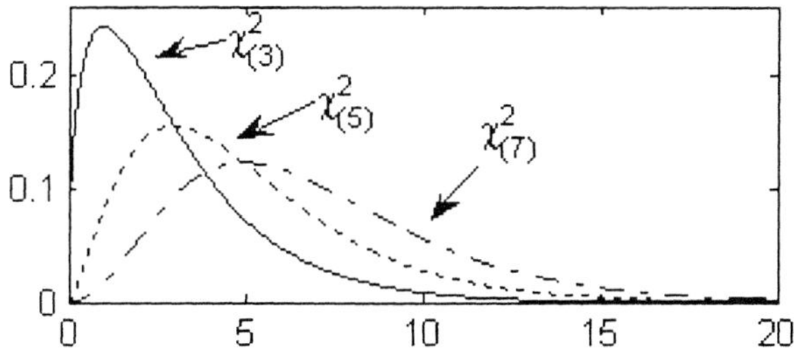


**[그림 3.9] $\chi^2$-분포의 모양**

$\chi^2$-분포의 특징은 다음과 같다. 비대칭인 연속분포이다. 오른쪽으로 기운 분포이고 $\chi^2$ 확률변수값은 비음이다. 자유도가 작아지면 $\chi^2$-분포는 매우 오른쪽으로 기울고, 자유도가 커지면 $\chi^2$-분포는 비대칭성이 줄어든다.

자유도(degree of freedom, df)는 주어진 자료에서 통계량을 계산한 다음 그 값의 변화가 자유로운 자료의 개수다. 예를 들어, 7개 값의 평균이 5로 계산이 되면 7개 값 중에서 6개는 자유롭게 변할 수 있다. 반면에 6개 값이 미리 정해진 경우 7번째 값은 특정한 숫자가 되어야만 한다. 이 값은 7개의 합이 35(=7×5)가 되는 숫자가 되어야 한다.

카이제곱분포에는 다음과 같은 성질이 있다.

**$\chi^2$ –분포의 성질 1**

$Z_1, Z_2, \cdots, Z_k$ 를 표준정규분포 $N(0,1)$ 으로 부터의 확률표본이라고 하자.

$$Y = \sum_{i=1}^{k} Z_i^2$$

의 분포를 자유도 $k$ 인 카이제곱분포라고 한다. 즉, $Y \sim \chi^2_{(k)}$.

**$\chi^2$ –분포의 성질 2**

$X \sim \chi^2_{(k_1)}$, $Y \sim \chi^2_{(k_2)}$ 이고, $X$ 와 $Y$ 가 서로 독립이라고 하자. 그러면 $X+Y$ 의 분포는 자유도가 $k_1+k_2$ 인 카이제곱분포를 따른다. 즉, $X+Y \sim \chi^2_{(k_1+k_2)}$.

모집단이 정규분포인 경우 표본분산의 함수의 분포가 카이제곱분포를 따르므로 정규모집단의 모분산에 대한 통계적 추론을 하기 위해서는 카이제곱분포가 필수적이다. 따라서 정규분포의 모분산 $\sigma^2$ 에 대한 신뢰구간을 구하거나 가설검정을 하기 위해서는 부록의 $\chi^2$ –분포표가 유용할 것이다.

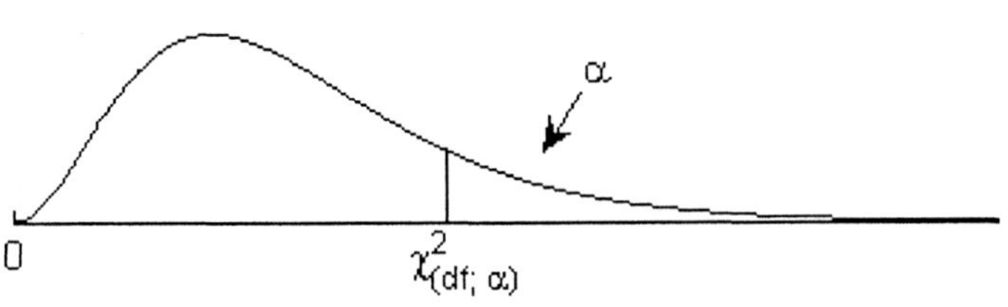


모분산 $\sigma^2$ 에 대한 통계적 추론을 수행하기 위해서는 기호 $\chi^2_{(df;\alpha)}$ 를 이해해야만 한다. $\chi^2_{(df;\alpha)}$ 는 그림에서 알 수 있듯이 자유도가 $df$ 인 카이제곱분포의 상위 $\alpha$ 지점 또는 $(1-\alpha)$ 분위수이다. 즉, $Y \sim \chi^2_{(df)}$ 일 때 $P[Y \geq \chi^2_{(df;\alpha)}] = \alpha$ 이다.

**[예제 3.15]** 부록의 $\chi^2$-분포 이용하여 $\chi^2_{(df;\alpha)}$를 구하면 다음과 같다.

$\chi^2_{(10;\,0.05)} = 18.307$,
$\chi^2_{(10;\,0.95)} = 3.940$,
$\chi^2_{(15;\,0.025)} = 27.488$,
$\chi^2_{(15;\,0.975)} = 6.262$

## 3.6 t-분포

여기서는 $t$-분포와 그의 성질을 설명하고자 한다. $t$-분포의 확률밀도함수는 다음과 같다.

$$f(x) = \frac{\Gamma(\frac{k+1}{2})}{\Gamma(\frac{k}{2})\sqrt{k\pi}}\left(1+\frac{x^2}{k}\right)^{-\frac{k+1}{2}}, \quad -\infty < x < \infty, \quad k \in \mathbb{N}$$

이를 자유도가 $k$인 $t$-분포($t$-distribution)라고 하고, $X \sim t_{(k)}$로 표기한다. 다음은 $t$-분포의 모양을 나타낸다.

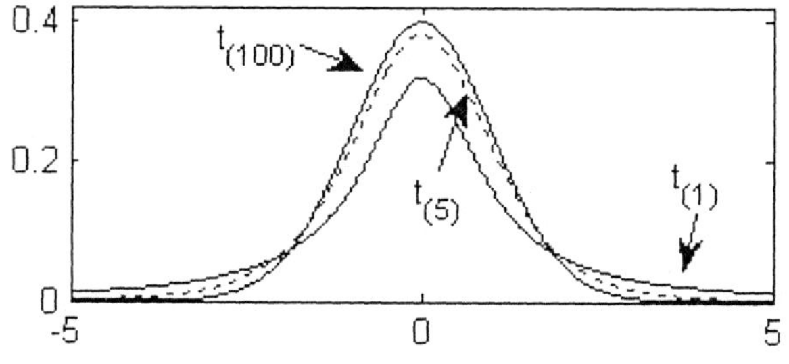


**[그림 3.10] $t$-분포의 모양**

$t$-분포의 특징은 다음과 같다. 종모양의 연속분포이다. 평균 0에 대하여 좌우대칭이고, 평균, 중앙값, 최빈값이 모두 같다. 자유도가 증가하면 $t$-분포는 표준정규분포로 수렴한다.

$t-$분포에는 다음과 같은 성질이 있다.

**$t-$분포의 성질 1**

확률변수 $Z$는 표준정규분포 $N(0,1)$을 따르고 확률변수 $Y$는 자유도가 $k$인 $\chi^2_{(k)}$를 따르고, $X$, $Y$는 독립이라고 하자.

$$T = \frac{Z}{\sqrt{Y/k}}$$

의 분포는 자유도가 $k$인 $t-$분포를 따른다. 즉, $T \sim t_{(k)}$.

**$t-$분포의 성질 2**

$X_1, X_2, \cdots, X_n$이 정규분포 $N(\mu, \sigma^2)$으로 부터의 확률표본이라고 하자. 그러면 다음이 성립한다.

$$\frac{\bar{X}-\mu}{S/\sqrt{n}} \sim t_{(n-1)}$$

여기서 $S$는 자유도가 $n-1$인 표본분산이다.

위 성질은 정규모집단의 모분산을 모르는 경우 모평균에 관한 추론에 활용된다.

**$t-$분포의 성질 3**

확률표본 $X_1, X_2, \cdots, X_{n_1}$과 $Y_1, Y_2, \cdots, Y_{n_2}$는 서로 독립이고, 각각 $N(\mu_1, \sigma^2)$과 $N(\mu_2, \sigma^2)$으로 부터 추출되었다고 하자. 그러면 다음이 성립한다.

$$\frac{(\bar{X}-\bar{Y})-(\mu_1-\mu_2)}{S_P\sqrt{\frac{1}{n_1}+\frac{1}{n_2}}} \sim t_{(n_1+n_2-2)}, \quad S_P = \text{합동표본표준편차}$$

합동표본표준편차 $S_p$ 는 다음과 같다.

$$S_P = \sqrt{S_P^2}$$

여기서 $S_P^2 = \dfrac{(n_1-1)S_1^2 + (n_2-1)S_2^2}{n_1+n_2-2}$, $S_1^2 = \dfrac{\Sigma(X_i-\bar{X})^2}{n_1-1}$, $S_2^2 = \dfrac{\Sigma(Y_i-\bar{Y})^2}{n_2-1}$ 이다.

위 성질은 두 정규모집단의 모분산이 같으면서 모르는 경우 모평균차에 관한 추론을 하는 경우 활용된다.

**$t$ - 분포의 성질 4**

확률표본 $X_1, X_2, \cdots, X_{n_1}$ 과 확률표본 $Y_1, Y_2, \cdots, Y_{n_2}$ 는 서로 독립이고, 각각 $N(\mu_1, \sigma_1^2)$, $N(\mu_2, \sigma_2^2)$ 으로 부터 추출되었다고 하자. 그러면 다음이 성립한다.

$$\frac{(\bar{X}-\bar{Y})-(\mu_1-\mu_2)}{\sqrt{\dfrac{S_1^2}{n_1}+\dfrac{S_2^2}{n_2}}} \sim t_{(df)}$$

여기서 $S_1^2$ 과 $S_2^2$ 은 각각 자유도가 $(n_1-1)$ 과 $(n_2-1)$ 인 표본분산이고 자유도 $df$ 는 Satterthwaite 자유도이다.

Satterthwaite 자유도는 다음과 같다.

$$df = \frac{\left(\dfrac{S_1^2}{n_1}+\dfrac{S_2^2}{n_2}\right)^2}{\dfrac{1}{n_1-1}\left(\dfrac{S_1^2}{n_1}\right)^2 + \dfrac{1}{n_2-1}\left(\dfrac{S_2^2}{n_2}\right)^2}$$

위 성질은 두 정규모집단의 모분산이 같지 않으면서 모르는 경우 모평균차에 관한 추론에 활용된다.

$t-$분포를 요구하는 통계적 추론에서는 기호 $t_{(df;\alpha)}$를 이해하고 있어야 한다. 아래 그림에 표기되어 있는 $t_{(df;\alpha)}$는 자유도가 $df$인 $t-$분포의 상위 $\alpha$ 지점 또는 $(1-\alpha)$분위수이다. 즉, 확률변수 $T \sim t_{(df)}$ 일 때 $P[T \geq t_{(df;\alpha)}] = \alpha$ 이다. 그리고 $t-$분포는 평균 0에 대하여 좌우대칭이므로 다음이 성립한다.

$$P[T \geq t_{(df;\alpha)}] = P[T \leq -t_{(df;\alpha)}] = \alpha$$

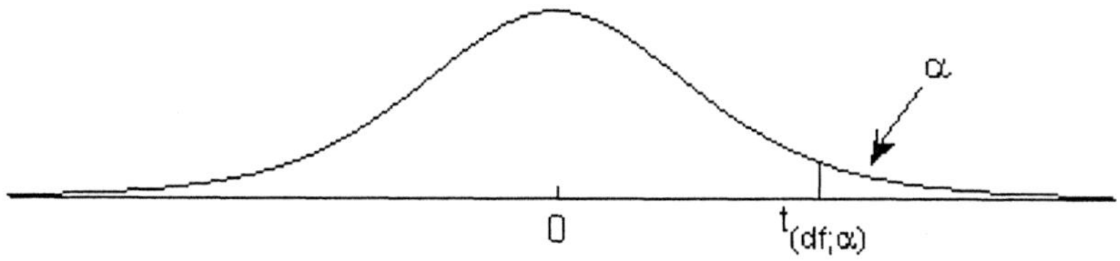


**[예제 3.16]** 부록의 $t-$분포표를 이용하여 $t_{(df;\alpha)}$를 구해보자.

$t_{(10;\,0.05)} = 1.812$,

$t_{(20;\,0.025)} = 2.086$,

$t_{(10;\,0.95)} = -1.812$,

$t_{(20;\,0.975)} = -2.086$,

$t_{(8.6;\,0.05)}$의 값은 $t_{(8;\,0.05)}$과 $t_{(9;\,0.05)}$의 값을 찾아서 보간법으로 구할 수 있다.

| $df$ | $t_{(df;\,0.05)}$ |
|---|---|
| 8 | 1.860 |
| 9 | 1.833 |

$$\begin{aligned} t_{(8.6;\,0.05)} &= t_{(8;\,0.05)} + \frac{8.6-8}{9-8}(t_{(9;\,0.05)} - t_{(8;\,0.05)}) \\ &= 1.860 + (0.6)(1.833 - 1.860) \\ &= 1.8438 \end{aligned}$$

## 3.7 F-분포

여기서는 $F-$분포와 그 성질을 설명하고자 한다. $F-$분포의 확률밀도함수는 다음과 같다.

$$f(x) = \frac{\Gamma(\frac{k_1+k_2}{2}) k_1^{\frac{k_1}{2}} k_2^{\frac{k_2}{2}}}{\Gamma(\frac{k_1}{2})\Gamma(\frac{k_2}{2})} x^{\frac{k_1}{2}-1} (k_2 + k_1 x)^{-\frac{k_1+k_2}{2}}, \quad x > 0, \quad k_1, k_2 > 0$$

이를 자유도가 $(k_1, k_2)$ 인 $F$-분포($F$-distribution)라고 하고, $X \sim F_{(k_1, k_2)}$ 로 표기한다. 다음은 $F$-분포의 모양을 나타낸다.

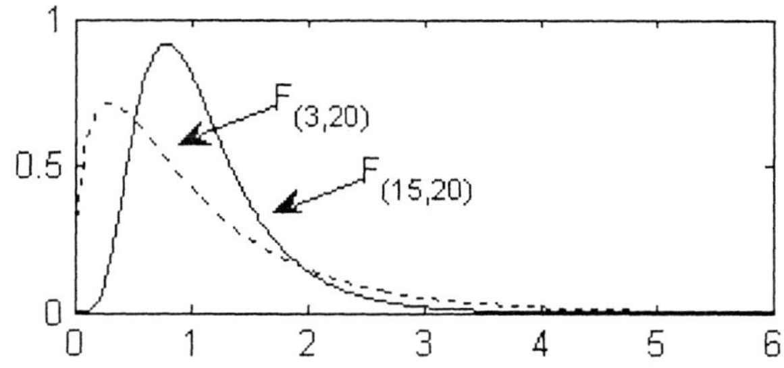


**[그림 3.11] $F$-분포의 모양**

$F$-분포의 특징은 다음과 같다. 비대칭인 연속분포이다. 오른쪽으로 기운 분포이다. $F$ 확률변수값은 비음이다.

$F$-분포에는 분위수를 구할 때 이용하는 다음과 같은 성질이 있다.

**$F$-분포의 성질**

확률변수 $F$ 가 자유도가 $(k_1, k_2)$ 인 $F$-분포를 따를 때 확률변수 $1/F$ 은 자유도가 $(k_2, k_1)$ 인 $F$-분포를 따른다. 즉,

$$F \sim F_{(k_1, k_2)} \quad \Rightarrow \quad \frac{1}{F} \sim F_{(k_2, k_1)}.$$

통계적 추론에서는 기호 $F_{(k_1, k_2; \alpha)}$ 를 사용하는데, 이는 자유도가 $(k_1, k_2)$ 인 $F$-분포의 상위 $\alpha$ 지점 또는 $(1-\alpha)$ 분위수이다. 즉, 확률변수 $F \sim F_{(k_1, k_2)}$ 일 때 $P[F \geq F_{(k_1, k_2; \alpha)}] = \alpha$ 이다. 그리고 $F$-분포의 성질로부터 다음을 알 수 있다.

$$F_{(k_1, k_2; \alpha)} = \frac{1}{F_{(k_2, k_1; 1-\alpha)}}$$

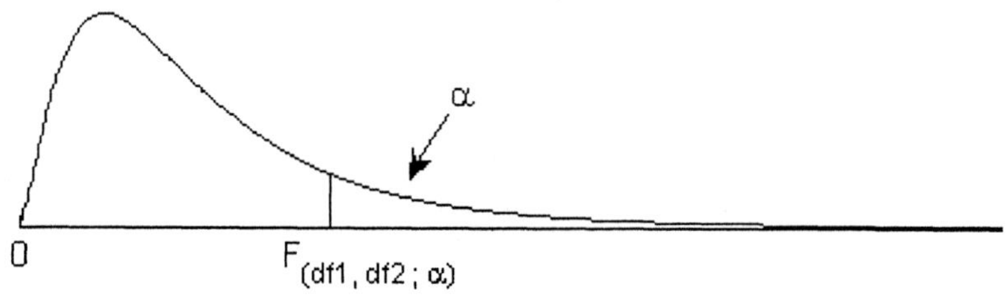


**[예제 3.17]** 부록의 $F-$분포를 이용하여 $F_{(k_1, k_2\,;\,\alpha)}$를 구하면 다음과 같다.

$$F_{(2,3\,;\,0.05)} = 9.552\,,$$

$$F_{(5,8\,;\,0.025)} = 4.817\,,$$

$$F_{(2,3\,;\,0.95)} = \frac{1}{F_{(3,2;\,0.05)}} = \frac{1}{19.164} = 0.052\,,$$

$$F_{(5,8\,;\,0.975)} = \frac{1}{F_{(8,5;\,0.025)}} = \frac{1}{6.757} = 0.148$$

## 다음 용어를 설명하시오.

1. 시행
2. 표본공간
3. 사건
4. 서로 배반인 사건
5. 확률
6. 조건부확률
7. 독립
8. 확률변수
9. 이산확률변수
10. 연속확률변수
11. 확률밀도함수
12. 확률분포

13. 분포함수(또는 누적확률분포함수)
14. 베르누이실험
15. 베르누이시행
16. 베르누이분포
17. 이항분포
18. 정규분포(또는 가우스 분포)
19. 표준정규분포
20. 표준화
21. z-값
22. 상위 $\alpha$ 지점(또는 $1-\alpha$ 분위수)
23. 자유도
24. 합동표본표준편차
25. Satterthwaite 자유도

# 문 제

3-1 사건 $A$와 $B$에 대해 $P(A)=0.4$, $P(B)=0.5$, $P(A\cap B)=0.3$이라고 하자.

(1) $P(A|B)$를 계산하시오.

(2) $A$와 $B$는 독립인가?

3-2 어느 대학교에서 강좌 수강생 중에서 20%가 A 학점을 받았으며, 남학생 중에서 A 학점을 받은 학생은 전체 수강학생의 30%라고 한다. 이제 랜덤하게 뽑은 한 학생이 A 학점을 받았을 때, 그 학생이 남학생일 확률을 구하시오.

3-3 프로야구선수 A는 전년도 평균타율이 3할로 알려져 있다. A 선수가 올해 첫 경기에서 다섯 번 타석에 들어선다고 가정하자. A 선수가 안타를 친 개수를 $X$라고 할 때 $X$의 확률분포를 구하시오.

3-4 다음은 어느 농촌지역의 가구별 자녀의 수 $X$에 대한 확률분포이다.

| $x$ | 0 | 1 | 2 | 3 | 4 | 5 |
|---|---|---|---|---|---|---|
| $P(X=x)$ | 0.06 | 0.20 | 0.40 | 0.25 | 0.06 | 0.03 |

(1) $P(2 \le X \le 4)$를 구하시오.

(2) 평균과 분산을 구하시오.

3-5 공정한 동전을 세 개 던지는 실험에서 뒷면의 개수를 $X$라고 하자.

(1) $X$의 확률분포를 표로 나타내시오.

(2) $X$의 확률분포를 확률밀도함수로 표현하시오.

(3) $E(X)$ 즉, 뒷면이 나오는 평균 개수를 구하시오.

(4) $P(X \ge 2)$ 즉, 뒷면이 두 개 이상 나오는 확률을 구하시오.

3-6 $X \sim B(10, 0.3)$이라고 하자. 다음을 구하시오.

(1) $P(X=0)$

(2) $P(X=10)$

(3) $P(X \le 3)$

(4) $P(X > 7)$

(5) $P(2 \le X < 8)$

3-7 $Z \sim N(0,1)$이라고 하자. 다음을 구하시오.

(1) $P(Z=0)$

(2) $P(Z>0)$

(3) $P(-2 < Z < 2)$

(4) $P(1 < Z < 2)$

(5) $P(Z > 1.93)$

(6) $P(Z > z) = 0.80$을 만족하는 $z$

(7) $P(Z < z) = 0.10$을 만족하는 $z$

3-8 $X \sim N(10, 3^2)$ 이라고 한다. 다음을 계산하시오.

(1) $P(X < 10)$

(2) $P(7 \le X \le 13)$

(3) $P(11 \le X \le 15)$

(4) $P(X > 12)$

(5) $P(X \ge x) = 0.75$ 를 만족하는 $x$

3-9 $t \sim t_{(12)}$ 이라고 하자. 다음을 구하시오.

(1) $P(t > a) = 0.025$ 를 만족하는 $a$

(2) $P(t < b) = 0.015$ 를 만족하는 $b$

3-10 $\chi^2 \sim \chi^2_{(15)}$ 이라고 하자. 다음을 구하시오.

(1) $P(\chi^2 > a) = 0.01$ 을 만족하는 $a$

(2) $P(\chi^2 < b) = 0.10$ 을 만족하는 $b$

3-11 $F \sim F_{(5,9)}$ 이라고 하자. 다음을 구하시오.

(1) $P(F > a) = 0.10$ 을 만족하는 $a$

(2) $P(F > b) = 0.95$ 를 만족하는 $b$

3-12 다음을 구하시오.

(1) $z_{0.015}$

(2) $t_{(9\,;\,0.025)}$

(3) $\chi^2_{(9\,;\,0.025)}$

(4) $F_{(5,6\,;\,0.025)}$

(5) $F_{(5,6\,;\,0.975)}$

# 제 4 장

# 통계적 추론

이 장에서 다루는 주요 내용은 다음과 같다.

○ 추정

○ 가설검정

## 4.1 추정

통계자료분석을 위하여 수집한 자료를 사용하여 모집단에 대한 추측 또는 결론을 이끌어내는 과정을 통계적 추론(statistical inference)이라고 하며, 추정(estimation)과 가설검정(testing hypothesis)으로 양분된다. 추정은 점추정(point estimation)과 구간추정(interval estimation)으로 나눠어진다.

점추정에서 모수(parameter) $\theta$ 의 추정량(estimator) $\hat{\theta}$ 은 특정한 식으로 나타난다. 좋은 추정량을 판단하는 여러 기준 중에서 중요한 두 가지만 살펴보자. 표본분포에서 추정량의 기대값이 추정하고자 하는 모수와 동일하면 즉, $E(\hat{\theta})=\theta$ 이면 추정량 $\hat{\theta}$ 을 불편추정량(unbiased estimator)이라고 부른다. 어떤 추정량의 표준편차가 다른 추정량의 표준편차보다 작으면 보다 유효(efficient)하다고 한다. 예를 들어, 정규모집단의 경우 모평균 $\mu$ 의 추정량인 표본평균 $\bar{X}$ 의 기대값 $E(\bar{X})$ 는 모평균 $\mu$ 가 되므로 $\bar{X}$ 는 불편추정량이 된다. 그리고 이 불편추정량 $\bar{X}$ 의 표준편차는 임의의 다른 불편추정량의 표준편차보다 항상 작으므로 유효하다고 한다. 정규분포의 모평균 $\mu$ 의 추정량으로 표본평균 $\bar{X}$ 를 사용하는 이유가 여기에 있다.

모수를 추정하는 다른 접근방법인 구간추정에서는 어떤 구간으로 모수 추정의 결과를 나타낸다. 모평균 $\mu$ 에 대한 $100(1-\alpha)\%$ 신뢰구간을 구한다고 하자. 만약 $100(1-\alpha)\%$ 를 95% 로 두면 모평균 $\mu$ 에 대한 95% 신뢰구간을 구하는 것이 되는데 그 결과가 (7.75, 9.23)이라고 하자. 신뢰구간 (7.75, 9.23)은 이 구간 내에 모평균 $\mu$가 있다는 것을 특정한 확률인 0.95 로 신뢰할 수 있도록 한 구간이다. 이때 95% 신뢰구간에서의 0.95 즉, $1-\alpha$ 를 신뢰계수(confidence coefficient)라고 부른다.

점추정과 구간추정을 비교하면 신뢰구간은 점추정값보다 추정값의 오차의 정도에 대한 정보를 주는 장점이 있다.

## 4.2 가설검정

통계적 가설검정을 하기 위해서 먼저 통계적 가설을 설정해야 한다. 통계적 가설(statistical hypothesis)이란 주어진 모집단의 모수의 값에 대한 기술이거나 모집단의 분포의 모양에 대한 기술이다. 참일 수도 있고 거짓일 수도 있는 통계적 가설에는 귀무가설(또는 영가설)과 대립가설이 있다. 대립가설(alternative hypothesis)은 표본으로 입증하려고 하는 가설로 $H_1$ 으로 표기하며, 귀무가설(null hypothesis)은 검정되어야 하는 가설로 $H_0$ 로 표기한다.

대립가설이 귀무가설로부터 임의의 차이의 존재유무를 조사하고자 하는 경우를 양쪽검정(two-sided test)이라 하고, 귀무가설로부터 양 또는 음의 차이만을 조사하고자 하는 경우를 한쪽검정(one-sided test)이라고 한다. 예를 들어, 여학생과 남학생의 신장차이를 비교한다고 하자. 남학생의 평균신장을 $\mu_1$ 으로, 여학생의 평균신장을 $\mu_2$ 로 두자. 만약 신장차이가 있는 가를 검정한다면 귀무가설과 대립가설은 다음과 같다. 이 검정은 양쪽검정의 한 예이다.

$$H_0 : \mu_1 - \mu_2 = 0 \quad \text{vs} \quad H_1 : \mu_1 - \mu_2 \neq 0$$

만약 남학생이 여학생보다 평균신장이 10cm 더 큰 가를 검정한다면 귀무가설과 대립가설은 다음과 같다. 이 검정은 한쪽검정의 한 예이다.

$$H_0 : \mu_1 - \mu_2 = 10 \quad \text{vs} \quad H_1 : \mu_1 - \mu_2 > 10$$

가설검정에서 의사결정자는 귀무가설과 대립가설 중에서 하나를 채택하는데, 이 경우 두 가지의 오류를 범할 수 있다. 첫째로 귀무가설이 참일 때 귀무가설을 기각하는 것으로, 이를 제1종 오류(또는 제1종 과오, type 1 error)라고 부른다. 둘째로 귀무가설이 거짓일 때 귀무가설을 채택하는 것으로, 이를 제2종 오류(또는 제2종 과오, type 2 error)라고 부른다. 가설검정을 수행할 때 나타나는 4가지 결과는 아래의 표에 요약되어 있다.

**[표 4.1] 가설검정의 가능한 결과**

| | $H_0$ 참 | $H_0$ 거짓 |
|---|---|---|
| $H_0$ 기각(reject) | 오류(제1종) | 옳은 결정 |
| $H_0$ 채택(accept) | 옳은 결정 | 오류(제2종) |

가설검정의 결과, 귀무가설을 기각하거나 귀무가설을 채택한다. 귀무가설이 기각되면 이를 통계적으로 유의(statistically significant)하다라고 한다.

## $\alpha$-접근방법

귀무가설을 기각하거나 채택할 때 우리가 올바른 결정을 한다는 확신을 어느 정도 가질 수 있는 가는 유의수준(significant level)으로 설명된다. 유의수준은 제1종 오류의 확률이며, $\alpha$로 표기한다. 유의수준 0.1, 0.05, 0.01이 통상적으로 많이 사용된다.

유의수준 $\alpha$를 사용하는 가설검정이 전통적인 접근방법인데, 여기서는 이를 $\alpha$-접근방법이라고 부르기로 한다. $\alpha$-접근방법($\alpha$-approach)으로 하는 가설검정의 일반적인 절차는 다음과 같다.

**가설검정의 절차($\alpha$-접근방법)**

① 귀무가설과 대립가설을 설정한다.
② 검정통계량을 계산한다.
③ 주어진 유의수준 $\alpha$에서 임계값을 찾아 기각역을 구한다.
④ 검정통계량과 기각역를 비교하여 통계적 유의성을 판단한다.
이때 검정통계량이 기각역을 만족하면 $\alpha$에서 통계적으로 유의하다고 한다.

## $p-$값 접근방법

컴퓨터의 출현으로 확률을 손쉽게 계산할 수 있게 되었다. 가설검정의 결론을 내릴 때 확률을 이용할 수 있는데 이 확률이 $p-$값($p-$value)이다. $p-$값은 귀무가설이 기각되는 최소의 확률이며, 가설검정에서 귀무가설에 반하는 증거의 강도를 측정하기 위하여 사용할 수 있다. $p-$값이 작아지면 귀무가설에 반대되는 증거는 더 강해진다. 즉, $p-$값이 작을수록 대립가설을 지지하여 귀무가설을 기각해야만 한다는 증거는 강해진다. $p-$값은 대립가설에 따라 다르며, 추후 계산방법을 기술한다. $p-$값을 사용하는 가설검정을 $p-$값 접근방법($p-$value approach)이라고 부르기로 하며, 가설검정의 절차는 다음과 같다.

**가설검정의 절차($p-$값 접근방법)**

① 귀무가설과 대립가설을 설정한다.
② 검정통계량을 계산한다.
③ 귀무가설에 대한 반증의 강도로 유의확률인 $p-$값을 계산한다.
④ $p-$값을 사용하여 통계적 유의성을 판단한다.

$p$ - 값을 사용하는 방법을 살펴보자.

(1) 계산된 $p$ - 값이 작을수록 귀무가설에 반하는 증거가 더 강하므로 $p$ - 값이 어느 정도 작을 때 귀무가설을 기각할 수 있다. $p$ - 값만을 사용하여 통계적 유의성을 판단한다. 예를 들어, 어떤 가설검정에서 $p$ - 값이 0.23이면 귀무가설을 기각할 수 없다. 그러나 $p$ - 값이 0.0002이면 이는 귀무가설을 기각할 수 있는 매우 강한 증거이다. 이 경우 $p$ - 값이 0.0002이므로 귀무가설을 기각한다고 결론을 내릴 수 있다.

(2) $p$ - 값과 유의수준 $\alpha$를 비교하여 통계적 유의성을 판단한다.

$$p\text{-값} < \alpha \quad \Rightarrow \quad \text{귀무가설 } H_0 \text{ 기각}$$
$$p\text{-값} \geq \alpha \quad \Rightarrow \quad \text{귀무가설 } H_0 \text{ 채택}$$

유의수준 $\alpha$ 값과 $p$ - 값 사이에는 분명한 차이가 있다. 유의수준 $\alpha$ 값은 검정이 수행되기 전에 선택되지만, $p$ - 값은 자료가 수집되고 검정통계량이 계산된 후에 계산된다.

여러 가지 소프트웨어(Minitab, SPSS, Excel 등)를 사용하여 $p$ - 값을 계산할 수 있다. 그리고 모평균에 대한 가설검정의 경우 통계패키지 Minitab에서는 양쪽검정과 한쪽검정을 구분하여 처리할 수 있는 선택사항이 있고 그 처리결과인 유의확률 $p$ - 값을 제공해 준다. 통계패키지 SPSS에서는 양쪽검정의 $p$ - 값만 제공하고 있다. 여러 가지 통계패키지에는 그 나름의 특성이 있으므로 유의해서 이용하면 된다.

## 다음 용어를 설명하시오.

1. 통계적 추론
2. 점추정
3. 불편추정량
4. 유효추정량
5. 구간추정
6. 신뢰계수
7. 통계적 가설
8. 귀무가설(또는 영가설)
9. 대립가설
10. 양쪽검정
11. 한쪽검정
12. 제1종 오류(또는 제1종 과오)
13. 제2종 오류(또는 제2종 과오)
14. 통계적으로 유의하다
15. 유의수준 $\alpha$
16. 검정통계량
17. 기각역
18. $p$-값

# 제 5 장

# 모평균에 관한 추론

이 장에서 다루는 주요 내용은 다음과 같다.

○ 일표본 문제
○ 정규 모분산을 아는 경우
○ 정규 모분산을 모르는 경우

## 5.1 일표본 문제

여기서는 한 개의 모집단으로부터 자료가 수집되는 경우를 고려한다. 다음은한 모집단의 모평균에 관심이 있는 연구과제의 예이다.

- 우리 대학의 금년도 남자 신입생의 평균 신장은 175cm보다 크다.
- 어떤 대형 할인점에서 주말 계산대의 평균 대기시간은 12분이다.
- 어떤 택배회사에서 지난달 배달한 화물의 평균무게는 10kg미만이다.
- 어떤 회사에서 생산하는 형광등의 평균 수명은 적어도 1700시간이다.
- 고등학교 축구선수들의 평균체중은 90kg미만이다.
- 안동댐 주변의 7월 일중 최고기온의 평균은 25°C보다 낮다.
- 백화점에서 고객불만을 처리하는데 소요되는 평균시간은 7분이다.

위와 같은 연구의 예에서는 자료가 수집되는 모집단의 개수가 한 개이며,

이를 일표본 문제라고 할 수 있다. 예시한 연구과제들은 모집단의 평균인 $\mu$ 에 관한 통계적 추론에 관심이 있다. 예를 들어, 대학 신입생중 남학생의 신장에 관심이 있는 경우 신장의 평균을 $\mu$ 로 정의한다. 주말 대형할인점에서 계산을 위해 기다리는 대기시간을 연구하고자 한다면 평균 대기시간을 $\mu$ 로 정의한다. 나머지 경우도 이와 유사하게 모평균을 정의할 수 있다.

이 경우 모집단의 평균 $\mu$ 에 관한 통계적 추론이 주 관심사이다. 이러한 통계적 추론을 하기 위해서는 추론에 필요한 변수(예를 들어, 신장, 대기시간 등)의 값을 수집한 다음 적절한 통계적 방법을 사용하면 된다. 이와 같은 일표본의 경우 변수와 모수를 표로 정리하면 다음과 같다.

**[표 5.1] 변수, 모수**

| 변수 | 모수(평균) |
|---|---|
| 신장 | $\mu$ (=평균 신장) |
| 대기시간 | $\mu$ (=평균 대기시간) |

여기서는 특별히 기술하지 않으면 분석하고자 하는 자료 $X$ 는 평균이 $\mu$, 분산이 $\sigma^2$ 인 정규분포 $N(\mu,\sigma^2)$ 를 따른다고 가정한다. 이때 모분산인 $\sigma^2$ 에 대한 가정이 요구되는데, 크게 두 가지로 구분된다.

① $\sigma^2$ 을 아는 경우($\sigma^2$ 은 기지)
② $\sigma^2$ 을 모르는 경우 ($\sigma^2$ 은 미지)

보통 통계패키지에서는 첫째를 일표본 Z-검정으로, 둘째를 일표본 T-검정으로 다루고 있다.

## 5.2 정규 모분산을 아는 경우

- 모평균에 대한 신뢰구간
- 모평균에 대한 가설검정

여기서는 정규모집단에서 모분산을 아는 경우 모평균에 관한 통계적 추론을 생각한다. 자료의 모집단은 정규분포 $N(\mu,\sigma^2)$를 따른다고 가정하자. 이때 모분산 $\sigma^2$은 알고 있다 즉, 기지라고 하자. 이 정규모집단으로부터 추출한 크기가 $n$인 확률표본(또는 랜덤표본)을 $X_1, X_2, \cdots, X_n$이라고 하면 표본평균 $\bar{X}$는 $N(\mu,\sigma^2/n)$을 따른다. 이 경우 $\bar{X}$의 표준오차는 다음과 같다.

$$SE(\bar{X}) = \sqrt{Var(\bar{X})} = \frac{\sigma}{\sqrt{n}}$$

이를 표준화한 변수

$$Z = \frac{\bar{X} - \mu}{\sigma / \sqrt{n}}$$

는 표준정규분포 $N(0,1)$을 따른다. 여기서 $\bar{X} = \sum X_i / n$이다.

일반적으로 모평균 $\mu$을 추정하기 위하여 사용되는 점추정량은 불편추정량인 표본평균이다.

$$\hat{\mu} = \bar{X}$$

그리고 모평균에 대한 신뢰구간은 다음과 같다.

## 모평균 $\mu$에 대한 신뢰구간 [$X \sim N(\mu,\sigma^2)$, $\sigma^2$은 기지]

통계량 $\bar{X}$를 표준화하여 얻은 변수 $Z = \sqrt{n}(\bar{X} - \mu)/\sigma$의 분포로부터 다음이 성립한다.

$$1-\alpha = P\left(-z_{\alpha/2} \le \frac{\bar{X} - \mu}{\sigma / \sqrt{n}} \le z_{\alpha/2}\right)$$

위 확률내의 부등식을 풀면 $\mu$에 대한 $100(1-\alpha)\%$ 신뢰구간을 구할 수 있다.

$$\left(\bar{X} - z_{\alpha/2}\frac{\sigma}{\sqrt{n}},\ \bar{X} + z_{\alpha/2}\frac{\sigma}{\sqrt{n}}\right)$$

여기서 $z_{\alpha/2}$ 는 표준정규분포의 상위 $\alpha/2$ 지점이고, $z_{\alpha/2}\sigma/\sqrt{n}$ 을 $100(1-\alpha)\%$ 오차한계라고 부른다.

**[예제 5.1]** 금년도 우리 대학의 남자 신입생의 평균 신장에 대한 정보를 얻기 위하여 9명의 남학생을 랜덤하게 선택하여 그들의 신장을 측정하였다. 측정한 자료값은 아래와 같다(단위:cm). 신장은 정규분포를 따르며, 모표준편차는 10cm라고 가정한다.

171, 175, 163, 182, 186, 179, 168, 178, 178

(a) 남학생의 평균신장 $\mu$ 의 추정값을 구해보자.
표본크기 $n=9$, 합 $\sum x_i = 1580$ 이므로 모평균 $\mu$ 의 추정값인 표본평균 $\bar{X}$ 는 다음과 같다.

$$\hat{\mu} = \bar{x} = \frac{1}{n}\sum_{i=1}^{n} x_i = \frac{1580}{9} = 175.\dot{5}$$

(b) 평균신장 $\mu$ 에 대한 95% 신뢰구간을 구해보자.
$\bar{X}$ 의 표준오차 $SE(\bar{X})$ 를 계산하면 다음과 같다.

$$SE(\bar{x}) = \frac{\sigma}{\sqrt{n}} = \frac{10}{\sqrt{9}} = \frac{10}{3} = 3.\dot{3}$$

그리고 신뢰수준은 $100(1-\alpha)\% = 95\%$ ( $\alpha = 0.05$ )이므로 $z_{\alpha/2} = z_{0.025} =$ 1.96 이다. 따라서 $\mu$ 에 대한 95% 신뢰구간은 다음과 같다.

$$\begin{aligned}\bar{x} \pm z_{\alpha/2}\frac{\sigma}{\sqrt{n}} &= \bar{x} \pm z_{\alpha/2}SE(\bar{x}) \\ &= 175.\dot{5} \pm (1.96)(3.\dot{3}) \\ &= 175.\dot{5} \pm 6.5\dot{3} \\ &= (169.02222,\ 182.08889)\end{aligned}$$

모평균 $\mu$ 가 특정한 값 $\mu_0$ 와 동일한가( $H_0 : \mu = \mu_0$ )를 검정하기 위한 검정절차는 다음과 같다.

## 모평균 $\mu$에 대한 가설검정 [$X \sim N(\mu, \sigma^2)$, $\sigma^2$은 기지]

아래의 귀무가설

$$H_0 : \mu = \mu_0, \quad \mu_0 = \text{특정한 값}$$

이 참인 경우 정규분포의 성질로부터 다음이 성립한다.

$$Z = \frac{\bar{X} - \mu_0}{\sigma / \sqrt{n}} \sim N(0,1)$$

따라서 표준정규분포를 따르는 상기 $Z$를 검정통계량으로 사용할 수 있다.

$z$를 $Z$의 관측값으로 두자. 각각의 대립가설에 대한 기각역과 $p-$값은 다음과 같다.

| 대립가설 | $\alpha$ 하에서의 기각역 | $p-$값 |
|---|---|---|
| $H_1 : \mu > \mu_0$ | $z \ge z_\alpha$ | $p = P(Z \ge z)$ |
| $H_1 : \mu < \mu_0$ | $z \le -z_\alpha$ | $p = P(Z \le z)$ |
| $H_1 : \mu \ne \mu_0$ | $\|z\| \ge z_{\alpha/2}$ | $p = P(\|Z\| \ge \|z\|)$ |

이 검정은 정규모집단에서 모분산을 아는 경우 모평균에 대한 가설검정에 사용하는 것으로 일표본 Z−검정이라고도 부른다.

**[예제 5.2]** 금년도 신입생 실태조사보고서에서 우리 대학의 신입생의 남자 평균신장은 175cm보다 크다고 주장하고 있다. 이를 확인하기 위하여 9명의 남학생을 랜덤하게 선택하여 그들의 신장을 측정하였다. 측정한 자료값은 아래와 같다(단위:cm).

171, 175, 163, 182, 186, 179, 168, 178, 178

신장은 정규분포를 따르며, 모표준편차는 10cm라고 가정한다. 보고서를 신뢰할 수 있는 가를 검정해보자. 유의수준 5%를 사용한다. 가설검정의 절차는 다음과 같다.

단계 1: 가설을 세운다.

검정은 남학생의 평균신장이 175보다 큰 가를 확인하는 것이므로 대립가설은 $\mu$가 175보다 크다이다. 즉,

$$H_0: \mu = 175 \text{ vs } H_1: \mu > 175$$

단계 2: 검정통계량을 계산한다.

$$z = \frac{\bar{x} - \mu_0}{\sigma / \sqrt{n}} = \frac{175.\dot{5} - 175}{10 / \sqrt{9}} = 0.1\dot{6}$$

위 검정통계량은 귀무가설하에서 정규분포를 따른다.

단계 3: 통계적 결론을 내린다($\alpha$-접근방법 사용).

유의수준이 $\alpha = 0.05$ 이므로 기각역은 다음과 같다.

$$z \geq z_\alpha = z_{0.05} = 1.645$$

$z = 0.1\dot{6}$ 은 기각역을 만족하지 못하므로 귀무가설을 기각하지 못한다. 즉, 5% 유의수준에서 통계적으로 유의하지 않다.

단계 4: 통계적으로 유의하지 않으므로 금년도 남자 신입생의 평균신장은 175cm보다 크다고 할 수 없다.

**[예제 5.2]-계속** $p$-값 접근방법으로 가설검정을 해보자.
대립가설이 $H_1: \mu > 175$ 이고 검정통계량이 $z = 0.1\dot{6}$ 이므로 $p$-값은 다음과 같다.

$$p = P(Z \geq 0.1\dot{6}) = 0.4338$$

위 $p$-값의 계산은 Excel의 통계함수 NORMSDIST() 를 사용하면 된다. 여기서 필요한 Excel의 통계함수는 부록에 정리되어 있으니 참고하면 된다.

$P(Z \geq 0.1\dot{6}) = 1 - P(Z < 0.1\dot{6})$ 이므로 Excel에서

=1−NORMSDIST(0.16667)

를 계산하면 그 값은 0.4338이 된다. $p$-값=0.4338은 유의수준 $\alpha = 0.05$ 보다 크므로 귀무가설은 기각되지 못한다. 따라서, 남자 신입생의 평균신장은 175cm보다 크다고 할 수 없다.

# 5.3 정규 모분산을 모르는 경우

- 모평균에 대한 신뢰구간
- 모평균에 대한 가설검정

여기서는 연구대상인 정규모집단이 하나인 일표본에서 모분산을 모르는 즉, 미지인 경우 모평균에 관한 통계적 추론을 설명하고자 한다.

$n$ 개의 확률표본 $X_1, X_2, \cdots, X_n$ 은 정규분포 $N(\mu, \sigma^2)$ 로부터 추출되었으며, 모분산 $\sigma^2$은 모른다고 가정하자. 모분산 $\sigma^2$의 불편추정량은 표본분산 $S^2$이며, 이를 사용한 통계량

$$T = \frac{\bar{X} - \mu}{S / \sqrt{n}}$$

는 자유도가 $n-1$인 $t$-분포 $t_{(n-1)}$을 따르게 된다. 여기서 모분산 $\sigma^2$의 불편추정량인 표본분산은 $S^2 = \sum (X_i - \bar{X})^2 / (n-1)$이다.

그리고 $\bar{X}$의 표준오차의 추정값은 $\sigma^2$ 대신에 $S^2$을 사용하여 구할 수 있다.

$$\widehat{SE}(\bar{X}) = \sqrt{\widehat{Var}(\bar{X})} = \frac{S}{\sqrt{n}}$$

모분산 $\sigma^2$을 모르는 경우, 신뢰구간과 가설검정의 절차를 살펴보자. 먼저 모평균에 대한 신뢰구간은 다음과 같다.

### 모평균 $\mu$에 대한 신뢰구간 [$X \sim N(\mu, \sigma^2)$, $\sigma^2$은 미지]

통계량 $T = \sqrt{n}(\bar{X} - \mu) / S$의 분포로부터 다음이 성립한다.

$$1 - \alpha = P\left( -t_{(n-1;\, \alpha/2)} \le \frac{\bar{X} - \mu}{S / \sqrt{n}} \le t_{(n-1;\, \alpha/2)} \right)$$

위 확률내의 부등식을 풀면 $\mu$ 에 대한 $100(1-\alpha)\%$ 신뢰구간을 구할 수 있다.

$$\left(\bar{X} - t_{(n-1;\,\alpha/2)}\frac{S}{\sqrt{n}},\ \bar{X} + t_{(n-1;\,\alpha/2)}\frac{S}{\sqrt{n}}\right)$$

여기서 $t_{(n-1;\,\alpha/2)}$ 는 자유도가 $n-1$ 인 $t-$ 분포의 상위 $\alpha/2$ 지점이고, 식 $t_{(n-1;\,\alpha/2)}S/\sqrt{n}$ 을 $100(1-\alpha)\%$ 오차한계라고 부른다.

여기서 사용하는 표본분포인 $t-$ 분포는 종모양이고 모평균 0 에서 좌우대칭인 분포이다. 그리고 $t-$ 분포의 모양은 자유도에 따라 변하며, 자유도가 증가하면 표준정규분포와 근사적으로 같게 된다. 따라서 표본크기 $n$ 이 큰 경우 $(n>30)$ 위의 신뢰구간 대신에 근사적인 신뢰구간을 사용할 수 있으며, 그것은 다음과 같다.

$$\bar{X} \ \pm \ z_{\alpha/2}\frac{S}{\sqrt{n}}$$

또한 모집단의 분포가 정규분포가 아니라도 표본크기 $n$ 이 충분히 크면 중심극한정리에 의해 모평균에 대한 신뢰구간으로 위 식을 사용할 수도 있다.

**[예제 5.3]** 어떤 패밀리 레스토랑의 주말 혼잡시간대에는 고객이 도착하는 즉시 입장할 수 없는 상황이 발생한다. 지배인이 16명의 고객을 랜덤하게 선택하여 대기시간을 조사하였더니 다음과 같았다(단위:분).

13, 5, 17, 15, 26, 26, 17, 14, 8, 20, 15, 1, 16, 13, 29, 3

대기시간은 정규분포를 따른다고 가정하자.

(a) 고객의 평균 대기시간 $\mu$ 의 추정값을 구해보자.
먼저 추정에서 필요한 값들을 계산한다.

$$n=16,\ \sum x_i = 238,\ \sum x_i^2 = 4510.$$

따라서, 모평균 $\mu$ 의 추정값인 표본평균 $\bar{X}$ 는 다음과 같다.

$$\hat{\mu} = \bar{x} = \frac{1}{n}\sum_{i=1}^{n} x_i = \frac{238}{16} = 14.875$$

그리고 모분산의 추정값인 표본분산과 표본표준편차는 다음과 같다.

$$\hat{\sigma}^2 = s^2 = \frac{\sum (x_i - \bar{x})^2}{n-1} = \frac{\sum x_i^2 - (\sum x_i)^2 / n}{n-1} = \frac{4510 - (238)^2 / 16}{16-1}$$
$$= \frac{969.75}{15} = 64.65$$

$$s = \sqrt{64.65} = 8.0405$$

(b) 평균신장 $\mu$ 에 대한 90% 신뢰구간을 구해보자.

$\bar{X}$ 의 표준오차의 추정값 $\widehat{SE}(\bar{X})$ 를 계산하면 다음과 같다.

$$\widehat{SE}(\bar{x}) = \frac{s}{\sqrt{n}} = \frac{8.0405}{\sqrt{16}} = 2.0101$$

그리고 신뢰수준은 90% ( $\alpha = 0.10$ )이므로 $t_{(n-1;\,\alpha/2)} = t_{(15;\,0.05)} = 1.753$ 이다.

따라서 $\mu$ 에 대한 90% 신뢰구간은 다음과 같다.

$$\bar{x} \pm t_{(n-1;\,\alpha/2)} \frac{s}{\sqrt{n}} = \bar{x} \pm t_{(n-1;\,\alpha/2)} \widehat{SE}(\bar{x})$$
$$= 14.875 \pm (1.753)(2.0101)$$
$$= 14.875 \pm 3.5237$$
$$= (11.3513,\ 18.3987)$$

모분산 $\sigma^2$ 을 모르는 경우 모평균 $\mu$ 에 대한 가설검정의 절차는 다음과 같다.

## 모평균 $\mu$에 대한 가설검정 [$X \sim N(\mu, \sigma^2)$, $\sigma^2$은 미지]

아래의 귀무가설

$$H_0 : \mu = \mu_0 , \quad \mu_0 = \text{특정한 값}$$

이 참인 경우 $t$-분포의 성질로부터 다음이 성립한다.

$$T = \frac{\bar{X} - \mu_0}{S / \sqrt{n}} \sim t_{(n-1)}$$

따라서 $t$-분포를 따르는 $T$를 검정통계량으로 사용할 수 있다.

$t$를 $T$의 관측값으로 두자. 각각의 대립가설에 대한 기각역과 $p$-값은 다음과 같다.

| 대립가설 | $\alpha$ 하에서의 기각역 | $p$-값 |
|---|---|---|
| $H_1 : \mu > \mu_0$ | $t \ge t_{(n-1;\, \alpha)}$ | $p = P(T \ge t)$ |
| $H_1 : \mu < \mu_0$ | $t \le -t_{(n-1;\, \alpha)}$ | $p = P(T \le t)$ |
| $H_1 : \mu \ne \mu_0$ | $\lvert t \rvert \ge t_{(n-1;\, \alpha/2)}$ | $p = P(\lvert T \rvert \ge \lvert t \rvert)$ |

이 검정은 정규모집단에서 모분산을 모르는 경우 모평균에 대한 가설검정으로 사용하는 것이며 일표본 T-검정이라고도 부른다.

**[예제 5.4]** 어떤 패밀리 레스토랑의 주말 혼잡시간대에는 고객이 도착하는 즉시 입장할 수 없는 상황이 발생한다. 이 레스토랑은 고객의 평균 대기시간을 12분 미만으로 유지하고자 한다. 지배인이 16명의 고객을 랜덤하게 선택하여 대기시간을 조사하였더니 다음과 같았다(단위:분).

13, 5, 17, 15, 26, 26, 17, 14, 8, 20, 15, 1, 16, 13, 29, 3

대기시간은 정규분포를 따른다고 가정하자. 고객의 평균 대기시간이 레스토랑이 원하는 바와 같은 가를 검정해보자. 유의수준 10%를 사용한다. 가설검정의 절차는 다음과 같다.

단계 1: 가설을 세운다.
고객의 평균 대기시간이 12분보다 작은 가를 검정하려고 하니 대립가설은 $\mu$가 12보다 작다이다. 즉,

$$H_0 : \mu = 12 \quad \text{vs} \quad H_1 : \mu < 12$$

단계 2: 검정통계량을 계산한다.

$$t = \frac{\overline{x} - \mu_0}{s / \sqrt{n}} = \frac{14.875 - 12}{8.0405 / \sqrt{16}} = 1.4303$$

위 검정통계량은 귀무가설하에서 자유도 15인 $t$-분포를 따른다.

단계 3: 통계적 결론을 내린다($\alpha$-접근방법 사용).
유의수준이 $\alpha = 0.10$이므로 기각역은 다음과 같다.

$$t \le -t_{(n-1;\,\alpha)} = -t_{(15;\,0.10)} = -1.341$$

$t = 1.4303$은 기각역을 만족하지 못하므로 귀무가설을 기각하지 못한다. 즉, 10% 유의수준에서 통계적으로 유의하지 않다.

단계 4: 통계적으로 유의하지 않으므로 레스토랑의 평균 대기시간은 12분보다 작다고 할 수 없다.

**[예제 5.4]-계속** $p$-값 접근방법으로 가설검정을 해보자.
대립가설은 $H_1 : \mu < 12$, 검정통계량은 $t = 1.4303$, 자유도는 15이므로 $p$-값은 다음과 같다.

$$p = P(T < 1.4303) = 0.9134$$

위 $p$-값의 계산은 Excel의 통계함수 TDIST()를 사용하면 된다. 여기서 필요한 Excel의 통계함수는 부록에 정리되어 있으니 참고하면 된다.

$P(T < 1.4303) = 1 - P(T > 1.4303)$이므로 Excel에서

=1−TDIST(1.4303,15,1)

을 계산하면 그 값은 0.9134가 된다. $p$-값=0.9134는 유의수준 $\alpha = 0.05$보다 크므로 귀무가설은 기각되지 못한다. 따라서, 레스토랑의 평균 대기시간은 12분보다 작다고 할 수 없다.

상기 경우에서 만약 표본크기가 충분히 크다면$(n > 30)$, $t-$분포 대신에 표준정규분포로부터 $p-$값 또는 임계값 $z_\alpha$를 구하여 검정에 사용할 수도 있다.

그리고 자료가 정규분포를 따르지 않더라도 대표본인 경우 상기 검정통계량은 근사적으로 표준정규분포를 따르기 때문에 표준정규분포를 사용하여 가설검정을 할 수도 있다.

## 모평균 $\mu$에 대한 가설검정 [$X \sim N(\mu, \sigma^2)$, $\sigma^2$은 미지, 대표본]

대표본의 경우 귀무가설 $H_0 : \mu = \mu_0$이 참이면 다음의 검정통계량을 사용할 수있다.

$$T = \frac{\bar{X} - \mu_0}{S / \sqrt{n}} \quad \dot{\sim} \quad N(0,1)$$

따라서 검정통계량 $T$를 사용하면서 임계값 또는 $p-$값을 구하기 위해 표준정규분포를 사용할 수 있다.

$t$를 $T$의 관측값으로 두자. 각각의 대립가설에 대한 기각역과 $p-$값은 다음과 같다.

| 대립가설 | $\alpha$ 하에서의 기각역 | $p-$값 |
|---|---|---|
| $H_1 : \mu > \mu_0$ | $t \ge z_\alpha$ | $p \doteq P(Z \ge t)$ |
| $H_1 : \mu < \mu_0$ | $t \le -z_\alpha$ | $P \doteq P(Z \le t)$ |
| $H_1 : \mu \ne \mu_0$ | $\lvert t \rvert \ge z_{\alpha/2}$ | $p \doteq P(\lvert Z \rvert \ge \lvert t \rvert)$ |

주. $Z \sim N(0,1)$

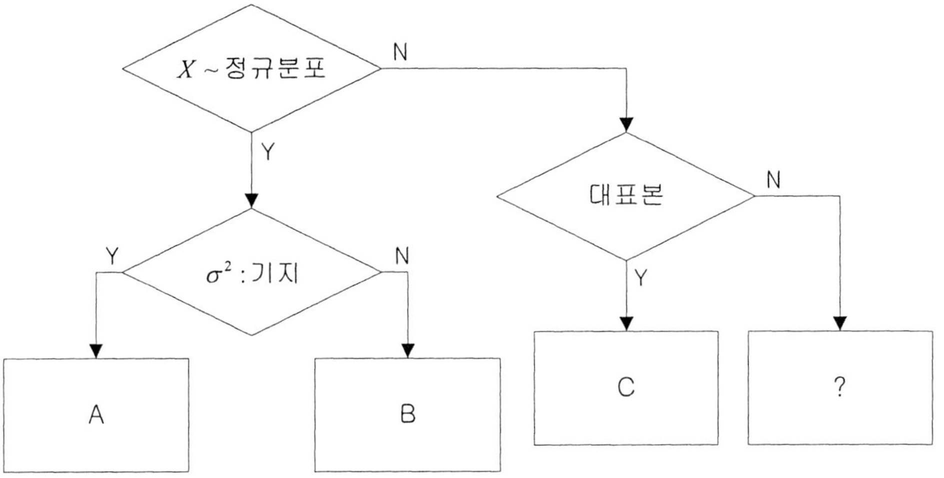


| | 검정통계량 | 표본분포 |
|---|---|---|
| A | $Z = \frac{\bar{X} - \mu}{\sigma / \sqrt{n}}$ | $\sim N(0,1)$ |
| B | $t = \frac{\bar{X} - \mu}{S / \sqrt{n}}$ | $\sim t_{(n-1)}$ |
| C | $t = \frac{\bar{X} - \mu}{S / \sqrt{n}}$ | $\dot{\sim} N(0,1)$ |

**1-표본 가설검정**

## 다음 용어를 설명하시오.

1. 일표본 문제
2. 일표본 Z-검정
3. 일표본 T-검정

# 문 제

5-1 다음 통계적 가설에 대한 기각역을 구하시오. 정규모집단의 모분산 $\sigma^2$은 기지라고 한다.

(1) $H_0 : \mu = 5$ vs $H_1 : \mu \neq 5$ $(\alpha = 0.01)$

(2) $H_0 : \mu = 7$ vs $H_1 : \mu > 7$ $(\alpha = 0.05)$

(3) $H_0 : \mu = 3$ vs $H_1 : \mu < 3$ $(\alpha = 0.10)$

5-2 다음에서 $p$-값을 구하시오. 정규모집단의 모분산 $\sigma^2$기지라고 한다.

(1) $H_0 : \mu = 7$ vs $H_1 : \mu > 7$ $(z = 1.64)$

(2) $H_0 : \mu = 9$ vs $H_1 : \mu < 9$ $(z = -2.14)$

(3) $H_0 : \mu = 3$ vs $H_1 : \mu \neq 3$ $(z = 3.23)$

(4) $H_0 : \mu = 8$ vs $H_1 : \mu \neq 8$ $(z = -1.78)$

(5) $H_0 : \mu = 15$ vs $H_1 : \mu > 15$ $(z = 2.328)$

(6) $H_0 : \mu = 5$ vs $H_1 : \mu < 5$ $(z = -1.273)$

(7) $H_0 : \mu = 2$ vs $H_1 : \mu \neq 2$ $(z = 2.318)$

5-3 백화점 관리자는 고객의 불만을 해결하는데 소요되는 평균 시간을 추정하고 싶어한다. 불만 해결에 소요되는 시간은 표준편차가 7분인 정규분포를 따른다고 하자. 불만해결을 요구한 고객 중 25명을 랜덤으로 선택하여 조사한 결과 평균 처리시간이 20분으로 나타났다. 고객불만을 처리하는데 걸리는 평균 시간에 대한 95% 신뢰구간을 구하시오.

5-4 어떤 교수가 오랜 기간동안 성적을 부여한 기록에 의하면 평균은 75점, 표준편차는 16점이었다. 현재 강의 중인 학급의 학생은 25명이고, 이 수강생들은 과거 수강한 학생보다 더 우수한가를 확인하고자 한다. 25명 학생이 받은 성적의 평균은 77.2로 나타났다.

(1) 유의수준 5%로 가설검정을 하시오.

(2) 성적의 평균에 대한 95% 신뢰구간을 구하시오.

5-5 어느 대학의 여학생의 평균체중은 52.5*kg* 이라고 주장한다. 어떤 사람은 평균이 52.5*kg* 이라는 주장을 믿지 않는다. 이 주장을 검정하기 위하여 16명의 여대생을 랜덤하게 추출하였다. 표본평균은 51.5*kg* 으로 나타났다. 유의수준은 5%, 모표준편차는 $\sigma = 6$ 을 사용하시오.

(1) 여학생의 평균체중에 대한 주장을 유의수준 5% 로 검정하시오.

(2) $p-$값 접근방법으로 위 주장을 검정하시오.

5-6 어떤 벼의 낟알에 들어있는 단백질 함유량을 조사한 결과가 다음과 같다고 하자. 단백질 함유량은 표준편차가 0.38인 정규분포를 따른다고 한다.

12.0, 11.5, 10.9, 11.0, 11.5, 11.3, 11.6, 10.9, 11.6

(1) 평균 단백질 함유량에 대한 95% 신뢰구간을 구하시오.

(2) 평균 단백질 함유량이 11보다 큰 가를 검정하시오.
유의수준 5% 를 사용하시오.

(3) $p-$값 접근방법으로 평균 단백질 함유량이 11보다 큰 가를 검정하시오.

5-7 어떤 담배 회사는 그들이 생산하는 담배의 니코틴 양이 평균은 17*mg* 이고, 표준편차는 1.5*mg* 이라고 주장한다. 25개의 랜덤표본을 선택하여 조사한 결과는 다음과 같다.

16.7, 17.8, 16.6, 17.5, 15.7, 17.8, 16.7, 18.6, 19.9,
16.0, 13.6, 15.1, 19.3, 13.6, 17.3, 17.2, 16.8, 15.7,
21.0, 16.5, 15.8, 16.2, 20.2, 18.6, 17.5

(1) 평균 니코틴 양에 대한 95% 신뢰구간을 구하시오.

(2) 유의수준 5% 에서 제조사의 주장을 검정하시오.

(3) $p-$값 접근방법으로 제조사의 주장을 검정하시오.

5-8 다음 통계적 가설에 대한 기각역을 구하시오. 정규모집단의 모분산 $\sigma^2$ 은 미지라고 한다.

(1) $H_0 : \mu = 5$ vs $H_1 : \mu \neq 5$ $(\alpha = 0.01)$

(2) $H_0 : \mu = 7$ vs $H_1 : \mu > 7$ $(\alpha = 0.05)$

(3) $H_0 : \mu = 3$ vs $H_1 : \mu < 3$ $(\alpha = 0.10)$

5-9 다음에서 $p$-값을 구하시오. 정규모집단의 모분산 $\sigma^2$ 은 미지라고 한다. 표본크기는 8이다.

(1) $H_0 : \mu = 7$ vs $H_1 : \mu > 7$ $(t = 1.64)$

(2) $H_0 : \mu = 9$ vs $H_1 : \mu < 9$ $(t = -2.14)$

(3) $H_0 : \mu = 3$ vs $H_1 : \mu \neq 3$ $(t = 3.23)$

(4) $H_0 : \mu = 8$ vs $H_1 : \mu \neq 8$ $(t = -1.78)$

(5) $H_0 : \mu = 15$ vs $H_1 : \mu > 15$ $(t = 2.328)$

(6) $H_0 : \mu = 5$ vs $H_1 : \mu < 5$ $(t = -1.273)$

(7) $H_0 : \mu = 2$ vs $H_1 : \mu \neq 2$ $(t = 2.318)$

5-10 백화점 관리자는 고객의 불만을 해결하는데 소요되는 평균 시간을 추정하고 싶어한다. 시간은 정규분포를 따른다고 하자. 불만해결을 요구한 고객 중 35명을 랜덤으로 선택하여 조사한 결과 평균 처리시간이 27분, 표준편차는 10분으로 나타났다. 고객불만을 처리하는데 걸리는 평균 시간에 대한 95% 신뢰구간을 구하시오.

5-11 어떤 양계장에서는 생산하는 달걀의 평균 무게가 $65g$ 이라고 주장한다. 이를 확인하기 위하여 달걀 12개를 랜덤하게 선택하고 그 무게를 측정하였다. 다음은 측정 결과를 정리한 것이다. 달걀의 무게는 정규분포를 따른다고 가정하자.

(1) 달걀의 평균 무게에 대한 95% 신뢰구간을 구하시오.

(2) 양계장의 주장이 맞는가를 검정하시오. 유의수준 5%를 사용한다.

(3) $p$-값 접근방법으로 양계장의 주장이 맞는가를 검정하시오.

| n | 평균 | 표준편차 |
|---|---|---|
| 12 | 59.6083 | 4.9833 |

5-12 50대 여성을 대상으로 최고혈압(수축기압)을 조사한 결과가 다음과 같다. 최고혈압은 정규분포를 따른다고 가정한다.

141, 112, 133, 123, 115, 119, 136, 132, 112

(1) 평균 최고혈압에 대한 95% 신뢰구간을 구하시오.
(2) 평균 최고혈압이 130보다 큰 가를 검정하시오.
유의수준 5%를 사용하시오.
(3) $p$-값 접근방법으로 평균 최고혈압이 130보다 큰 가를 검정하시오.

5-13 어떤 농장에서는 출하하는 제품의 평균 무게가 $62g$ 이라고 주장한다. 이를 확인하기 위하여 16개의 제품을 랜덤하게 선택하고 그 무게를 측정하였다. 측정 결과는 다음과 같다. 제품의 무게는 정규분포를 따른다고 가정한다.

63, 64, 61, 56, 55, 57, 59, 59, 58, 63, 62, 59, 64, 55, 53, 54

(1) 제품의 평균 무게에 대한 90% 신뢰구간을 구하시오.
(2) 농장의 주장이 맞는가를 검정하시오. 유의수준 10%를 사용한다.
(3) $p$-값 접근방법으로 농장의 주장이 맞는가를 검정하시오.

5-14 어떤 벼 품종을 대상으로 포기당 원추의 평균 개수가 6인가를 확인하고자 한다. 이 연구를 위하여 16개의 포기를 랜덤하게 선택한 다음 포기당 원추의 개수를 조사하였으며, 그 결과는 다음과 같다. 원추의 개수는 정규분포를 따른다고 가정한다.

$$7,\ 6,\ 7,\ 7,\ 7,\ 7,\ 7,\ 7,\ 8,\ 6,\ 6,\ 7,\ 7,\ 7,\ 6,\ 6$$

(1) 원추의 평균 개수에 대한 95% 신뢰구간을 구하시오.

(2) 원추의 평균 개수가 6인가를 검정하시오.
유의수준 10%를 사용한다.

(3) $p-$값 접근방법으로 원추의 평균 개수가 6인가를 검정하시오.

# 제 6 장

# 모평균차에 관한 추론

이 장에서 다루는 주요 내용은 다음과 같다.

- ○ 독립표본 문제
- ○ 동일하지 않은 모분산을 모르는 경우
- ○ 동일한 모분산을 모르는 경우

## 6.1 독립표본 문제

여기서는 자료분석의 대상이 되는 모집단이 두 개 이상이면서 서로 독립인 경우를 고려한다. 이같이 서로 독립인 두 모집단의 모평균을 비교하는 연구과제의 예를 살펴보자.

- 여자 대학생과 남자 대학생의 월생활비는 차이가 있는가?
- 벼품종 A와 벼품종 B의 쌀수확량은 차이가 있는가?
- 학생회관과 단과대학에 설치된 자판기에서 나오는 커피의 양은 다른가?
- 골프선수들의 성별에 따른 골프수행력은 차이가 있는가?
- 사료의 종류(A, B)에 따라 달걀의 무게는 차이가 있는가?
- 비료의 종류(A, B)에 따라 보리수확량은 차이가 있는가?

위 연구과제들은 두 모집단의 모평균인 $\mu_1$과 $\mu_2$를 비교하는 통계적 추론에 관심이 있다. 예를 들어, 성별에 따른 평균 생활비의 차이를 연구한다면 여학생들의 평균 생활비를 $\mu_1$으로, 남학생의 평균 생활비를 $\mu_2$로 한다. 벼 품종에 따른 쌀수확량을 연구한다면 벼품종 A의 평균 쌀수확량을 $\mu_1$으로, 벼품종 B의 평균 쌀수확량을 $\mu_2$로 한다. 나머지 예도 이와 유사하게 모평균을 정의할 수 있다.

통계적 추론 중 점추정을 하는 경우 두 모집단의 평균 $\mu_1$과 $\mu_2$의 추정값과 모평균차 $\mu_1 - \mu_2$의 추정값을 구할 것이며, 신뢰구간 추정의 경우 모평균차 $\mu_1 - \mu_2$에 대한 신뢰구간을 구하게 된다. 그리고 가설검정의 경우 주관심사는 모평균간에 어떠한 차이가 존재하는 가이다. 이러한 통계적 추론을 하기 위하여 각각의 모집단에서 변수(예를 들어, 월생활비, 쌀수확량 등)의 값을 수집한 후 적절한 통계적 방법으로 분석하면 된다. 이와 같은 독립인 표본의 경우 모집단, 모수, 변수를 표로 정리하면 다음과 같다.

**[표 6.1] 모집단, 모수, 변수**

| 모집단 | 모수 | 변수 | |
|---|---|---|---|
| 1 | $\mu_1$ | 여학생의 월생활비 | 벼품종 A의 쌀수확량 |
| 2 | $\mu_2$ | 남학생의 월생활비 | 벼품종 B의 쌀수확량 |

서로 독립인 두 모집단의 평균차를 검정하는 경우 각각의 모집단은 정규분포를 따른다고 가정한다. 그리고 두 모분산인 $\sigma_1^2$, $\sigma_2^2$에 대한 가정은 크게 세가지로 구분된다.

① $\sigma_1^2$, $\sigma_2^2$를 모르는 경우,
② $\sigma_1^2$, $\sigma_2^2$를 모르지만 동일한 경우(즉, $\sigma_1^2 = \sigma_2^2 = \sigma^2$),
③ $\sigma_1^2$, $\sigma_2^2$을 아는 경우.

세번째의 경우는 일반적으로 통계패키지에서는 다루지 않고 있으며, 통계패키지에서 첫째와 둘째의 경우를 2-표본 t-검정 또는 독립표본 T 검정으로 표현하고 있다.

서로 독립인 두 정규모집단 $X \sim N(\mu_1, \sigma_1^2)$, $Y \sim N(\mu_2, \sigma_2^2)$으로부터 표본크

기가 각각 $n_1$ 과 $n_2$ 인 표본 $X_1, X_2, \cdots, X_{n_1}$ 과 $Y_1, Y_2, \cdots, Y_{n_2}$ 가 추출되었다고 하자. 그러면 각각의 표본평균과 표본분산은 다음과 같다.

$$\bar{X} = \frac{1}{n_1}\sum_{i=1}^{n_1} X_i, \qquad S_1^2 = \frac{1}{n_1 - 1}\sum_{i=1}^{n_1}(X_i - \bar{X})^2$$

$$\bar{Y} = \frac{1}{n_2}\sum_{i=1}^{n_2} Y_i, \qquad S_2^2 = \frac{1}{n_2 - 1}\sum_{i=1}^{n_2}(Y_i - \bar{Y})^2$$

이때 두 표본평균의 차 $\bar{X} - \bar{Y}$ 는 $N(\mu_1 - \mu_2, \sigma_1^2 / n_1 + \sigma_2^2 / n_2)$ 을 따른다. 이 표본분포를 표준화하면 다음과 같다.

$$\frac{(\bar{X} - \bar{Y}) - (\mu_1 - \mu_2)}{\sqrt{\frac{\sigma_1^2}{n_1} + \frac{\sigma_2^2}{n_2}}} \sim N(0,1)$$

두 모분산 $\sigma_1^2$, $\sigma_2^2$ 을 아는 경우, 위 표본분포를 이용하여 두 모평균의 차 $\mu_1 - \mu_2$ 에 대한 신뢰구간을 구하거나 가설검정을 실시할 수 있다. 여기서는 연구대상인 두 모집단의 모분산을 모르는 경우, 두 모평균차에 대한 추정과 검정을 다루려고 한다. 일반적으로 모분산을 모르는 경우 다음 두 가지로 나누어 생각한다:

(1) 모분산을 모르면서 동일하지 않는 경우 ($\sigma_1^2 \neq \sigma_2^2$, 미지)

(2) 모분산을 모르면서 동일한 경우 ($\sigma_1^2 = \sigma_2^2 = \sigma^2$, 미지)

## 6.2 동일하지 않은 모분산을 모르는 경우

- 모평균차에 대한 신뢰구간
- 모평균차에 대한 가설검정

### 모평균차 $\mu_1 - \mu_2$에 대한 신뢰구간

[$(X \sim N(\mu_1, \sigma_1^2)$, $Y \sim N(\mu_2, \sigma_2^2)$, $X, Y$ 독립, $\sigma_1^2, \sigma_2^2$은 미지]

두 정규모집단의 모분산을 모르면서 동일하지 않는 경우, 아래의 통계량

$T$는 $t$-분포를 따른다.

$$T=\frac{(\bar{X}-\bar{Y})-(\mu_1-\mu_2)}{\sqrt{\frac{S_1^2}{n_1}+\frac{S_2^2}{n_2}}} \sim t_{(\nu)},\quad \nu=\frac{(S_1^2/n_1+S_2^2/n_2)^2}{\frac{(S_1^2/n_1)^2}{n_1-1}+\frac{(S_2^2/n_2)^2}{n_2-1}}$$

여기서 자유도 $\nu$는 Satterthwaite 자유도이다. 이 표본분포로부터 다음이 성립한다.

$$1-\alpha=P\left(-t_{(\nu;\,\alpha/2)}\le\frac{(\bar{X}-\bar{Y})-(\mu_1-\mu_2)}{\sqrt{S_1^2/n_1+S_2^2/n_2}}\le t_{(\nu;\,\alpha/2)}\right)$$

위 확률내의 부등식을 풀면 $\mu_1-\mu_2$에 대한 $100(1-\alpha)\%$ 신뢰구간을 구할 수 있다.

$$\left((\bar{X}-\bar{Y})-t_{(\nu;\,\alpha/2)}\sqrt{\frac{S_1^2}{n_1}+\frac{S_2^2}{n_2}},\ (\bar{X}-\bar{Y})+t_{(\nu;\,\alpha/2)}\sqrt{\frac{S_1^2}{n_1}+\frac{S_2^2}{n_2}}\right)$$

**[예제 6.1]** 유학온 대학생들이 한달 동안 사용하는 월생활비에 관심이 있어 여학생과 남학생을 각각 6명씩 랜덤하게 추출하여 그들의 월생활비를 조사하였더니 다음과 같았다(단위:만원).

여학생 : 29, 23, 28, 24, 29, 26
남학생 : 23, 21, 24, 25, 22, 26

여학생과 남학생의 월생활비는 각각 정규분포를 따른다고 가정하자.

(a) 평균 월생활비의 차 $\mu_1-\mu_2$의 추정값을 구해보자.
여학생의 월생활비를 $X$로, 남학생의 월생활비를 $Y$로 두자. 그러면 서로 독립인 $X$와 $Y$는 각각 정규분포 $X\sim N(\mu_1,\sigma_1^2)$, $Y\sim N(\mu_2,\sigma_2^2)$를 따른다. 먼저 추정에서 필요한 값들을 계산한다.

$$n_1=6,\ \sum x_i=159,\ \sum x_i^2=4247$$
$$n_2=6,\ \sum y_i=141,\ \sum y_i^2=3331$$

$$\bar{x} = \frac{1}{n_1}\sum_{i=1}^{n_1} x_i = \frac{159}{6} = 26.5$$

$$\bar{y} = \frac{1}{n_2}\sum_{i=1}^{n_2} y_i = \frac{141}{6} = 23.5$$

따라서, 모평균차 $\mu_1 - \mu_2$의 추정값인 $\bar{X} - \bar{Y}$는 다음과 같다.

$$\hat{\mu}_1 - \hat{\mu}_2 = \bar{x} - \bar{y} = 26.5 - 23.5 = 3$$

그리고 표본분산과 표본표준편차는 각각 다음과 같다.

$$s_1^2 = \frac{\sum x_i^2 - (\sum x_i)^2 / n_1}{n_1 - 1} = \frac{4247 - (159)^2 / 6}{6 - 1} = \frac{33.5}{5} = 6.7\ ,\quad s_1 = \sqrt{6.7} = 2.5884$$

$$s_2^2 = \frac{\sum y_i^2 - (\sum y_i)^2 / n_2}{n_2 - 1} = \frac{3331 - (141)^2 / 6}{6 - 1} = \frac{17.5}{5} = 3.5\ ,\quad s_2 = \sqrt{3.5} = 1.8708$$

(b) 모평균차 $\mu_1 - \mu_2$에 대한 95% 신뢰구간을 구해보자.

먼저 자유도를 계산하면 다음과 같다.

$$v = \frac{(s_1^2 / n_1 + s_2^2 / n_2)^2}{\frac{(s_1^2 / n_1)^2}{n_1 - 1} + \frac{(s_2^2 / n_2)^2}{n_2 - 1}} = \frac{(6.7/6 + 3.5/6)^2}{(6.7/6)^2/5 + (3.5/6)^2/5} = \frac{2.89}{0.3174} = 9.1052$$

$\bar{X} - \bar{Y}$의 표준오차의 추정값을 계산하면 다음과 같다.

$$\widehat{SE}(\bar{x} - \bar{y}) = \sqrt{\frac{s_1^2}{n_1} + \frac{s_2^2}{n_2}} = \sqrt{\frac{6.7}{6} + \frac{3.5}{6}} = \sqrt{1.7} = 1.3038$$

그리고 신뢰수준은 95% ($\alpha = 0.05$)이므로 $t_{(v;\alpha/2)} = t_{(9.1052;0.025)}$를 부록의 수표에서 구한다. 보간법으로 구하면 $t_{(9.1052;0.025)} = 2.2582$이다. 따라서 $\mu_1 - \mu_2$에 대한 95% 신뢰구간은 다음과 같다.

$$\begin{aligned}(\bar{x} - \bar{y}) \pm t_{(v;\alpha/2)}\sqrt{\frac{s_1^2}{n_1} + \frac{s_2^2}{n_2}} &= (\bar{x} - \bar{y}) \pm t_{(v;\alpha/2)}\widehat{SE}(\bar{x} - \bar{y}) \\ &= 3 \pm (2.2582)(1.3038) \\ &= 3 \pm 2.9442 \\ &= (0.0558,\ 5.9442)\end{aligned}$$

만약 표본크기 $n_1$과 $n_2$가 충분히 크면, 중심극한정리에 의하면 모집단이 정규분포를 따르지 않더라도 표본평균의 분포는 근사적으로 정규분포를 따른다. 따라서 아래 식을 두 모평균의 차에 대한 신뢰구간으로 사용할 수 있다.

$$(\bar{X}-\bar{Y}) \quad \pm \quad z_{\alpha/2}\sqrt{\frac{S_1^2}{n_1}+\frac{S_2^2}{n_2}}$$

두 모집단의 모분산이 같지 않은 경우 두 모평균의 차를 검정하기 위한 절차는 다음과 같다.

## 모평균차 $\mu_1-\mu_2$에 대한 가설검정

[$(X \sim N(\mu_1,\sigma_1^2)$, $Y \sim N(\mu_2,\sigma_2^2)$, $X, Y$ 독립, $\sigma_1^2,\sigma_2^2$은 미지]

아래의 귀무가설

$$H_0 : \mu_1-\mu_2 = d_0\,,\quad d_0 = \text{특정한 값}$$

이 참인 경우 다음이 성립한다.

$$T = \frac{(\bar{X}-\bar{Y})-d_0}{\sqrt{S_1^2/n_1+S_2^2/n_2}} \quad \sim \quad t_{(\nu)}$$

여기서 자유도 $\nu$는 Satterthwaite 자유도이다. 따라서 $t-$분포를 따르는 상기 $T$를 검정통계량으로 사용할 수 있다.

$t$를 $T$의 관측값으로 두자. 각각의 대립가설에 대한 기각역과 $p-$값은 다음과 같다.

| 대립가설 | $\alpha$ 하에서의 기각역 | $p-$값 |
|---|---|---|
| $H_1 : \mu_1-\mu_2 > d_0$ | $t \geq t_{(\nu;\alpha)}$ | $p = P(T \geq t)$ |
| $H_1 : \mu_1-\mu_2 < d_0$ | $t \leq -t_{(\nu;\alpha)}$ | $p = P(T \leq t)$ |
| $H_1 : \mu_1-\mu_2 \neq d_0$ | $\lvert t\rvert \geq t_{(\nu;\alpha/2)}$ | $p = P(\lvert T\rvert \geq \lvert t\rvert)$ |

**[예제 6.2]** 유학생 중에서 여학생이 남학생보다 한달 생활비를 더 많이 지출한다고 주장한다. 이를 확인하기 위하여 여학생과 남학생을 각각 6명씩 랜덤하게 추출하여 그들의 월생활비를 조사하였더니 다음과 같았다(단위:만원).

여학생 : 29. 23, 28, 24, 29, 26

남학생 : 23, 21, 24, 25, 22, 26

여학생과 남학생의 월생활비는 각각 정규분포를 따른다고 가정하자. 여학생의 평균 월생활비가 남학생보다 더 많은 가를 검정해보자. 유의수준 5%를 사용한다. 가설검정의 절차는 다음과 같다.

단계 1: 가설을 세운다.

검정하고자 하는 것은 여학생의 평균이 남학생의 평균보다 큰 가이므로 대립가설은 $\mu_1 - \mu_2$가 $d_0 = 0$보다 크다이다. 즉,

$$H_0 : \mu_1 - \mu_2 = 0 \ \text{ vs } \ H_1 : \mu_1 - \mu_2 > 0$$

단계 2: 검정통계량을 계산한다.

$$t = \frac{(\bar{x} - \bar{y}) - d_0}{\sqrt{s_1^2 / n_1 + s_2^2 / n_2}} = \frac{3 - 0}{\sqrt{1.7}} = 2.3009$$

위 검정통계량은 귀무가설하에서 자유도 9.1052 인 $t-$분포를 따른다.

단계 3: 통계적 결론을 내린다($\alpha-$접근방법 사용).

유의수준이 $\alpha = 0.05$ 이므로 기각역은 다음과 같다.

$$t \ge t_{(\nu;\, \alpha)} = t_{(9.1052;\, 0.05)} = 1.8301$$

$t = 2.3009$ 는 기각역을 만족하므로 귀무가설을 기각한다. 즉, 5% 유의수준에서 통계적으로 유의하다.

단계 4: 통계적으로 유의하므로 여학생이 남학생보다 평균 월생활비를 더 많이 지출한다고 할 수 있다.

**[예제 6.2] -계속** $p-$값 접근방법으로 가설검정을 해보자.

대립가설은 $H_1 : \mu_1 - \mu_2 > 0$, 검정통계량은 $t = 2.3009$, 자유도는 9.1052이므로

$p-$값은 $p=P(T>2.3009)=0.0233$이 된다. 이 $p-$값의 계산은 Excel의 통계함수 TDIST() 를 사용하면 된다. Excel의 TDIST()는 자유도가 양의 정수인 경우만 계산이 가능하므로 자유도가 9.1052인 경우 $P(T>2.3009)$는 자유도가 9인 경우 $P(T>2.3009)$와 자유도가 10인 경우 $P(T>2.3009)$를 계산한 다음 보간법으로 계산한다. Excel에서 =TDIST(2.3009, 9, 1) 과 =TDIST(2.3009, 10, 1) 을 계산하면 각각 0.023465와 0.022093이다. 자유도가 9.1052인 경우의 값을 보간법으로 구하면 0.02332가 된다. $p-$값 =0.0233은 유의수준 $\alpha=0.05$ 보다 작으므로 귀무가설은 기각된다. 따라서, 여학생이 남학생보다 평균 월생활비를 더 많이 지출한다고 할 수 있다.

만약 자료가 정규분포를 따르지 않더라도 대표본($n_1>30,\ \ n_2>30$) 인 경우 상기 검정통계량은 근사적으로 표준정규분포를 따르므로 표준정규분포를 사용하여 가설검정을 실시하여도 무방하다.

## 모평균차 $\mu_1-\mu_2$에 대한 가설검정

[$(X\sim N(\mu_1,\sigma_1^2),\ \ Y\sim N(\mu_2,\sigma_2^2),\ \ X,Y$ 독립, $\sigma_1^2,\sigma_2^2$은 미지, 대표본]

귀무가설 $H_0:\mu_1-\mu_2=d_0$인 경우 검정통계량은 다음과 같다.

$$T=\frac{(\bar{X}-\bar{Y})-d_0}{\sqrt{S_1^2/n_1+S_2^2/n_2}}\ \ \dot{\sim}\ \ N(0,1)$$

$t$를 $T$의 관측값으로 두자. 각각의 대립가설에 대한 기각역과 $p-$값은 다음과 같다.

| 대립가설 | $\alpha$ 하에서의 기각역 | 유의확률 |
|---|---|---|
| $H_1:\mu_1-\mu_2>d_0$ | $t\geq z_\alpha$ | $p\ \fallingdotseq\ P(Z\geq t)$ |
| $H_1:\mu_1-\mu_2<d_0$ | $t\leq -z_\alpha$ | $p\ \fallingdotseq\ P(Z\leq t)$ |
| $H_1:\mu_1-\mu_2\neq d_0$ | $\lvert t\rvert\geq z_{\alpha/2}$ | $p\ \fallingdotseq\ P(\lvert Z\rvert\geq\lvert t\rvert)$ |

주. $Z\sim N(0,1)$

## 6.3 동일한 모분산을 모르는 경우

- 모평균차에 대한 신뢰구간
- 모평균차에 대한 가설검정

### 모평균차 $\mu_1 - \mu_2$에 대한 신뢰구간

[$X \sim N(\mu_1, \sigma^2)$, $Y \sim N(\mu_2, \sigma^2)$, $X, Y$ 독립, $\sigma^2$은 미지]

두 정규모집단의 모분산을 모르지만 동일한 경우 아래의 통계량 $T$는 자유도가 $n_1 + n_2 - 2$인 $t$-분포를 따른다.

$$T = \frac{(\bar{X} - \bar{Y}) - (\mu_1 - \mu_2)}{S_p \sqrt{\frac{1}{n_1} + \frac{1}{n_2}}} \sim t_{(n_1 + n_2 - 2)}$$

여기서 $S_p^2$은 등분산인 $\sigma^2$의 합동추정량이다.

$$S_p^2 = \frac{\sum_{i=1}^{n_1} (X_i - \bar{X})^2 + \sum_{i=1}^{n_2} (Y_i - \bar{Y})^2}{n_1 + n_2 - 2}$$

상기 통계량 $T$의 표본분포로부터 다음이 성립한다.

$$1 - \alpha = P\left( -t_{(n_1 + n_2 - 2;\, \alpha/2)} \le \frac{(\bar{X} - \bar{Y}) - (\mu_1 - \mu_2)}{S_p \sqrt{1/n_1 + 1/n_2}} \le t_{(n_1 + n_2 - 2;\, \alpha/2)} \right)$$

위 확률내의 부등식을 풀면 $\mu_1 - \mu_2$에 대한 $100(1-\alpha)\%$ 신뢰구간을 구할 수 있다.

$$\left( (\bar{X} - \bar{Y}) - t_{(n_1 + n_2 - 2;\, \alpha/2)} S_p \sqrt{\frac{1}{n_1} + \frac{1}{n_2}},\ (\bar{X} - \bar{Y}) + t_{(n_1 + n_2 - 2;\, \alpha/2)} S_p \sqrt{\frac{1}{n_1} + \frac{1}{n_2}} \right)$$

**[예제 6.3]** 보리농사에서 낟알의 수확량에 미치는 비료의 효과가 같은 가를 확인하고자 한다. 비교하려는 비료로 $A$와 $B$를 선택하고, 실험은 사용 가능한 지구 10개에서 실시하였다. 비료 $A$와 비료 $B$를 각각 5개 지구에 랜덤하게 배치하고 실험실시후 지구당 수확량을 조사하였다. 그 결과는 다음과 같다.

| | |
|---|---|
| $A$ | 12, 14, 13, 15, 10 |
| $B$ | 8, 12, 11, 12, 9 |

비료 $A$와 비료 $B$를 사용해서 얻은 수확량은 각각 정규분포를 따르고, 모분산은 동일하다고 가정한다

(a) 평균 수확량의 차 $\mu_1 - \mu_2$의 추정값을 구해보자.
비료 $A$를 사용하여 얻은 수확량을 $X$로, 비료 $B$를 사용하여 얻은 수확량을 $Y$로 두자. 그러면 서로 독립인 $X$와 $Y$는 각각 정규분포 $X \sim N(\mu_1, \sigma^2)$, $Y \sim N(\mu_2, \sigma^2)$를 따른다. 먼저 추정에서 필요한 값들을 계산한다.

$$n_1 = 5,\ \sum x_i = 64,\ \sum x_i^2 = 834$$
$$n_2 = 5,\ \sum y_i = 52,\ \sum y_i^2 = 554$$
$$\overline{x} = \frac{1}{n_1}\sum_{i=1}^{n_1} x_i = \frac{64}{5} = 12.8,\ \overline{y} = \frac{1}{n_2}\sum_{i=1}^{n_2} y_i = \frac{52}{5} = 10.4$$

따라서, 모평균차 $\mu_1 - \mu_2$의 추정값인 $\overline{X} - \overline{Y}$는 다음과 같다.

$$\hat{\mu}_1 - \hat{\mu}_2 = \overline{x} - \overline{y} = 12.8 - 10.4 = 2.4$$

그리고 각각의 표본분산과 표본표준편차 및 모분산의 합동추정량은 다음과 같다.

$$s_1^2 = \frac{\sum x_i^2 - (\sum x_i)^2 / n_1}{n_1 - 1} = \frac{834 - (64)^2/5}{5-1} = \frac{14.8}{4} = 3.7,\ s_1 = \sqrt{3.7} = 1.9235$$
$$s_2^2 = \frac{\sum y_i^2 - (\sum y_i)^2 / n_2}{n_2 - 1} = \frac{554 - (52)^2/5}{5-1} = \frac{13.2}{4} = 3.3,\ s_2 = \sqrt{3.3} = 1.8166$$

$$s_p^2 = \frac{\left[\sum x_i^2 - (\sum x_i)^2 / n_1\right] + \left[\sum y_i^2 - (\sum y_i)^2 / n_2\right]}{n_1 + n_2 - 2} = \frac{14.8 + 13.2}{5 + 5 - 2} = \frac{28}{8} = 3.5$$

$$s_p = \sqrt{3.5} = 1.8708$$

(b) 모평균차 $\mu_1 - \mu_2$에 대한 95% 신뢰구간을 구해보자.
$\bar{X} - \bar{Y}$의 표준오차의 추정값을 계산하면 다음과 같다.

$$\widehat{SE}(\bar{x} - \bar{y}) = \sqrt{s_p^2\left(\frac{1}{n_1} + \frac{1}{n_2}\right)} = \sqrt{(3.5)\left(\frac{1}{5} + \frac{1}{5}\right)} = \sqrt{\frac{7}{5}} = \sqrt{1.4} = 1.1832$$

그리고 신뢰수준은 95% ( $\alpha = 0.05$ )이므로 $t_{(n_1+n_2-2;\,\alpha/2)} = t_{(8;\,0.025)} = 2.306$ 이다. 따라서 $\mu_1 - \mu_2$에 대한 95% 신뢰구간은 다음과 같다.

$$\begin{aligned}(\bar{x} - \bar{y}) \pm t_{(n_1+n_2-2;\,\alpha/2)}\, s_p\sqrt{\frac{1}{n_1} + \frac{1}{n_2}} &= (\bar{x} - \bar{y}) \pm t_{(n_1+n_2-2;\,\alpha/2)}\widehat{SE}(\bar{x} - \bar{y}) \\ &= 2.4 \pm (2.306)(1.1832) = 2.4 \pm 2.7285 \\ &= (-0.3285,\ 5.1285)\end{aligned}$$

두 모집단의 모분산이 같은 경우 두 모평균의 차를 검정하기 위한 절차는 다음과 같다.

## 모평균차 $\mu_1 - \mu_2$에 대한 가설검정

[ $X \sim N(\mu_1, \sigma^2)$, $Y \sim N(\mu_2, \sigma^2)$, $X, Y$ 독립, $\sigma^2$은 미지]

아래의 귀무가설

$$H_0 : \mu_1 - \mu_2 = d_0\,,\quad d_0 = \text{특정한 값}$$

이 참인 경우 다음이 성립한다.

$$T = \frac{(\bar{X} - \bar{Y}) - d_0}{S_p\sqrt{1/n_1 + 1/n_2}} \sim t_{(n_1+n_2-2)}$$

여기서 $S_p^2$은 등분산인 $\sigma^2$의 합동추정량이다. 따라서 $t-$분포를 따르는 상기 $T$를 검정통계량으로 사용할 수 있다.

$t$를 $T$의 관측값으로 두자. 각각의 대립가설에 대한 기각역과 $p-$값은 다음과 같다.

| 대립가설 | $\alpha$ 하에서의 기각역 | 유의확률 |
|---|---|---|
| $H_1 : \mu_1 - \mu_2 > d_0$ | $t \ge t_{(n_1+n_2-2;\alpha)}$ | $p = P(T \ge t)$ |
| $H_1 : \mu_1 - \mu_2 < d_0$ | $t \le -t_{(n_1+n_2-2;\alpha)}$ | $p = P(T \le t)$ |
| $H_1 : \mu_1 - \mu_2 \ne d_0$ | $\lvert t\rvert \ge t_{(n_1+n_2-2;\alpha/2)}$ | $p = P(\lvert T\rvert \ge \lvert t\rvert)$ |

**[예제 6.4]** 보리농사에서 낟알의 수확량에 미치는 비료의 효과를 알아보고자 한다. 비교하려는 비료로 $A$와 $B$를 선택하고, 실험은 사용 가능한 지구 10개에서 실시하였다. 비료 $A$와 비료 $B$를 각각 5개 지구에 랜덤하게 배치하고 실험실시후 지구당 수확량을 조사하였다. 그 결과는 다음과 같다.

| | |
|---|---|
| $A$ | 12, 14, 13, 15, 10 |
| $B$ | 8, 12, 11, 12, 9 |

비료 $A$와 비료 $B$를 사용해서 얻은 수확량은 각각 정규분포를 따르고, 모분산은 동일하다고 가정한다. 비료에 따라 수확량에 차이가 있는 가를 검정해보자. 유의수준 10%를 사용한다. 가설검정의 절차는 다음과 같다.

단계 1: 가설을 세운다.
비료에 따른 평균 수확량의 차이유무를 검정하려는 것이므로 대립가설은 $\mu_1 - \mu_2$가 $d_0 = 0$이 아니다이다. 즉,

$$H_0 : \mu_1 - \mu_2 = 0 \quad \text{vs} \quad H_1 : \mu_1 - \mu_2 \ne 0$$

단계 2: 검정통계량을 계산한다.

$$t = \frac{(\bar{x} - \bar{y}) - d_0}{s_p\sqrt{1/n_1 + 1/n_2}} = \frac{2.4 - 0}{\sqrt{1.4}} = 2.0284$$

위 검정통계량은 귀무가설하에서 자유도 8인 $t-$분포를 따른

다.

단계 3: 통계적 결론을 내린다($\alpha$ - 접근방법 사용).
유의수준이 $\alpha = 0.10$ 이므로 기각역은 다음과 같다.

$$|t| \geq t_{(n_1+n_2-2;\alpha/2)} = t_{(8;\,0.05)} = 1.860$$

$t = 2.0284$ 는 기각역을 만족하므로 귀무가설을 기각한다. 즉, 10% 유의수준에서 통계적으로 유의하다.

단계 4: 10% 유의수준에서 통계적으로 유의하므로 비료의 종류에 따라 보리의 평균 수확량은 같다고 할 수 없다.

**[예제 6.4]-계속** $p$ - 값 접근방법으로 가설검정을 해보자.
대립가설은 $H_1 : \mu_1 - \mu_2 \neq 0$, 검정통계량은 $t = 2.0284$, 자유도는 8이므로 $p$ - 값은 다음과 같다.

$$p = P(|T| \geq |2.0284|) = 2 \times P(T > |2.0284|) = 0.07705$$

위 $p$ - 값의 계산은 Excel의 통계함수 TDIST() 를 사용하면 된다.
$p$ - 값인 $2 \times P(T > 2.0284)$ 는 Excel에서 =2*TDIST(2.0284,8,1) 을 계산하면 그 값은 0.07705가 된다. $p$ - 값=0.07705는 유의수준 $\alpha = 0.10$ 보다 작으므로 귀무가설은 기각된다. 따라서, 비료의 종류에 따라 보리의 평균 수확량은 같다고 할 수 없다.

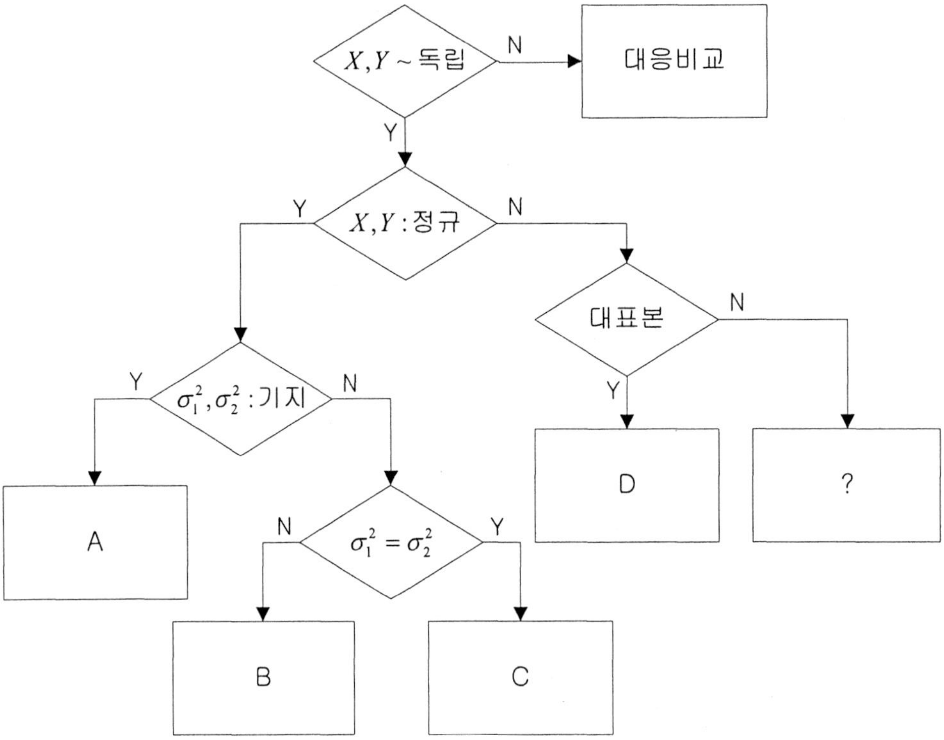


| | 검정통계량 | 표본분포 |
|---|---|---|
| A | $Z = \dfrac{(\bar{X}-\bar{Y})-\mu_0}{\sqrt{\sigma_1^2/n_1+\sigma_2^2/n_2}}$ | $\sim N(0,1)$ |
| B | $t = \dfrac{(\bar{X}-\bar{Y})-\mu_0}{\sqrt{S_1^2/n_1+S_2^2/n_2}}$ | $\sim t_{(\nu)}$ |
| C | $t = \dfrac{(\bar{X}-\bar{Y})-\mu_0}{S_p\sqrt{1/n_1+1/n_2}}$ | $\sim t_{(n_1+n_2-2)}$ |
| D | $t = \dfrac{(\bar{X}-\bar{Y})-\mu_0}{\sqrt{S_1^2/n_1+S_2^2/n_2}}$ | $\dot{\sim} N(0,1)$ |

**독립인 2-표본 가설검정**

## 다음 용어를 설명하시오.

1. 독립인 표본
2. 이표본 T-검정
3. Satterthwaite 자유도

# 문 제

6-1 대학 신입생을 대상으로 남학생과 여학생의 평균 신장의 차에 관심이 있다. 남학생 25명과 여학생 20명을 랜덤하게 선택하여 그들의 신장을 측정하였으며, 그 측정값은 다음과 같다(단위:cm). 남녀 학생의 신장은 각각 정규분포를 따른다고 하자.

| 표본 | 표본크기 | 평균 | 표준편차 |
|---|---|---|---|
| 여자 | 20 | 164.8 | 2.35 |
| 남자 | 25 | 172.1 | 5.27 |

(1) 남학생과 여학생의 신장의 모평균에 대한 추정값을 구하시오.
(2) 여학생과 남학생의 평균 신장차의 추정값을 구하시오.
(3) 여학생과 남학생의 평균 신장차에 대한 95% 신뢰구간을 구하시오.
(4) 남학생이 여학생보다 평균 신장이 10cm 더 크다고 할 수 있는 가를 유의수준 5%로 검정하시오.
(5) $p$-값 접근방법으로 위 가설을 검정하시오.

6-2 많은 학생들은 학생회관에 설치된 커피자동판매기 A가 단과대학에 있는 커피자동판매기 B보다 커피를 적게 준다고 주장한다. 이러한 불편사항을 확인하기 위하여 두 곳의 자동판매기에서 랜덤표본을 수집하였으며, 그 결과는 다음과 같다.

| 자동판매기 | $n$ | $\overline{x}$ | $s^2$ |
|---|---|---|---|
| A | 22 | 107 | $7^2$ |
| B | 20 | 145 | $8^2$ |

자판기에서 나오는 커피의 양은 정규분포를 따른다고 가정한다. 자판기 A와 자판기 B에서 나오는 커피 양의 평균차에 관심이 있다.

(1) 평균차에 대한 95% 신뢰구간을 구하시오.

(2) 자판기 A에서 나오는 평균 커피 양이 자판기 B보다 적다고 할 수 있는가? 유의수준 5% 에서 검정하시오.

(3) $p-$값 접근방법으로 위 주장을 검정하시오.

6-3 두 도시의 학생들의 TOEIC점수를 비교하고자 한다, 랜덤으로 선택된 학생들의 TOEIC점수는 다음과 같다. TOEIC점수는 정규분포를 따른다고 하자.

| | |
|---|---|
| A | 762, 572, 914, 783, 741, 725, 614, 615, 668, 852 |
| B | 767, 615, 637, 667, 647, 902, 582, 841, 692, 431, 755, 591 |

(1) TOEIC점수의 평균차에 대한 95% 신뢰구간을 구하시오.

(2) TOEIC점수의 평균이 다르다고 할 수 있는 가를 검정하시오. 유의수준 5% 를 사용하시오.

(3) $p-$값 접근방법으로 위 가설을 검정하시오.

6-4 타이어를 생산하는 A 회사와 B 회사의 제품의 수명을 검사하고자 한다. 유사한 타이어를 랜덤하게 선택하여 수명을 조사하였다. 그 결과는 다음과 같다(단위:km). 타이어의 수명은 각각 정규분포를 따르고 모분산은 같다고 가정하자.

(1) A 회사와 B 회사의 타이어 수명의 모평균에 대한 추정값을 구하시오.

(2) A 회사와 B 회사의 타이어의 평균 수명차의 추정값을 구하시오.

(3) A와 B 회사의 타이어의 평균 수명차에 대한 95% 신뢰구간을 구하시오.

(4) 두 회사의 타이어의 평균 수명은 같다고 할 수 있는 가를 검정하시오. 유의수준 5%를 사용하시오.

(5) $p-$값 접근방법으로 위 가설을 검정하시오.

| 회사 | 표본크기 | 평균 | 표준편차 |
|---|---|---|---|
| A | 20 | 64000 | 4200 |
| B | 25 | 66000 | 4300 |

6-5 상관분석을 교육하는 교수방법을 비교하고자 한다. 두 가지 교수방법으로 일정기간 동안 교육을 한 후 그 효과를 측정하였다. 그 결과는 다음과 같다. 측정값은 각각 정규분포를 따르고, 동일한 모분산을 갖는다고 하자.

| 방법 | $n$ | $\overline{x}$ | $s$ |
|---|---|---|---|
| 1 | 30 | 83 | 4 |
| 2 | 25 | 75 | 3 |

(1) 모평균차에 대한 95% 신뢰구간을 구하시오.

(2) 두 교수방법의 효과는 같다고 할 수 있는 가를 검정하시오. 유의수준 5%를 사용하시오.

(3) $p-$값 접근방법으로 위 가설을 검정하시오.

6-6 밀 농사에서 낟알 수확량에 미치는 비료의 효과를 평가하기 위하여 두 종류의 비료 $A_1$, $A_2$를 선택하였다. 실험에 사용 가능한 지구는 20개이다. 비료 $A_1$을 10개 지구에, 비료 $A_2$를 10개 지구에 랜덤하게 배치하고 실험을 실시하였다. 지구당 수확량을 조사한 결과는 다음과 같다(단위:kg/plot). 수확량은 각각 정규분포를 따르고, 동일한 모분산을 갖는다고 하자.

| | |
|---|---|
| $A_1$ | 16, 12, 11, 12, 12, 14, 12, 13, 11, 16 |
| $A_2$ | 15, 16, 14, 15, 14, 8, 11, 11, 12, 10 |

(1) 수확량의 평균차에 대한 95% 신뢰구간을 구하시오.

(2) 비료에 따라 평균 수확량이 다른 가를 검정하시오. 유의수준 5% 를 사용하시오.

(3) $p$-값 접근방법으로 위 가설을 검정하시오.

6-7 어떤 농업연구소에서는 기존에 사용하고 있는 비료($A_1$)를 대체할 새로운 비료($A_2$)의 효과를 평가하려고 한다. 벼를 대상으로 실험을 실시하였으며, 지구당 수확량은 다음과 같다. 수확량은 각각 정규분포를 따르고, 동일한 모분산을 갖는다고 하자.

| | |
|---|---|
| $A_1$ | 11, 10, 12, 12, 11, 13 |
| $A_2$ | 14, 11, 14, 12, 15, 13 |

(1) 수확량의 평균차에 대한 95% 신뢰구간을 구하시오.

(2) 비료에 따라 평균 수확량이 다른 가를 검정하시오. 유의수준 5% 를 사용하시오.

(3) $p$-값 접근방법으로 위 가설을 검정하시오.

# 제 7 장

# 대응표본에서의 추론

이 장에서 다루는 주요 내용은 다음과 같다.

○ 대응표본 문제

○ 평균차에 관한 추론

## 7.1 대응표본 문제

두 모집단의 모평균을 비교하는 연구는 모집단들이 서로 독립인 경우와 그렇지 않는 경우로 구분할 수 있다. 통계자료분석의 대상인 모집단이 서로 독립인 경우는 앞에서 독립표본 문제로 다루었으며, 여기서는 모집단이 독립이 아닌 경우를 다루려고 한다. 다음은 두 집단이 독립이 아닌 상황에서 두 집단의 모평균을 비교하는 연구과제의 예이다.

- 혈당감소약의 약효를 알아보기 위한 실험에서는 투약 전과 후에 혈당을 측정한다.
- 어떤 다이어트 프로그램의 효과를 알아보기 위하여 다이어트 전과 후의 체중을 측정한다.
- 고추를 1년 동안 저장하면 캡사이신 함량에 변화가 있는가를 알아보기 위하여 저장 전과 1년 저장 후 캡사이신 함량을 측정한다.

- 테니스 선수의 경우 초연적 대처능력이 시합 전과 후에 차이가 있는 가를 알아보가 위한 검사를 한다.
- 대학 신입생을 대상으로 한 기초수학 과목의 효과를 확인하기 위하여 이 과목의 수강 전과 후의 수학능력을 측정한다.
- 유학생의 한국어 능력향상 프로그램의 효과를 분석하기 위하여 프로그램 참가 전과 후의 한국어 능력을 측정한다.
- 제품 조립라인에서 근로자의 생산성 향상을 위하여 실시하는 인센티브 제도의 효과를 분석하기 위하여 제도 도입 전과 후의 생산성을 조사한다.

위와 같은 연구에서는 시간차를 두고 동일한 대상으로부터 자료를 수집한다. 이같이 수집한 자료를 반복측정자료라고 한다. 어떤 대상에게서 특정시점 1과 특정시점 2에서 각각 자료를 얻는 실험연구의 형태를 사전-사후 연구라고도 부르며, 일반적으로 많이 사용되는 실험설계 방법이다.

이러한 경우 두 집단의 자료는 항상 쌍(pair)으로 나타나고 서로 독립이 아니므로 종속관계인 쌍 자료를 다루는 자료분석방법을 사용해야만 한다. 이러한 상황을 대응비교 또는 쌍체비교라고 부른다. 쌍으로 나타나는 대응자료를 이용하여 두 모평균차를 비교하기 위해서는 두 변수 $X$ 와 $Y$ 의 차인 $D = X - Y$ 를 사용한다.

위에서 예시한 연구과제들은 두 모집단의 평균인 $\mu_1$과 $\mu_2$ 의 차를 비교하기 위한 통계적 추론에 관심이 있다. 예를 들어, 혈당감소약의 효과를 연구한다면 투약 전에 측정한 혈당의 평균을 $\mu_1$으로, 투약 후의 평균 혈당을 $\mu_2$로 두고, 두 모평균차인 $\mu_D = \mu_1 - \mu_2$ 를 평균차로 정의한다. 다이어트 프로그램의 효과를 연구하고자 한다면 프로그램 시작 전의 평균 체중을 $\mu_1$ 으로, 프로그램 종료 후의 평균 체중을 $\mu_2$ 로 두고, 평균차는 두 모평균차인 $\mu_D = \mu_1 - \mu_2$ 로 정의한다. 나머지 경우도 이와 유사하게 평균차를 정의할 수 있다.

위 경우에서 주 관심사는 두 모집단의 평균차 $\mu_D$ 에 관한 통계적 추론이다. 이러한 통계적 추론을 하기 위해서는 추론에 필요한 변수(예를 들어, 투약 전과 후의 혈당, 다이어트 전과 후의 체중 등)의 값을 수집한 다음 적절한 통계적 방법을 사용하여 분석하면 된다. 이와 같은 대응표본의 경우 변수와 모수를 표로 정리하면 다음과 같다.

**[표 7.1] 변수, 모수**

| 변수 | 전 | 후 | 모수(평균차) |
|---|---|---|---|
| 혈당 | $\mu_1$ | $\mu_2$ | $\mu_D = \mu_1 - \mu_2$ |
| 체중 | $\mu_1$ | $\mu_2$ | $\mu_D = \mu_1 - \mu_2$ |

분석하고자 하는 자료가 쌍으로 나타나는 대응자료 $(X_i, Y_i),\ i = 1, 2, \cdots, n$ 인 경우 자료의 차는 $D_i = X_i - Y_i$ 로, 모평균차는 $\mu_D = \mu_1 - \mu_2$ 로 한다. 그리고 자료의 차 $D$ 의 분포는 $D \sim N(\mu_D, \sigma_D^2)$ 로 가정한다. 이때 차 $D$ 의 모분산인 $\sigma_D^2$ 에 대한 가정이 요구되는데, 크게 두 가지로 구분된다.

① $\sigma_D^2$ 을 모르는 경우
② $\sigma_D^2$ 을 아는 경우

$D_i$ 들의 표본평균과 표본분산인 $\bar{D},\ S_D^2$ 을 이용하여 통계적 추론을 할 수 있다. 통계패키지에서 첫째의 경우는 쌍체 T-검정 또는 일표본 T-검정으로, 둘째의 경우는 일표본 Z-검정으로 해결할 수 있다.

쌍체비교에서 두 모평균차인 모평균 $\mu_D$ 에 대한 신뢰구간과 가설검정의 절차는 다음과 같다.

## 7.2 평균차에 관한 추론

- 대응표본에서의 모평균차에 대한 신뢰구간
- 대응표본에서의 모평균차에 대한 가설검정

### 모평균차 $\mu_D$에 대한 신뢰구간 [$D \sim N(\mu_D, \sigma^2{}_D)$, $\sigma^2{}_D$ 은 미지]

여기서는 대응표본에서 모분산을 모르는 즉, 미지인 경우 모평균차에 관한 신뢰구간을 설명하고자 한다. $D$는 정규분포 $N(\mu_D, \sigma_D^2)$를 따르므로 모평균 $\mu_D$의 불편추정량인 표본평균 $\bar{D} = \sum D_i / n$는 정규분포 $N(\mu_D, \sigma_D^2 / n)$를 따른다. 따라서 분산 $\sigma_D^2$의 불편추정량 $S_D^2$을 사용한 아래의 통계량 $T$는 자유도가 $n-1$인 $t$-분포를 따른다.

$$T = \frac{\bar{D} - \mu_D}{S_D / \sqrt{n}} \sim t_{(n-1)}$$

여기서 $S_D^2 = \sum (D_i - \bar{D})^2 / (n-1)$은 모분산 $\sigma_D^2$의 불편추정량이다.

그리고 $\bar{D}$의 표준오차의 추정값은 $\sigma_D^2$ 대신에 $S_D^2$을 사용하여 구할 수 있다.

$$\widehat{SE}(\bar{D}) = \sqrt{\widehat{Var}(\bar{D})} = \frac{S_D}{\sqrt{n}}$$

상기 통계량 $T$의 표본분포로부터 다음이 성립한다.

$$1-\alpha = P\left( -t_{(n-1;\, \alpha/2)} \le \frac{\bar{D} - \mu_D}{S_D / \sqrt{n}} \le t_{(n-1;\, \alpha/2)} \right)$$

위 확률내의 부등식을 풀면 $\mu_D = \mu_1 - \mu_2$에 대한 $100(1-\alpha)\%$ 신뢰구간을 구할 수 있다.

$$\left( \bar{D} - t_{(n-1;\, \alpha/2)} \frac{S_D}{\sqrt{n}},\ \bar{D} - t_{(n-1;\, \alpha/2)} \frac{S_D}{\sqrt{n}} \right)$$

**[예제 7.1]** 어떤 농업연구소에서 노지 재배한 고추를 대상으로 캡사이신 함량을 측정한 후 저장하였다. 1년의 저장기간이 경과한 후 캡사이신 함량을 다시 측정하였다. 이 실험의 결과는 다음과 같다.

| 수확후 | 0.53 | 0.24 | 0.71 | 0.79 |
|---|---|---|---|---|
| 1년 저장후 | 0.12 | 0.20 | 0.28 | 0.25 |

저장 전후의 캡사이신 함량의 차는 정규분포를 따른다고 가정한다.

(a) 캡사이신 함량차의 평균 $\mu_D$ 의 추정값을 구해보자.

고추를 수확하여 저장하기 전에 측정한 캡사이신 함량을 $X$ 로, 1년 저장한 후에 측정한 캡사이신 함량을 $Y$ 로 두면 저장 전후의 차는 $D=X-Y$ 이다. 먼저 차 $D$ 를 계산한 후 추정에서 필요한 값들을 계산한다.

| 수확후($X$) | 0.53 | 0.24 | 0.71 | 0.79 |
|---|---|---|---|---|
| 1년 저장후($Y$) | 0.12 | 0.20 | 0.28 | 0.25 |
| 차 $D=X-Y$ | 0.41 | 0.04 | 0.43 | 0.54 |

$n=4$, $\sum d_i = 1.42$, $\sum d_i^2 = 0.6462$ 이므로 $\mu_D$ 의 추정값 $\bar{D}$ 는 다음과 같고

$$\bar{d} = \frac{1}{n}\sum_{i=1}^{n} d_i = \frac{1.42}{4} = 0.355$$

표본분산과 표본표준편차는 다음과 같다.

$$s_D^2 = \frac{\sum d_i^2 - (\sum d_i)^2/n}{n-1} = \frac{0.6462-(1.42)^2/4}{4-1}$$
$$= \frac{0.1421}{3} = 0.0473\dot{6}$$
$$s_D = \sqrt{0.0473\dot{6}} = 0.2176$$

(b) 평균 $\mu_D$ 에 대한 95% 신뢰구간을 구해보자.

$\bar{D}$ 의 표준오차의 추정값 $\widehat{SE}(\bar{D})$ 를 계산하면 다음과 같다.

$$\widehat{SE}(\bar{d}) = \frac{s_D}{\sqrt{n}} = \frac{0.2176}{\sqrt{4}} = 0.1088$$

그리고 신뢰수준은 95% ($\alpha=0.05$)이므로 $t_{(n-1;\,\alpha/2)} = t_{(3;\,0.025)} = 3.182$ 이다. 따라서 $\mu_D$ 에 대한 95% 신뢰구간은 다음과 같다.

$$\bar{d} \pm t_{(n-1;\,\alpha/2)}\frac{s_D}{\sqrt{n}} = \bar{d} \pm t_{(n-1;\,\alpha/2)}\widehat{SE}(\bar{d})$$
$$= 0.355 \pm (3.182)(0.1088) = 0.355 \pm 0.3462$$
$$= (0.0088,\ 0.7012)$$

모평균 $\mu_D$ 가 특정한 값 $d_0$ 와 동일한 가( $H_0 : \mu_D = d_0$ )를 검정하기 위한 검정절차는 다음과 같다.

## 모평균차 $\mu_D$에 대한 가설검정 [$D \sim N(\mu_D, \sigma^2{}_D)$, $\sigma^2{}_D$ 은 미지]

아래의 귀무가설

$$H_0 : \mu_D = d_0$$

이 참인 경우 다음이 성립한다.

$$T = \frac{\bar{D} - d_0}{S_D / \sqrt{n}} \sim t_{(n-1)}$$

따라서 $t$-분포를 따르는 상기 $T$ 를 검정통계량으로 사용할 수 있다.

$t$ 를 $T$ 의 관측값으로 두자. 각각의 대립가설에 대한 기각역과 $p$-값은 다음과 같다.

| 대립가설 | $\alpha$ 하에서의 기각역 | $p$-값 |
|---|---|---|
| $H_1 : \mu_D > d_0$ | $t \geq t_{(n-1;\alpha)}$ | $p = P(T \geq t)$ |
| $H_1 : \mu_D < d_0$ | $t \leq -t_{(n-1;\alpha)}$ | $p = P(T \leq t)$ |
| $H_1 : \mu_D \neq d_0$ | $\lvert t \rvert \geq t_{(n-1;\alpha/2)}$ | $p = P(\lvert T \rvert \geq \lvert t \rvert)$ |

**[예제 7.2]** 어떤 농업연구소에서 노지 재배한 고추를 1년 동안 저장하면 캡사이신 함량이 변하는 가를 확인하기 위한 실험을 실시하였다. 고추를 수확하여 캡사이신 함량을 측정한 후 저장하고, 1년의 저장기간이 경과한 후 캡사이신 함량을 다시 측정하였다. 이 실험의 결과는 다음과 같다.

| 수확후 | 0.53 | 0.24 | 0.71 | 0.79 |
|---|---|---|---|---|
| 1년 저장후 | 0.12 | 0.20 | 0.28 | 0.25 |

저장 전후의 캡사이신 함량차는 정규분포를 따른다고 가정한다. 고추를 1

년 동안 저장하면 캡사이신 함량이 변하는 가를 검정해보자. 유의수준 5%를 사용한다. 가설검정의 절차는 다음과 같다.

단계 1: 가설을 세운다.
저장 전과 후의 평균 캡사이신 함량이 같은 가를 검정하는 것이므로 대립가설은 $\mu_D$가 $d_0 = 0$이 아니다이다. 즉,

$$H_0 : \mu_D = 0 \quad \text{vs} \quad H_1 : \mu_D \neq 0$$

단계 2: 검정통계량을 계산한다.

$$t = \frac{\overline{d} - 0}{s_D / \sqrt{n}} = \frac{0.355 - 0}{0.2176 / \sqrt{4}} = 3.2629$$

위 검정통계량은 귀무가설하에서 자유도 3인 $t-$분포를 따른다.

단계 3: 통계적 결론을 내린다($\alpha-$접근방법 사용).
유의수준이 $\alpha = 0.05$ 이므로 기각역은 다음과 같다.

$$|t| \geq t_{(n-1;\alpha/2)} = t_{(3;\,0.025)} = 3.182$$

$|t| = 3.2629$ 는 기각역을 만족하므로 귀무가설을 기각한다. 즉, 5% 유의수준에서 통계적으로 유의하다.

단계 4: 통계적으로 유의하므로 고추를 1년 동안 저장하면 캡사이신 함량이 변한다고 할 수 있다.

**[예제 7.2]-계속** $p-$값 접근방법으로 가설검정을 해보자.
대립가설은 $H_1 : \mu_D \neq 0$, 검정통계량은 $t = 3.2629$, 자유도는 3이므로 $p-$값은 다음과 같다.

$$p = P(|T| \geq |3.2629|) = 2 \times P(T > 3.2629) = 0.04703$$

위 $p-$값의 계산은 Excel의 통계함수 TDIST() 를 사용하면 된다.

$2 \times P(T > 3.2629)$ 는 Excel에서 =2*TDIST(3.2629,3,1) 을 계산하면 그 값은 0.04703이 된다. $p-$값=0.04703은 유의수준 $\alpha = 0.05$ 보다 작으므로 귀무가설은 기각된다. 따라서, 고추를 1년 동안 저장하면 캡사이신 함량이 변한다고 할 수 있다.

대응표본 문제에서 표본크기가 충분히 큰 경우 또는 자료가 정규분포를 따르지 않더라도 대표본인 경우라면 그 추론 방법은 앞에서 설명한 모평균에 관한 통계적 추론과 동일하다.

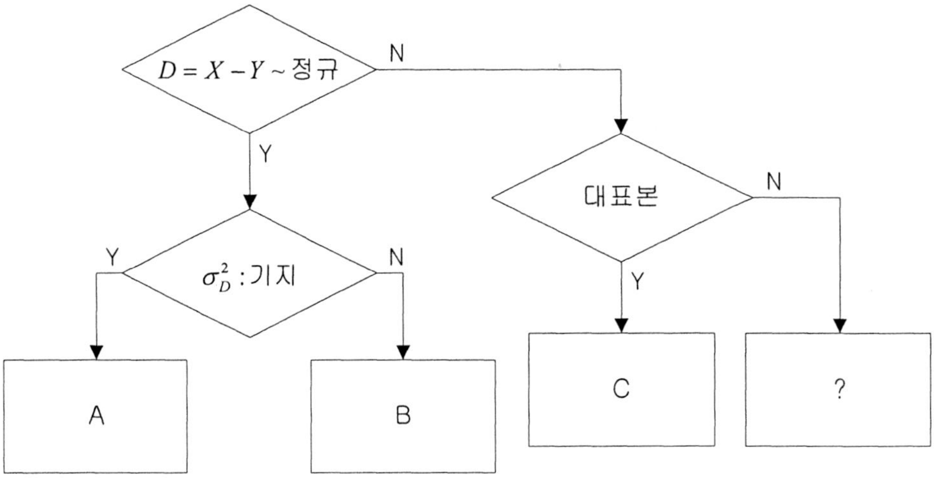


| | 검정통계량 | 표본분포 |
|---|---|---|
| A | $Z = \dfrac{\bar{D} - \mu_0}{\sigma_D / \sqrt{n}}$ | $\sim N(0, 1)$ |
| B | $t = \dfrac{\bar{D} - \mu_0}{S_D / \sqrt{n}}$ | $\sim t_{(n-1)}$ |
| C | $t = \dfrac{\bar{D} - \mu_0}{S_D / \sqrt{n}}$ | $\dot{\sim}\ N(0, 1)$ |

**대응표본 가설검정**

## 다음 용어를 설명하시오.

1. 반복측정자료
2. 사전-사후 연구
3. 대응비교(또는 쌍체비교)
4. 쌍체 T-검정

## 문 제

7-1 서로 종속인 두 모집단의 평균을 비교하기 위하여 랜덤표본을 얻었다. 이 랜덤표본으로부터 구한 통계량은 다음과 같다. $D$는 정규분포를 따른다고 가정한다.

$$n = 16,\quad \overline{d} = 29,\quad s_d = 10$$

(1) 평균차에 대한 95% 신뢰구간을 구하시오.
(2) 유의수준 5%에서 평균차가 0인 가를 검정하시오.
(3) 평균차가 0이다는 귀무가설하에서 $p-$값을 구하시오.

7-2 코팅한 철제관과 코팅하지 않은 철제관을 여러가지 토양에서 부식되는 정도를 비교할 목적으로 대응비교 실험을 실시하였다. 실험의 결과를 요약한 것은 다음과 같다. 여기서 $D$는 코팅하지 않은 철제관과 코팅한 철제관의 부식정도의 차이이다. $D$는 정규분포를 따른다고 가정한다.

$$n = 25,\quad \sum d = 227,\quad \sum d_i^2 = 2097$$

(1) 평균차에 대한 90% 신뢰구간을 구하시오.
(2) 철제관의 코팅효과가 있는 가를 유의수준 10%에서 검정하시오.
(3) 위 가설을 검정하기 위하여 $p-$값 접근방법을 사용하시오.

7-3 체중감량 프로그램의 효과를 검증하기 위하여 9명의 실험자를 대상으로 실험을 실시하였다. 프로그램 실시전과 후의 체중을 측정한 결과는 다음과 같다. 체중감소량은 정규분포를 따른다고 가정한다.

| 피험자 | 1 | 2 | 3 | 4 | 5 | 6 | 7 | 8 | 9 |
|---|---|---|---|---|---|---|---|---|---|
| 전 | 93 | 60 | 70 | 87 | 104 | 56 | 83 | 91 | 95 |
| 후 | 90 | 58 | 67 | 85 | 90 | 57 | 75 | 85 | 80 |

(1) 체중의 평균 감소량에 대한 95% 신뢰구간을 구하시오.
(2) 체중감량 프로그램의 효과가 있는 가를 검정하시오.
유의수준 5%를 사용하시오.
(3) $p$-값의 접근방법으로 프로그램의 효과 유무를 검정하시오.

7-4 어느 제조공장에서 근로자 집단 A가 부품조립을 책임지고 있다. 시간당 작업량이 만족스럽지 못한 현장 책임자는 인센티브 제도를 도입하였다. 다음 자료는 이 제도를 도입하기 전과 후의 시간당 조립량이다. 조립량의 차는 정규분포를 따른다고 가정한다.

| 근로자 | 1 | 2 | 3 | 4 | 5 | 6 |
|---|---|---|---|---|---|---|
| 전 | 10 | 7 | 6 | 9 | 6 | 8 |
| 후 | 12 | 10 | 9 | 11 | 8 | 10 |

(1) 작업량의 평균 증가량에 대한 95% 신뢰구간을 구하시오.
(2) 인센티브 제도가 효과적인 가를 유의수준 5%로 검정하시오.
(3) $p$-값의 접근방법으로 인센티브 제도의 효과 유무를 검정하시오.

7-5 보리 품종 A와 B의 수확량을 비교하기 위한 실험을 9개 지구에서 실시하였다. 각 지구를 반으로 나누어 품종 A와 B를 랜덤하게 배치하였다. 지구당 보리 수확량은 다음과 같다.

| 지구 | 1 | 2 | 3 | 4 | 5 | 6 | 7 | 8 | 9 |
|---|---|---|---|---|---|---|---|---|---|
| A | 55 | 45 | 58 | 43 | 30 | 36 | 36 | 49 | 40 |
| B | 58 | 48 | 62 | 46 | 33 | 43 | 40 | 52 | 45 |

(1) 평균 수확량차에 대한 95% 신뢰구간을 구하시오.

(2) 평균 수확량에 차이가 있는 가를 유의수준 5%로 검정하시오.

(3) $p$-값의 접근방법으로 위 가설을 검정하시오.

# 제8장

# 분산분석

이 장에서 다루는 주요 내용은 다음과 같다.

○ 일원배치법

○ 반복수가 다른 일원배치법

## 8.1 일원배치법

지금까지는 자료분석의 대상인 모집단이 한 개인 경우와 두 개인 경우를 설명하였다. 모집단이 두 개이면 모집단이 서로 독립인 경우와 그렇지 않은 경우로 나누어진다. 여기서는 자료분석의 대상이 되는 모집단의 개수가 2이상이면서 서로 독립인 경우를 생각한다. 이 경우 통계자료분석을 하기 위하여 분산분석을 사용한다. 이러한 상황이 일어날 수 있는 연구로 다음의 예를 생각할 수 있다.

- 동일한 병증을 갖는 식물을 대상으로 3가지 치료제의 효과를 분석한다.
- 세 가지의 고추품종에 따라 농가 소득에 차이가 있는 가를 분석한다.
- 7대 광역시의 이산화황의 농도를 비교한다.
- 어떤 지역의 미립물질의 농도 측정을 연구소 5곳에 의뢰하고 연구소간 측정 결과를 비교한다.

● 냉동식품의 포장방법 3가지에 따라 특정한 시간이 지난 후 식품의 상품성을 비교한다.

상기 예에서 집단변수인 포장방법, 고추의 품종, 치료제 등은 2개 이상의 집단으로 구성되어있다. 이 경우 통계자료분석방법으로 일원배치 분산분석을 사용한다. 그런데 위 연구에서 집단이 두 개인 경우를 가정하면, 앞에서 설명한 독립표본 T-검정으로 자료분석을 하면 된다. 그러나 집단이 3가지 이상이면 생각할 수 있는 자료분석방법은 분산분석이다.

상기 연구과제들은 모두 모집단의 수 $l$이 2이상($l \geq 2$)인 경우이다. 개별 모집단의 모평균인 $\mu_1, \mu_2, \cdots, \mu_l$를 비교하기 위하여 이들에 관한 추론이 필요하다. 예를 들어, 포장방법에 따른 식품의 상품성의 차이를 연구한다면, 포장방법 1에서의 평균을 $\mu_1$으로, 포장방법 2에서의 평균을 $\mu_2$로, 포장방법 3에서의 평균을 $\mu_3$로 정의한다. 그리고 치료제에 따른 치료효과의 차이를 연구한다면 치료제 1을 사용한 경우 치료효과의 평균을 $\mu_1$으로, 치료제 2를 사용한 경우 치료효과의 평균을 $\mu_2$로, 치료제 3을 사용한 경우 치료효과의 평균을 $\mu_3$로 정의한다.

일원배치 분산분석에서의 주요 관심사는 모집단의 모평균간에 차이가 존재하는 가이다. 즉, 모든 모집단의 모평균은 동일하지는 않다가 연구가설이 될 것이다. 이 가설을 검정하기 위하여 각각의 모집단으로부터 검정에서 요구되는 변수(예를 들어, 상품성 측정값, 치료정도, 농가소득 등)의 값을 수집한 후 적절한 통계적 추론을 하고 그 결과를 해석하면 된다.

독립인 $l(\geq 2)$ 모집단의 평균차를 검정하는 경우, 각각의 모집단은 정규분포를 따르며, 모분산은 모두 동일하다고 가정한다. 이러한 문제는 통계학에서 실험계획법의 영역에 속하며, 구체적으로 일원배치법이라고 부른다. 실험계획법에서는 앞에서 사용한 것과는 조금 다른 용어를 사용하고 있다. 예를 들어, 포장방법을 집단변수가 아닌 요인이라고 부르고, 검정에서 사용되는 변수를 종속변수라고 부른다. 각 포장방법 종류를 요인의 수준이라고 하며 위의 경우 수준수는 3이다.

위에서 기술한 예에서 요인, 수준, 모평균을 표로 정리하면 다음과 같다.

**[표 8.1] 요인, 수준, 모평균**

| 요인 | 수준 | | |
|---|---|---|---|
| | 1 | 2 | 3 |
| 포장방법 | $\mu_1$ | $\mu_2$ | $\mu_3$ |
| 치료제 | $\mu_1$ | $\mu_2$ | $\mu_3$ |

실험계획에서 사용되는 용어를 간략하게 정리하면 다음과 같다.

## 실험계획법의 용어 :

(1) 요인(또는 인자, factor)

- 실험시 데이터에 산포를 준다고 생각되는 여러 원인중에서 실험에서 직접 취급하는 원인.

(2) 수준(level)

- 실험을 하기 위한 인자의 조건. 예를 들어, 어떤 농사실험에서 사용되는 비료의 종류가 A, B, C인 경우, 인자는 비료의 종류이고, 수준은 A, B, C이고, 수준수는 3이다.

(3) 처리(treatment)

- 인자수준들의 조합. 인자가 1개인 경우 수준이 바로 처리이며, 인자가 2개 이상인 경우 인자들의 수준조합이 처리이다.

(4) 종속변수(dependent variable) 또는 특성값(characteristic)

- 실험결과가 자료의 형태로 얻어지는 반응값(response).

(5) 효과(effect)

- 수준의 변화로 인해 나타나는 영향. 다른 요인수준과는 무관하게 특정 요인수준의 변화에 기인하는 효과를 주효과(main effect)라고 하고, 2개 이상의 요인수준의 변화에 기인하는 효과를 교호작용효과(또는 상호작용효과, interaction effect)라고 한다.

(6) 모수인자(fixed factor)와 변량인자(random factor)

- 모수인자는 실험자가 미리 수준을 정할 수 있으며 수준이 기술적

의미를 갖는 인자이다. 예를 들면, 포장방법, 치료제 종류, 벼의 품종, 온도 등. 변량인자는 랜덤하게 수준이 선택되며, 수준은 기술적 의미를 갖지 못한다.

(7) 모수모형, 변량모형, 혼합모형

- 모수모형(fixed model)은 모수인자로만 구성된 모형이고, 변량모형(random model)은 변량인자로만 구성된 모형이고, 혼합모형(mixed model)은 모수인자와 변량인자로 구성된 모형이다.

관심있는 요인 1개의 영향을 조사하기 위하여 사용하는 실험계획법이 일원배치법이며, 그 특징은 다음과 같다.

① 인자의 수준수와 각 수준에서의 반복수에 제한이 별로 없다.
② 모든 수준에서 반복수가 동일하지 않아도 된다. 따라서 결측치가 있어도 이를 추정하여 사용할 필요가 없다.
③ 실험에서 측정은 전체 실험을 완전하게 랜덤화한 후 랜덤한 순서에 따라 모든 반응치를 구해야만 한다. 그래서 일원배치법을 완전임의배열법이라고 부른다.

일원배치법은 모수모형과 변량모형으로 분류할 수 있으며, 분산분석은 거의 동일한 절차를 따른다. 각 수준에서의 모평균에 대한 신뢰구간 추정은 모수모형에서는 의미가 있지만, 변량모형에서는 별 의미가 없고 오차분산의 추정이 산포의 정도를 측정하기 위해 사용된다.

## 자료의 구조와 분산분석

### 실험의 순서 :

완전임의배열법(completely randomized design)으로 불리어지는 일원배치법에서의 실험은 각 실험단위에 일련번호를 부여한 다음 난수표 등을 사용하여 실험순서를 랜덤하게 정한다. 예를 들어, 인자 A의 수준수가 5이고 각각 반복수는 3이라고 하자. 이 경우 먼저 아래 표와 같이 1에서 15까지 번호를 부여한다.

| 반복 | $A_1$ | $A_2$ | $A_3$ | $A_4$ | $A_5$ |
|---|---|---|---|---|---|
| 1 | (1) | (2) | (3) | (4) | (5) |
| 2 | (6) | (7) | (8) | (9) | (10) |
| 3 | (11) | (12) | (13) | (14) | (15) |

난수표를 사용하거나 15장의 쪽지에 번호를 1에서 15까지 적어 상자에 넣고 잘 섞은 다음 하나씩 끄집어 내어 번호가 나오는 순서대로 실험순서를 정한다. 예를 들어, 랜덤하게 나오는 번호가 다음과 같으면 정해진 실험순서는 아래 표와 같게 된다.

12, 7, 5, 13, 8, 11, 1, 10, 15, 4, 2, 14, 9, 6, 3

| 반복 | $A_1$ | $A_2$ | $A_3$ | $A_4$ | $A_5$ |
|---|---|---|---|---|---|
| 1 | ⑦ | ⑪ | ⑮ | ⑩ | ③ |
| 2 | ⑭ | ② | ⑤ | ⑬ | ⑧ |
| 3 | ⑥ | ① | ④ | ⑫ | ⑨ |

**자료의 구조식과 변동의 분해**

모수인자 A의 수준수가 $l$이고, $i$수준 $A_i$에서의 반복수가 $m$인 경우 자료의 구조식과 가정은 다음과 같다.

$$x_{ij} = \mu + a_i + e_{ij} = \mu_i + e_{ij}, \quad i = 1, 2, \cdots, l, \quad j = 1, 2, \cdots, m$$

$$e_{ij} \sim NID(0, \sigma^2)$$

$$\sum a_i = 0 \text{ (모수모형의 경우)}$$

변동(제곱합)을 분해하기 위하여 개별 데이터와 총평균과의 차인 총편차를 분해하면 다음과 같다.

$$(x_{ij} - \bar{\bar{x}}) = (\bar{x}_{i.} - \bar{\bar{x}}) + (x_{ij} - \bar{x}_{i.})$$

위 식의 양변을 제곱하고 모든 데이터들의 합을 구하면 다음과 같다.

$$\sum_{i=1}^{l}\sum_{j=1}^{m}(x_{ij} - \bar{\bar{x}})^2 = \sum_{i=1}^{l}\sum_{j=1}^{m}(\bar{x}_{i.} - \bar{\bar{x}})^2 + \sum_{i=1}^{l}\sum_{j=1}^{m}(x_{ij} - \bar{x}_{i.})^2$$

이를 $S_T = S_A + S_E$로 표기하며, $S_T$를 총변동(total variation) 또는 총제곱합(total sum of square)이라고 부르고, 각 수준의 효과차이로 인한 변동인 $S_A$를 A의 변동 또는 급간변동이라고 부르며, 각 수준내에서의 편차제곱인 $S_E$를 오차변동, 잔차변동, 또는 급내변동이라고 부른다.

**[표 8.2] 일원배치법의 자료(반복수가 같은 경우)**

| 반복 | 요인(A) | | | | |
|---|---|---|---|---|---|
| | $A_1$ | $A_2$ | $\cdots$ | $A_l$ | |
| 1 | $x_{11}$ | $x_{21}$ | $\cdots$ | $x_{l1}$ | |
| 2 | $x_{12}$ | $x_{22}$ | $\cdots$ | $x_{l2}$ | |
| $\vdots$ | $\vdots$ | $\vdots$ | $\ddots$ | $\vdots$ | |
| m | $x_{1m}$ | $x_{2m}$ | $\cdots$ | $x_{lm}$ | |
| 합 | $x_{1.}$ | $x_{2.}$ | $\cdots$ | $x_{l.}$ | $x_{..}$ |
| 평균 | $\bar{x}_{1.}$ | $\bar{x}_{2.}$ | $\cdots$ | $\bar{x}_{l.}$ | $\bar{\bar{x}}$ |

위 표에서 $x_{i.}$와 $\bar{x}_{i.}$는 수준 $A_i$에서의 자료의 합과 평균이다. 즉,

$$x_{i.} = \sum_{j=1}^{m} x_{ij}$$

$$\bar{x}_{i.} = \frac{x_{i.}}{m} = \frac{1}{m}\sum_{j=1}^{m} x_{ij}$$

그리고 $x_{..}$와 $\bar{\bar{x}}$는 $N = lm$개의 모든 자료의 합과 평균이다. 즉,

$$x_{..} = \sum_{i=1}^{l}\sum_{j=1}^{m} x_{ij} = \sum_{i=1}^{l} x_{i.}$$

$$\bar{\bar{x}} = \frac{x_{..}}{N} = \frac{1}{lm}\sum_{i=1}^{l}\sum_{j=1}^{m} x_{ij}$$

제곱합을 구하기 위하여 계산기를 사용한다면 아래의 간편식을 사용하는 것이 편리하다.

$$S_T = \sum_{i=1}^{l}\sum_{j=1}^{m}(x_{ij} - \bar{\bar{x}})^2 = \sum_{i=1}^{l}\sum_{j=1}^{m} x_{ij}^2 - CT, \quad CT = \frac{x_{..}^2}{N}$$

$$S_A = \sum_{i=1}^{l}\sum_{j=1}^{m}(\bar{x}_{i.} - \bar{\bar{x}})^2 = \sum_{i=1}^{l}\frac{x_{i.}^2}{m} - CT$$

$$S_E = S_T - S_A$$

여기서 $CT$ 는 수정항(correction term)이다.

## 분산분석표

제곱합(sum of square, SS)의 자유도(degree of freedom, df)는 제곱을 한 편차의 개수에서 편차들의 선형제약조건의 개수를 빼서 구하고, 평균제곱(mean square, MS)은 제곱합을 자유도로 나누어 구한다.

일원배치법의 분산분석표는 다음과 같다.

**[표 8.3] 분산분석표(일원배치법 - 반복수가 같은 경우)**

| 요인 | 제곱합 | 자유도 | 평균제곱 | F |
|---|---|---|---|---|
| A | $S_A$ | $\phi_A = l-1$ | $V_A = S_A / \phi_A$ | $F = V_A / V_E$ |
| E | $S_E$ | $\phi_E = N-l$ | $V_E = S_E / \phi_E$ | |
| T | $S_T$ | $\phi_T = N-1$ | | |

위 분산분석표에서 행하는 F-검정의 귀무가설과 대립가설은 다음과 같다.

$$H_0 : \mu_1 = \mu_2 = \cdots = \mu_l \quad \text{vs} \quad H_1 : H_0 \text{는 참이 아니다}$$

위 귀무가설은 다음과 같이 표현할 수도 있다.

$$H_0 : a_1 = a_2 = \cdots = a_l = 0$$

### 검정의 결론

유의수준 $\alpha$가 주어진 경우 귀무가설을 기각하는 영역인 기각역은 다음과 같다.

$$F > F_{(\phi_A,\ \phi_E\ ;\ \alpha)}$$

만약 F 값이 상기 기각역을 만족하면 귀무가설이 기각된다.

소프트웨어를 사용하여 $p$ −값을 계산한 경우 이 $p$ −값으로 검정의 결론을 내릴 수도 있고, $p$ − 값과 주어진 $\alpha$를 비교하여 검정의 결론을 내릴 수도 있다.

반복수가 동일한 일원배치법의 경우 모수모형과 변량모형에 관계없이 [표 8.3]의 분산분석표를 사용한다. 평균제곱의 기대값 E(MS)은 모형에 따라 다르지만 F−검정통계량은 동일하다. 따라서 일원배치법의 경우 실제 적용시 모형의 종류에 의존하지 않는 성질이 있다.

**[예제 8.1]** 어떤 냉동식품의 포장방법을 비교하고자 한다. 3가지의 포장방법으로 각각 5번의 실험을 한다고 하자. 이 실험에서의 각 자료는 특정한 시간이 경과한 후 비타민 C를 측정한 것이다(단위:mg/100g). 실험은 수준수가 3이고 반복이 각각 5인 일원배치법을 사용하고, 총 15회의 실험을 완전랜덤화로 실시하였다. 이 실험의 순서는 [표 8.4]와 같다.

**[표 8.4] 실험순서**

| | $A_1$ | $A_2$ | $A_3$ |
|---|---|---|---|
| 1 | ⑪ | ⑤ | ⑧ |
| 2 | ⑥ | ⑭ | ③ |
| 3 | ⑨ | ② | ⑩ |
| 4 | ④ | ① | ⑮ |
| 5 | ⑬ | ⑫ | ⑦ |

실험의 결과는 다음과 같다.

| | | $A_1$ | $A_2$ | $A_3$ | |
|---|---|---|---|---|---|
| 반복 | 1 | 19 | 20 | 27 | |
| | 2 | 16 | 20 | 21 | |
| | 3 | 14 | 20 | 23 | |
| | 4 | 15 | 21 | 22 | |
| | 5 | 19 | 18 | 24 | |
| 합 | | 83 | 99 | 117 | 299 |
| 평균 | | 16.6 | 19.8 | 23.4 | 299/15 |
| 제곱합 | | 1399 | 1965 | 2759 | 6123 |

저장방법이 처리( $A_1, A_2, A_3$ )가 되고 반복수는 $m=5$ 이다. 각 처리에서의 자료를 점도표로 나타내면 [그림 8.1]과 같다.

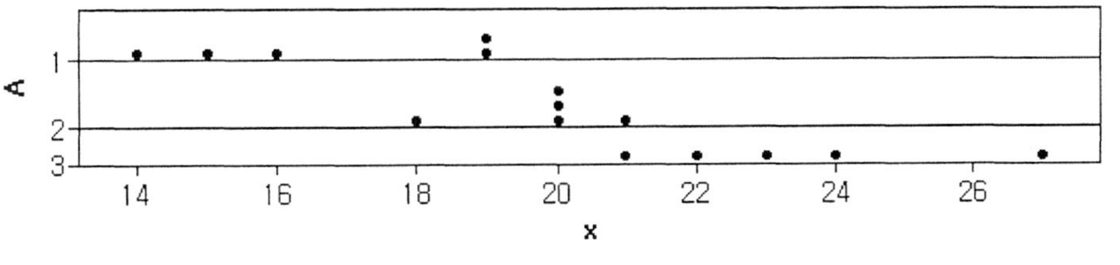


**[그림 8.1] 각 냉동방법의 자료값에 대한 점도표**

점도표는 실험결과인 자료값의 분포에 대한 대략적인 정보를 제공한다. 냉동방법에 따라 자료값에는 차이가 있는 것처럼 보인다.

위 실험에 대한 모형과 가정은 다음과 같다.

$$x_{ij} = \mu + a_i + e_{ij}, \quad i = 1, 2, 3, \quad j = 1, 2, \cdots, 5$$

$$e_{ij} \sim NID(0, \sigma_E^{\ 2})$$

$$\sum a_i = 0$$

분산분석표를 작성하기 위한 절차는 다음과 같다.

단계 1: 제곱합을 구한다.

$l=3$ 이고 $m=5$ 이다.

$N=lm=3\times5=15$

$$\sum_{i=1}^{l}\sum_{j=1}^{m}x_{ij}^2=6123$$

$$CT=\frac{x_{..}^2}{N}=\frac{299^2}{15}=\frac{89401}{15}=5960.0\dot{6}$$

$$S_T=\sum_{i=1}^{l}\sum_{j=1}^{m}x_{ij}^2-CT=6123-\frac{89401}{15}=\frac{2444}{15}=162.9\dot{3}$$

$$S_A=\sum_{i=1}^{l}\frac{x_{i.}^2}{m}-CT=\frac{1}{5}(83^2+99^2+117^2)-\frac{89401}{15}$$

$$=\frac{30379}{5}-\frac{89401}{15}=\frac{1736}{15}=115.7\dot{3}$$

$$S_E=S_T-S_A=162.9\dot{3}-115.7\dot{3}=47.2$$

단계 2: 자유도를 구한다.

$$\phi_T=N-1=15-1=14$$

$$\phi_A=l-1=3-1=2$$

$$\phi_E=\phi_T-\phi_A=14-2=12$$

단계 3: 평균제곱을 구한다.

$$V_A=\frac{S_A}{\phi_A}=\frac{115.7\dot{3}}{2}=57.8\dot{6}$$

$$V_E=\frac{S_E}{\phi_E}=\frac{47.2}{12}=3.9\dot{3}$$

단계 4: F-통계량을 구한다.

$$F=\frac{V_A}{V_E}=\frac{57.8\dot{6}}{3.9\dot{3}}=14.7119$$

단계 5: 분산분석표를 작성한다.

**[표 8.5] 분산분석표**

| 요인 | 자유도 | 제곱합 | 평균제곱 | F |
|---|---|---|---|---|
| A | 2 | 115.73 | 57.86 | 14.7119 |
| E | 12 | 47.20 | 3.93 | |
| T | 14 | 162.93 | | |

단계 6: 가설검정을 실시한다($\alpha$ −접근방법)

위 분산분석표의 F−통계량은 귀무가설

$$H_0 : \mu_1 = \mu_2 = \mu_3 \text{ 또는 } H_0 : a_1 = a_2 = a_3 = 0$$

하에서 자유도가 $(2,12)$인 F−분포를 따른다.

만약 유의수준을 $\alpha = 0.05$로 두면 기각역은 다음과 같다.

$$F \geq F_{(2,12;0.05)} = 3.8853$$

F−값 14.7119는 임계값 $F_{(2,12;0.05)} = 3.8853$보다 크므로 귀무가설을 기각한다. 즉 5% 유의수준에서 통계적으로 유의하다. 따라서 포장방법에 따라 냉동식품의 품질은 차이가 난다고 할 수 있다.

### $p$−값의 계산 및 적용

만약 $p$−값을 계산할 수 있으면 다음과 같이 가설검정의 결론을 내릴 수 있을 것이다. 위의 경우 $p$−값은 자유도가 $(2,12)$인 F−분포에서 F−값이 14.7119보다 클 확률이다. 이 $p$−값을 계산하면

$$P(F_{(2,12)} > 14.7119) = 0.0005910$$

이 된다. 이 값은 Excel의 통계함수 FDIST()를 사용하면 구할 수 있다. 부록의 설명을 참고하여 =FDIST(14.7119, 2, 12) 를 실행하면 0.0005910이 나타난다. 위에서 구한 $p$−값이 아주 작으므로 통계적으로 유의하다. 따라서 포장방법에 따라서 냉동식품의 품질은 차이가 난다고 할 수 있다.

만약 유의수준 $\alpha = 0.05$을 미리 정하였다면, $p$−값은 0.0005910이고

$$p-\text{값} < \alpha = 0.05$$

이 되어 통계적으로 유의하다. 따라서 포장방법에 따라서 냉동식품의 품질은 차이가 난다고 할 수 있다.

### 분산분석표에서 검정결과의 표시

전통적 접근방법을 사용하기 위해서는 유의수준 $\alpha$가 주어지고, $\alpha$에 대응하는 F-분포표에서 구한 임계값과 F-값을 비교한다. $\alpha = 0.10$에서 F-값이 유의하면 윗첨자로 *를 표기하고, $\alpha = 0.05$에서 F-값이 유의하면 윗첨자로 **를 표기하고, $\alpha = 0.01$에서 F-값이 유의하면 윗첨자로 ***를 표기할 수도 있다. 다음은 분산분석표를 작성한 예를 보여주고 있다.

**[표 8.6] 분산분석표 작성 예 1**

| 요인 | 제곱합 | 자유도 | 평균제곱 | F | $F_{(2,12:0.05)}$ | $F_{(2,12:0.01)}$ |
|---|---|---|---|---|---|---|
| A | 115.73 | 2 | 57.86 | $14.7119^{***}$ | 3.885 | 6.27 |
| E | 47.20 | 12 | 3.93 | | | |
| T | 162.93 | 14 | | | | |

**[표 8.7] 분산분석표 작성 예 2**

| 요인 | 제곱합 | 자유도 | 평균제곱 | F |
|---|---|---|---|---|
| A | 115.73 | 2 | 57.86 | $14.7119^{***}$ |
| E | 47.20 | 12 | 3.93 | |
| T | 162.93 | 14 | | |

주. *** $p-\text{값} < 0.01$

**[표 8.8] 분산분석표 작성 예 3**

| 요인 | 제곱합 | 자유도 | 평균제곱 | F | $p-\text{값}$ |
|---|---|---|---|---|---|
| A | 115.73 | 2 | 57.86 | 14.7119 | 0.001 |
| E | 47.20 | 12 | 3.93 | | |
| T | 162.93 | 14 | | | |

## 분산분석후의 추론

분산분석의 결과에서 인자의 효과가 있다 즉, 수준별 모평균이 차이가 있는 것으로 나타나면 각 수준에서 모평균에 대한 추론이 필요하게 된다. 여기서 추론이란 각 수준에서 모평균에 대한 점추정과 구간추정을 하는 것을 의미한다. 먼저 인자 A의 $i$ 수준에서의 모평균인 $\mu_i = \mu + a_i$ 에 대한 추정을 생각해보자. $\mu_i$ 의 불편추정값은 $\overline{x}_{i.}$ 이다. 그리고 $\overline{x}_{i.}$ 의 분산은 $Var(\overline{x}_{i.}) = \sigma_E^2 / m$ 이다. 일원배치법에서는 모분산의 동질성 가정이 있으므로 공통분산인 $\sigma_E^2$ 의 추정치를 사용하는 것이 바람직하다. $\sigma_E^2$ 의 불편추정값인 $V_E$ 를 사용하여 $\mu_i$ 에 대한 $100(1-\alpha)\%$ 신뢰구간은 다음과 같다.

$$\left( \overline{x}_{i.} - t_{(\phi_E;\alpha/2)} \sqrt{\frac{V_E}{m}} \overline{x}_{i.},\ \overline{x}_{i.} + t_{(\phi_E;\alpha/2)} \sqrt{\frac{V_E}{m}} \right)$$

여기서 $\phi_E = N - l$ 이다.

다음으로 인자 A의 $i$ 수준에서의 모평균 $\mu_i$ 와 $i'(i' \neq i)$ 수준에서의 모평균 $\mu_{i'}$ 의 차 $\mu_i - \mu_{i'}$ 에 대한 추정을 생각해 보자. $\mu_i - \mu_{i'}$ 의 불편추정값은 $\overline{x}_{i.} - \overline{x}_{i'.}$ 이다. 그리고 이 추정값의 분산은 $Var(\overline{x}_{i.} - \overline{x}_{i'.}) = 2 \cdot \sigma_E^2 / m$ 이다. 따라서 $\mu_i - \mu_{i'}$ 에 대한 $100(1-\alpha)\%$ 신뢰구간은 다음과 같다.

$$\left( (\overline{x}_{i.} - \overline{x}_{i'.}) - t_{(\phi_E\,;\,\alpha/2)} \sqrt{\frac{2V_E}{m}},\ (\overline{x}_{i.} - \overline{x}_{i'.}) + t_{(\phi_E\,;\,\alpha/2)} \sqrt{\frac{2V_E}{m}} \right)$$

각 인자의 수준별 모평균 $\mu_i$ 가 모두 동일하지가 않는 경우 즉, 분산분석의 결과가 통계적으로 유의하면 어떤 수준 사이에 차이가 있는가를 확인하는 것을 다중비교(multiple comparison)라고 한다. 여기서는 다중비교방법 가운데 최소유의차(least square difference, LSD)검정을 살펴보자.

$\mu_i - \mu_{i'}$ 에 대한 신뢰구간이 0을 포함한다면 수준 $A_i$ 의 모평균 $\mu_i$ 와 수준 $A_{i'}$ 의 모평균 $\mu_{i'}$ 사이에는 유의한 차가 있다고 볼 수가 없다. 즉, $|\overline{x}_{i.} - \overline{x}_{i'.}|$ 와 $t_{(\phi_E\,;\,\alpha/2)} \sqrt{2V_E / m}$ 를 비교하여 $|\overline{x}_{i.} - \overline{x}_{i'.}| > t_{(\phi_E\,;\,\alpha/2)} \sqrt{2V_E / m}$ 인 경우 수준 $A_i$ 와 $A_{i'}$ 의 모평균은 유의수준 $\alpha$ 에서 유의한 차이가 있다고 할 수 있다. 두 수준

$A_i$ 와 $A_{i'}$ 사이에 모평균 차가 유의하기 위해서는 $|\bar{x}_{i\cdot} - \bar{x}_{i'\cdot}|$ 가 최소한 $t_{(\phi_E\,;\,\alpha/2)}\sqrt{2V_E/m}$ 보다 커야만 한다. 따라서 최소유의차(LSD)는 다음과 같다.

$$LSD = t_{(\phi_E\,;\,\alpha/2)}\sqrt{\frac{2V_E}{m}}$$

최소유의차검정을 하는 절차는 다음과 같다.

단계 1 : LSD를 계산한다.

단계 2 : 두 수준 $A_i$ 와 $A_{i'}$ 에서의 표본평균의 차 $|\bar{x}_{i\cdot} - \bar{x}_{i'\cdot}|$를 계산한 후 이 값이 LSD보다 크면 두 수준 사이에는 유의한 차가 있고, 그렇지 않으면 유의한 차가 없다고 한다.

**[예제 8.2]** 앞의 [예제 8.1]에서 언급한 냉동식품의 포장방법을 비교하는 실험에서 분산분석을 실시한 후 모평균에 대한 추론을 고려한다.

(a) 수준 $A_i$ 에서의 모평균 $\mu_i$ 에 대한 95% 신뢰구간을 구해보자.

$\mu_i$ 에 대한 $100(1-\alpha)\%$ 신뢰구간은 다음과 같다.

$$\bar{x}_{i\cdot} \pm t_{(\phi_E;\alpha/2)}\sqrt{\frac{V_E}{m}}$$

$m=5$, $V_E = 3.9\dot{3}$, $\phi_E = 12$, $t_{(\phi_E;\alpha/2)} = t_{(12;\,0.025)} = 2.179$ ($\alpha = 0.05$)이므로 $t_{(\phi_E;\alpha/2)}\sqrt{V_E/m} = (2.179)\sqrt{3.9\dot{3}/5} = 1.9326$ 이 된다. 따라서 각 수준에서의 $\mu_i$ 에 대한 95% 신뢰구간은 다음과 같다.

$$\mu_1 \;:\; 16.6 \pm 1.9326 = (14.6674,\ 18.5326)$$
$$\mu_2 \;:\; 19.8 \pm 1.9326 = (17.8674,\ 21.7326)$$
$$\mu_3 \;:\; 23.4 \pm 1.9326 = (21.4674,\ 25.3326)$$

(b) 수준 $A_i$ 와 $A_{i'}$ $(i \neq i')$ 간의 모평균차에 대한 95% 신뢰구간을 구해보자.

$\mu_i - \mu_{i'}$ 에 대한 $100(1-\alpha)\%$ 신뢰구간은

$$(\bar{x}_{i\cdot} - \bar{x}_{i'\cdot}) \pm t_{(\phi_E\,;\,\alpha/2)}\sqrt{\frac{2V_E}{m}}$$

이고 $t_{(\phi_E\,;\,\alpha/2)}\sqrt{2V_E/m}=(2.179)\sqrt{2(3.9\dot{3})/5}=2.7332$ 이 된다. 따라서 각 수준간의 모평균차 $\mu_i-\mu_{i'}$에 대한 95% 신뢰구간은 다음과 같다.

$$\mu_1-\mu_2 \;:\; (16.6-19.8)\pm 2.7332=-3.2\pm 2.7332=(-5.9332,\ -0.4668)$$
$$\mu_1-\mu_3 \;:\; (16.6-23.4)\pm 2.7332=-6.8\pm 2.7332=(-9.5332,\ -4.0668)$$
$$\mu_2-\mu_3 \;:\; (19.8-23.4)\pm 2.7332=-3.6\pm 2.7332=(-6.3332,\ -0.8668)$$

(c) 최소유의차 검정을 해보자.
먼저 최소유의차를 구하면

$$LSD=t_{(\phi_E\,;\,\alpha/2)}\sqrt{\frac{2V_E}{m}}=2.7332$$

가 된다. $|\bar{x}_{i\cdot}-\bar{x}_{i'\cdot}|$의 값이 $LSD=2.7332$ 이상이면 두 수준 사이에는 유의한 차가 있다고 한다. 수준간의 평균차와 최소유의차를 비교하면 다음과 같다.

$|\bar{x}_1-\bar{x}_2|=3.2 \;>\; LSD \;\Rightarrow$ 유의하다
$|\bar{x}_1-\bar{x}_3|=6.8 \;>\; LSD \;\Rightarrow$ 유의하다
$|\bar{x}_2-\bar{x}_3|=3.6 \;>\; LSD \;\Rightarrow$ 유의하다

## 8.2 반복수가 다른 일원배치법

일원배치법에서 각 수준에서의 반복수가 모두 동일하지 않은 경우도 있다. 이러한 상황이 발생하는 이유는 다음과 같다.

첫째, 실험에서 측정을 할 수 없게 되거나 결측값(missing value)이 발생하면 동일한 개수의 자료값을 얻을 수 없게 된다.

둘째, 특정한 수준에서 모평균 추정의 정도를 다른 수준에서 보다 높게 하기 위하여 그 수준에서의 반복수를 증가시킬 수도 있다.

이러한 경우 데이터 구조식, 공식 등이 약간 달라지지만 앞에서 설명한 검정 절차를 따르면 무방하다. 자료의 구조식, 가정 및 분산분석표를 살펴보자.

모수인자 A의 수준수가 $l$이고, $i$수준 $A_i$에서의 반복수가 $m_i$인 경우 자료의 구조식과 가정은 다음과 같다.

$$x_{ij} = \mu + a_i + e_{ij} = \mu_i + e_{ij}, \quad i = 1,2,\cdots,l, \quad j = 1,2,\cdots,m_i$$

$$e_{ij} \sim NID(0, \sigma_E^{\ 2})$$

$$\sum m_i a_i = 0 \text{ (모수모형의 경우)}$$

**[표 8.9] 일원배치법의 자료(반복수가 다른 경우)**

| 반복 | 요인(A) | | | | |
|---|---|---|---|---|---|
| | $A_1$ | $A_2$ | $\cdots$ | $A_l$ | |
| 1 | $x_{11}$ | $x_{21}$ | $\cdots$ | $x_{l1}$ | |
| 2 | $x_{12}$ | $x_{22}$ | $\cdots$ | $x_{l2}$ | |
| $\vdots$ | $\vdots$ | $\vdots$ | $\ddots$ | $\vdots$ | |
| $m_i$ | $x_{1m_1}$ | $x_{2m_2}$ | $\cdots$ | $x_{lm_l}$ | |
| 합 | $x_{1\cdot}$ | $x_{2\cdot}$ | $\cdots$ | $x_{l\cdot}$ | $x_{\cdot\cdot}$ |
| 평균 | $\bar{x}_{1\cdot}$ | $\bar{x}_{2\cdot}$ | $\cdots$ | $\bar{x}_{l\cdot}$ | $\bar{\bar{x}}$ |

위 표에서 사용한 식은 다음과 같다.

$$x_{i\cdot} = \sum_{j=1}^{m_i} x_{ij}, \quad \bar{x}_{i\cdot} = \frac{x_{i\cdot}}{m_i} = \frac{1}{m_i}\sum_{j=1}^{m_i} x_{ij}$$

$$x_{\cdot\cdot} = \sum_{i=1}^{l}\sum_{j=1}^{m_i} x_{ij} = \sum_{i=1}^{l} x_{i\cdot}, \quad \bar{\bar{x}} = \frac{x_{\cdot\cdot}}{N} = \frac{1}{N}\sum_{i=1}^{l}\sum_{j=1}^{m_i} x_{ij},$$

$$N = \sum_{i=1}^{l} m_i$$

제곱합을 구하기 위한 간편식은 다음과 같다.

$$S_T = \sum_{i=1}^{l}\sum_{j=1}^{m_i}(x_{ij} - \bar{\bar{x}})^2 = \sum_{i=1}^{l}\sum_{j=1}^{m_i} x_{ij}^2 - CT, \quad CT = \frac{x_{\cdot\cdot}^2}{N}$$

$$S_A = \sum_{i=1}^{l}\sum_{j=1}^{m_i}(\bar{x}_{i\cdot} - \bar{\bar{x}})^2 = \sum_{i=1}^{l}\frac{x_{i\cdot}^2}{m_i} - CT$$

$$S_E = S_T - S_A$$

일원배치법의 분산분석표는 다음과 같다.

**[표 8.10] 분산분석표(일원배치법 - 반복수가 다른 경우)**

| 요인 | 제곱합 | 자유도 | 평균제곱 | F |
|---|---|---|---|---|
| A | $S_A$ | $\phi_A = l - 1$ | $V_A = S_A / \phi_A$ | $F = V_A / V_E$ |
| E | $S_E$ | $\phi_E = N - l$ | $V_E = S_E / \phi_E$ | |
| T | $S_T$ | $\phi_T = N - 1$ | | |

위 분산분석표에서 F-검정의 통계적 가설은 다음과 같다.

$$H_0 : \mu_1 = \mu_2 = \cdots = \mu_l \ \text{ vs } \ H_1 : H_0 \text{는 참이 아니다}$$

실험에서 사용되는 인자가 변량인자인 경우 모형은 변량모형이 된다. 이 경우도 데이터 구조식, 공식 등은 약간 달라진다. 평균제곱의 기대값은 차이가 있지만 상기 분산분석표를 사용한 검정절차를 따라도 무방하다.

**[예제 8.3]** 어떤 돼지농장에서는 돼지사료의 효과를 비교하고자 한다. 3가지 종류($A_1$, $A_2$, $A_3$)의 사료를 15마리의 돼지를 대상으로 완전임의배열법으로 실험을 계획하였다. 일정기간 사료를 먹인 다음 체중증가량을 측정하였다. 결측값이 발생하여 그것을 제외한 측정값은 아래 표와 같다.

| | | $A_1$ | $A_2$ | $A_3$ | |
|---|---|---|---|---|---|
| 반복 | 1 | 150 | 238 | 138 | |
| | 2 | 154 | 224 | 141 | |
| | 3 | 143 | 224 | 135 | |
| | 4 | 145 | 223 | | |
| | 5 | 136 | | | |
| 반복수 | | 5 | 4 | 3 | 12 |
| 합 | | 728 | 909 | 414 | 2051 |
| 평균 | | 145.60 | 227.25 | 138.00 | 170.9167 |
| 제곱합 | | 106186 | 206725 | 57150 | 370061 |

사료종류가 처리($A_1, A_2, A_3$)가 되고 반복수는 각각 5, 4, 3이다. 각 처리에서의 자료를 점도표로 나타내면 다음과 같다.

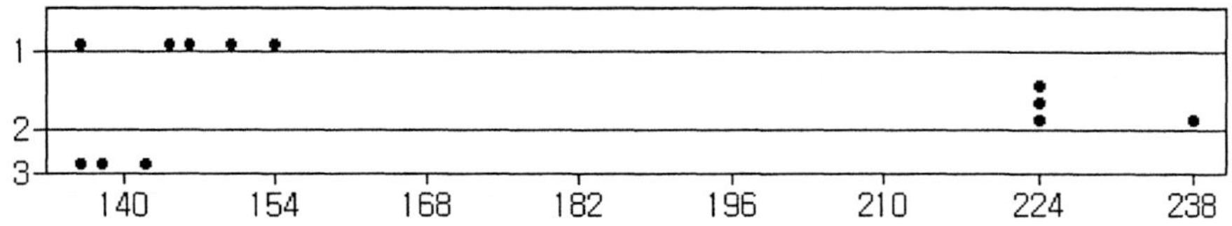


**[그림 8.2] 각 사료종류의 자료값에 대한 점도표**

점도표는 자료값의 분포에 대한 대략적인 정보를 제공하는데 사료종류에 따라 측정값에는 차이가 있는 것처럼 보인다.

위 실험에 대한 모형과 가정은 다음과 같다.

$$x_{ij} = \mu + a_i + e_{ij}, \quad i = 1, 2, 3, \quad j = 1, 2, \cdots, m_i$$

$$e_{ij} \sim NID(0, \sigma_E{}^2)$$

$$\sum a_i = 0$$

분산분석표를 작성하기 위한 절차는 다음과 같다.

단계 1: 제곱합을 구한다.

$l = 3$이고 $m_1 = 5, \ m_2 = 4, \ m_3 = 3$이다.

$$N = \sum m_i = 12$$

$$\sum_{i=1}^{l} \sum_{j=1}^{m_i} x_{ij}^2 = 370061$$

$$CT = \frac{x_{..}^2}{N} = \frac{2051^2}{12} = \frac{4206601}{12} = 350550.0833$$

$$S_T = \sum_{i=1}^{l} \sum_{j=1}^{m_i} x_{ij}^2 - CT = 370061 - \frac{4206601}{12} = \frac{234131}{12} = 19510.9167$$

$$S_A = \sum_{i=1}^{l} \frac{x_{i\cdot}^2}{m_i} - CT = \frac{728^2}{5} + \frac{909^2}{4} + \frac{414^2}{3} - \frac{4206601}{12}$$
$$= 19148.9667$$

$$S_E = S_T - S_A = 19510.9167 - 19148.9667 = 361.95$$

단계 2: 자유도를 구한다.

$$\phi_T = N - 1 = 12 - 1 = 11$$
$$\phi_A = l - 1 = 3 - 1 = 2$$
$$\phi_E = \phi_T - \phi_A = 11 - 2 = 9$$

단계 3: 평균제곱을 구한다.

$$V_A = \frac{S_A}{\phi_A} = \frac{19148.9667}{2} = 9574.483$$

$$V_E = \frac{S_E}{\phi_E} = \frac{361.95}{9} = 40.2167$$

단계 4: F-통계량을 구한다.

$$F = \frac{V_A}{V_E} = \frac{9574.483}{40.2167} = 238.0723$$

단계 5: 분산분석표를 작성한다.

**[표 8.11] 분산분석표**

| 요인 | 제곱합 | 자유도 | 평균제곱 | F |
|---|---|---|---|---|
| A | 19148.9667 | 2 | 9574.483 | 238.0723 |
| E | 361.95 | 9 | 40.2167 | |
| T | 19510.9167 | 11 | | |

단계 6: 가설검정을 실시한다($\alpha$ -접근방법)

위 분산분석표의 F-통계량은 귀무가설

$$H_0 : \mu_1 = \mu_2 = \mu_3 \text{ 또는 } H_0 : a_1 = a_2 = a_3 = 0$$

하에서 자유도가 $(2, 9)$ 인 F-분포를 따른다.

만약 유의수준을 $\alpha = 0.05$ 로 두면 기각역은 다음과 같다.

$$F \geq F_{(2,9;0.05)} = 4.256$$

F-값 238.0723 이 임계값 $F_{(2,9;0.05)} = 4.256$ 보다 크므로 귀무가설을 기각한다. 즉 5% 유의수준에서 통계적으로 유의하다. 따라서 사료의 종류에 따라 체중증가량이 다르다고 할 수 있다.

### $p$-값의 계산 및 적용

위의 경우에서 $p$-값은 자유도가 (2, 9) 인 F-분포에서 F-값이 238.0723 보다 클 확률이며, 이를 계산하면 $P(F_{(2,9)} > 238.0723) = 0.0000$ 이 된다. 이 값은 Excel의 통계함수 FDIST()를 사용하여 구하면 되는데 명령문

=FDIST(238.0723, 2, 9)

를 실행하면 0.0000이 나타난다. 위에서 구한 $p$-값이 아주 작으므로 통계적으로 유의하다. 따라서 사료종류에 따라 돼지의 체중증가량은 차이가 난다고 할 수 있다.

만약 유의수준 $\alpha = 0.05$ 을 미리 정하였다면, $p$-값은 0.0000 이고

$$p\text{-값} < \alpha = 0.05$$

이 되어 통계적으로 유의하다. 따라서 돼지의 체중증가량은 사료의 ㅈㅎㅇ류에 따라 차이가 난다고 할 수 있다.

### 분산분석표의 표현 예

일원배치법에서 분산분석의 결과를 나타내는 분산분석표는 다음과 같은 형태로 표현할 수도 있다.

**[표 8.12] 분산분석표 작성 예 1**

| 요인 | 제곱합 | 자유도 | 평균제곱 | F | $F_{(2,12:0.05)}$ | $F_{(2,12:0.01)}$ |
|---|---|---|---|---|---|---|
| A | 19148.9667 | 2 | 9574.483 | 238.0723*** | 4.256 | 8.022 |
| E | 361.95 | 9 | 40.2167 | | | |
| T | 19510.9167 | 11 | | | | |

**[표 8.13] 분산분석표 작성 예 2**

| 요인 | 제곱합 | 자유도 | 평균제곱 | F | $p$-값 |
|---|---|---|---|---|---|
| A | 19148.9667 | 2 | 9574.483 | 238.0723 | 0.0000 |
| E | 361.95 | 9 | 40.2167 | | |
| T | 19510.9167 | 11 | | | |

## 다음 용어를 설명하시오.

1. 일원배치법
2. 요인(또는 인자)
3. 수준
4. 처리
5. 종속변수
6. 주효과
7. 교호작용효과(또는 상호작용효과)
8. 모수인자
9. 변량인자
10. 모수모형
11. 변량모형
12. 혼합모형
13. 완전임의배열법
14. 총변동
15. 오차변동
16. 수정항
17. 분산분석표
18. 자유도
19. 평균제곱

# 문 제

1-1 5종류($A_1, A_2, A_3, A_4, A_5$)의 약의 효과를 비교분석하기 위하여 실험대상으로 35개를 선택하였다. 35개의 실험대상을 5조로 랜덤하게 나누어 각 조에 투약한 후 약효를 측정하였다. 이 경우 약의 종류에 따라 약의 효과에 차이가 있는 가를 분석하려고 할 것이다. 다음은 실험 결과인 측정값를 요약한 것이다.

| 수준 | 1 | 2 | 3 | 4 | 5 |
|---|---|---|---|---|---|
| 반복수 | 7 | 7 | 7 | 7 | 7 |
| 합 | 71 | 84 | 120 | 114 | 209 |
| 제곱합 | 751 | 1028 | 2064 | 1874 | 6275 |

(1) 이 실험에 대한 모형과 가정을 적으시오.
(2) $CT$, $S_T$, $S_A$, $S_E$를 구하시오.
(3) 자유도 $\phi_T$, $\phi_A$, $\phi_E$를 구하시오.
(4) 분산분석표를 작성하시오.
(5) 필요한 가설을 세우고 가설검정을 실시하시오.
유의수준 5%를 사용하시오.
(6) $p$-값을 구하고 가설검정을 실시하시오.
(7) 각 수준에서 모평균 에 대한 95%신뢰구간을 구하시오.
(8) 수준간의 모평균차에 대한 95%신뢰구간을 구하시오.
(9) 최소유의차 검정을 하시오.

1-2 벼의 수확량에 관심이 있어서 3종류의 벼($A_1, A_2, A_3$)를 대상으로 실험을 실시하였다. 타당한 실험방법으로 3종류의 벼를 각각 7곳의 농지에서 재배한 다음 단위 면적당 쌀 수확량을 측정하였다(단위:kg). 이 경우 벼 품종에 따라 쌀 수확량이 차이가 있는 가를 분석하고자 한다.
(1) 각 수준별 수확량의 평균과 표준편차를 구하시오.
(2) 주어진 자료에 대한 적절한 분산분석표를 작성하시오.
(3) 3종류의 벼 수확량에는 유의한 차가 있는 가를 검정하시오.

유의수준 5%를 사용하시오.

(4) $p$-값을 사용하여 분산분석을 하시오.

| $A_1$ | $A_2$ | $A_3$ |
|---|---|---|
| 50 | 18 | 78 |
| 38 | 56 | 60 |
| 66 | 34 | 76 |
| 45 | 24 | 88 |
| 61 | 66 | 77 |
| 59 | 52 | 73 |
| 79 | 41 | 79 |

1-3 대학생들이 받는 취업에 대한 스트레스를 분석하고자 한다. 학년별 10명씩의 학생을 랜덤하게 추출하여 그들이 받고 있는 취업관련 스트레스를 측정하였다. 이 경우 대학생들이 받는 스트레스가 학년($A_1, A_2, A_3, A_4$)에 따라 차이가 있는 가를 알고자 한다.

| $A_1$ | $A_2$ | $A_3$ | $A_4$ |
|---|---|---|---|
| 3 | 4 | 4 | 5 |
| 1 | 3 | 5 | 4 |
| 4 | 4 | 3 | 5 |
| 2 | 1 | 3 | 5 |
| 3 | 2 | 5 | 5 |
| 3 | 5 | 1 | 5 |
| 4 | 1 | 5 | 4 |
| 3 | 3 | 5 | 5 |
| 2 | 4 | 3 | 5 |
| 3 | 4 | 3 | 4 |

(1) 각 수준별 평균과 표준편차를 구하시오.
(2) 주어진 자료에 대한 적절한 분산분석표를 작성하시오.
(3) 학년에 따라 학생들이 받고 있는 스트레스에 차이가 있는 가를 유의수준 5%로 검정하시오.
(4) $p$-값을 사용하여 분산분석을 하시오.

1-4 어떤 질병의 치료방법 세 가지를 비교하기 위한 실험을 실시하였다. 질병의 발생에서부터 완치 때까지의 치료기간을 정리한 것은 다음과 같다(단위:일).

| 수준 | 1 | 2 | 3 |
|---|---|---|---|
| 반복수 | 7 | 6 | 6 |
| 합 | 62 | 27 | 29 |
| 제곱합 | 560 | 131 | 175 |

(1) 이 실험에 대한 모형과 가정을 적으시오.
(2) $CT$, $S_T$, $S_A$, $S_E$를 구하시오.
(3) 자유도 $\phi_T$, $\phi_A$, $\phi_E$를 구하시오.
(4) 분산분석표를 작성하시오.
(5) 필요한 가설을 세우고 가설검정을 실시하시오.
유의수준 5%를 사용하시오.
(6) $p$-값을 구하고 가설검정을 실시하시오.

1-5 증상이 동일한 환자를 대상으로 향정신병약의 약효를 측정하기 위하여 10곳의 정신병원을 랜덤하게 선택하였다. 각 병원은 1년의 치료기간 동안 세가지 약($A_1, A_2, A_3$) 중에서 단 한가지만 사용한다. 각 병원에서 1년 동안 치료받은 환자 중 퇴원한 환자의 비율은 다음과 같다.
(1) 각 수준별 평균과 표준편차를 구하시오.
(2) 주어진 자료에 대한 적절한 분산분석표를 작성하시오.
(3) 적절한 가설을 세우고 유의수준 5%로 검정하시오.
(4) $p$-값을 사용하여 분산분석을 하시오.

| $A_1$ | $A_2$ | $A_3$ |
| --- | --- | --- |
| 0.20 | 0.13 | 0.10 |
| 0.26 | 0.14 | 0.09 |
| 0.15 | 0.12 | 0.11 |
| 0.18 | | |

# 제 9 장

# 모비율에 관한 추론

이 장에서 다루는 주요 내용은 다음과 같다.

○ 모비율에 관한 통계적 추론

○ 모비율차에 관한 통계적 추론

## 9.1 모비율에 관한 통계적 추론

- 모비율에 대한 신뢰구간
- 모비율에 대한 가설검정

어떤 사건의 상대도수는 그 사건이 발생할 확률이다. 만약 $n$은 표본의 크기이고, $X$는 관심 있는 사건이 일어난 횟수라고 하면 $\hat{p} = X/n$은 표본비율이다. 이 값은 대응하는 모집단에서의 모비율의 추정값이다.

$p$를 관심있는 사건이 일어날 확률이라고 하면 $X$는 이항분포 $B(n, p)$를 따른다. 그리고

$$E(X) = np\,,\ Var(X) = np(1-p)\,,\ SD(X) = \sqrt{np(1-p)}$$

이다. 따라서 표본비율 $\hat{p} = X/n$의 평균과 분산은 각각 다음과 같다.

$$E(\hat{p}) = E\left(\frac{X}{n}\right) = \frac{E(X)}{n} = \frac{np}{n} = p$$

$$Var(\hat{p}) = Var\left(\frac{X}{n}\right) = \frac{Var(X)}{n^2} = \frac{np(1-p)}{n^2} = \frac{p(1-p)}{n}$$

그리고 $\hat{p}$의 표준오차는 다음과 같다.

$$SE(\hat{p}) = \sqrt{Var(\hat{p})} = \sqrt{\frac{p(1-p)}{n}}$$

따라서 $\hat{p}$의 표준오차의 추정값은 $p$ 대신에 $\hat{p}$을 사용하여 구할 수 있다.

$$\widehat{SE}(\hat{p}) = \sqrt{\frac{\hat{p}(1-\hat{p})}{n}}$$

**이항분포의 정규근사 성질 - 1**

확률변수 $X$는 이항분포 $B(n, p)$를 따른다고 하자. $n$이 충분히 크면 확률변수 $X$는 근사적으로 정규분포 $N(np, np(1-p))$를 따른다.

위로부터 $n$이 충분히 크면 다음 두 가지가 성립한다.

$$\frac{X-np}{\sqrt{np(1-p)}} = \frac{\hat{p}-p}{\sqrt{\frac{p(1-p)}{n}}} \;\dot{\sim}\; N(0,1)$$

$$\frac{X-np}{\sqrt{n\hat{p}(1-\hat{p})}} = \frac{\hat{p}-p}{\sqrt{\frac{\hat{p}(1-\hat{p})}{n}}} \;\dot{\sim}\; N(0,1)$$

아래 조건이 만족되면 표본크기 $n$이 충분히 크다고 볼 수 있다.

$$n\hat{p} \geq 5, \; n(1-\hat{p}) \geq 5$$

## 모비율 $p$에 대한 신뢰구간

상기 성질로부터 다음이 성립됨을 알 수 있다.

$$1-\alpha \doteq P\left(-z_{\alpha/2} \le \frac{\hat{p}-p}{\sqrt{\hat{p}(1-\hat{p})/n}} \le z_{\alpha/2}\right)$$

위 확률내의 부등식을 풀면 $p$ 에 대한 $100(1-\alpha)\%$ 신뢰구간을 구할 수 있다.

$$\left(\hat{p}-z_{\alpha/2}\sqrt{\frac{\hat{p}(1-\hat{p})}{n}},\ \hat{p}+z_{\alpha/2}\sqrt{\frac{\hat{p}(1-\hat{p})}{n}}\right)$$

그리고 식 $z_{\alpha/2}\sqrt{\hat{p}(1-\hat{p})/n}$ 을 $100(1-\alpha)\%$ 오차한계라고 부른다.

**[예제 9.1]** 여성환자 300명을 대상으로 신약실험을 하였다. 그 중 105명의 환자가 약효가 있는 것으로 조사되었다. 모비율의 추정값과 모비율에 대한 95% 신뢰구간을 구해보자.

약효가 있는 경우을 성공으로 두고 성공의 횟수를 $X$ 라고 하자. 그러면 $X$ 는 표본크기 $n=300$ , 모비율 $p$ 인 이항분포를 따른다. $X$ 의 관측값은 $x=105$ 이고, 모비율의 추정값인 표본비율은 $\hat{p}=X/n$ 이다.

$$\hat{p}=\frac{x}{n}=\frac{105}{300}=0.35$$

이를 정리하면 아래의 표와 같다.

| 표본크기 | 성공의 횟수 | 표본비율 |
|---|---|---|
| $n=300$ | $x=105$ | $\hat{p}=0.35$ |

$\hat{p}$ 의 표준오차의 추정값 $\widehat{SE}(\hat{p})$ 을 계산하면 다음과 같다.

$$\widehat{SE}(\hat{p})=\sqrt{\frac{\hat{p}(1-\hat{p})}{n}}=\sqrt{\frac{(0.35)(0.65)}{300}}=0.02754$$

그리고 신뢰수준은 $100(1-\alpha)\% = 95\%$ ( $\alpha = 0.05$ )이므로 $z_{\alpha/2} = z_{0.025} = 1.96$ 이다. 따라서 $p$ 에 대한 95% 신뢰구간은 다음과 같다.

$$\begin{aligned}\hat{p} \pm z_{\alpha/2}\sqrt{\hat{p}(1-\hat{p})/n} = \hat{p} \pm z_{\alpha/2}\widehat{SE}(\hat{p})\\ &= 0.35 \pm (1.96)(0.02754)\\ &= 0.35 \pm 0.05398\\ &= (0.2960,\ 0.4040)\end{aligned}$$

## 모비율 $p$에 대한 가설검정

아래의 귀무가설

$$H_0 : p = p_0, \quad p_0 = \text{특정한 값}$$

이 참인 경우 이항분포의 정규근사 성질로부터 다음이 성립한다.

$$Z = \frac{X - np_0}{\sqrt{np_0(1-p_0)}} = \frac{\hat{p} - p_0}{\sqrt{p_0(1-p_0)/n}} \ \dot{\sim}\ N(0,1)$$

표본분포가 근사적으로 표준정규분포가 되는 위의 $Z$ 를 검정통계량으로 사용한다.

$z$ 를 $Z$ 의 관측값으로 두자. 각각의 대립가설에 대한 기각역과 $p-$ 값은 다음과 같다.

| 대립가설 | $\alpha$ 하에서의 기각역 | $p-$값 |
|---|---|---|
| $H_1 : p > p_0$ | $z \geq z_\alpha$ | $p = P(Z \geq z)$ |
| $H_1 : p < p_0$ | $z \leq -z_\alpha$ | $p = P(Z \leq z)$ |
| $H_1 : p \neq p_0$ | $\lvert z \rvert \geq z_{\alpha/2}$ | $p = P(\lvert Z \rvert \geq \lvert z \rvert)$ |

주. $np_0 \geq 5,\ n(1-p_0) \geq 5$

**[예제 9.2]** 앞에서 언급한 예제에서 현재 사용중인 약의 약효비율이 0.34 였다고 하자. 이번 실험의 결과에 의하면 약효가 있는 것으로 나타난 환자의

비율이 현재 사용중인 약보다 크다고 할 수 있는 가를 유의수준 5% 에서 검정해보자.

가설검정을 하는 절차는 다음과 같다.

단계 1: 가설을 세운다.

$$H_0 : p = 0.34 \text{ vs } H_1 : p > 0.34$$

단계 2: 검정통계량을 계산한다.

$$z = \frac{\hat{p} - p_0}{\sqrt{p_0(1-p_0)}} = \frac{0.35 - 0.34}{\sqrt{(0.34)(0.66)/300}} = \frac{0.01}{\sqrt{0.000748}} = 0.3656$$

단계 3: 통계적 결론을 내린다($\alpha$ - 접근방법 사용).

유의수준이 $\alpha = 0.05$ 이므로 기각역은 다음과 같다.

$$z \geq z_\alpha = z_{0.05} = 1.645$$

$z = 0.3656$ 은 기각역을 만족시키지 못하므로 귀무가설을 기각하지 못한다. 즉, 5% 유의수준에서 통계적으로 유의하지 않다.

단계 4: 문제에서 주어진 정보에 근거한 해석을 한다.

귀무가설이 기각되지 못하므로 신약이 기존의 약보다 효과가 더 있다고 할 수 없다

## 9.2 모비율차에 관한 통계적 추론

- 모비율차에 대한 신뢰구간
- 모비율차에 대한 가설검정

모집단이 두 개인 경우 개별 모집단에서의 모비율을 비교하는 경우를 살펴보자. 두 모집단에서 서로 독립인 랜덤표본을 추출한다고 하자. 모집단 1

과 모집단 2에서의 관심있는 모비율을 각각 $p_1$과 $p_2$라고 하자. 표본크기를 각각 $n_1$과 $n_2$라 두고, $X$와 $Y$를 각각 두 랜덤표본에서 나타나는 관심있는 사건이 일어난 횟수라고 하자. 그러면 $X$는 이항분포 $B(n_1, p_1)$을 $Y$는 이항분포 $B(n_2, p_2)$를 따르고, $X$와 $Y$는 서로 독립이다.

모비율 $p_1$과 $p_2$의 추정값인 $\hat{p}_1 = X/n_1$과 $\hat{p}_2 = Y/n_2$는 각각 모집단 1과 모집단 2로부터의 표본비율이다. 표본비율의 차 $\hat{p}_1 - \hat{p}_2$는 모비율차 $p_1 - p_2$의 추정값이 되고 그 평균과 분산은 다음과 같다.

$$E(\hat{p}_1 - \hat{p}_2) = E\left(\frac{X}{n_1} - \frac{Y}{n_2}\right) = \frac{n_1 p_1}{n_1} - \frac{n_2 p_2}{n_2} = p_1 - p_2$$

$$Var(\hat{p}_1 - \hat{p}_2) = Var\left(\frac{X}{n_1} - \frac{Y}{n_2}\right) = \frac{n_1 p_1(1-p_1)}{n_1^2} + \frac{n_2 p_2(1-p_2)}{n_2^2} = \frac{p_1(1-p_1)}{n_1} + \frac{p_2(1-p_2)}{n_2}$$

그리고 $\hat{p}_1 - \hat{p}_2$의 표준오차는 다음과 같다.

$$SE(\hat{p}_1 - \hat{p}_2) = \sqrt{Var(\hat{p}_1 - \hat{p}_2)} = \sqrt{\frac{p_1(1-p_1)}{n_1} + \frac{p_2(1-p_2)}{n_2}}$$

따라서 $\hat{p}_1 - \hat{p}_2$의 표준오차의 추정값은 모비율 대신에 그 추정값을 사용하여 구할 수 있다.

$$\widehat{SE}(\hat{p}_1 - \hat{p}_2) = \sqrt{\frac{\hat{p}_1(1-\hat{p}_1)}{n_1} + \frac{\hat{p}_2(1-\hat{p}_2)}{n_2}}$$

**이항분포의 정규근사 성질 - 2**

확률변수 $X$와 $Y$는 서로 독립이고, 각각 이항분포 $B(n_1, p_1)$과 이항분포 $B(n_2, p_2)$를 따른다고 하자. 표본크기 $n_1$과 $n_2$가 충분히 크면 모비율차의 추정값인 $\hat{p}_1 - \hat{p}_2$은 근사적으로 정규분포를 따른다.

$$\hat{p}_1 - \hat{p}_2 \sim N(p_1 - p_2, p_1(1-p_1)/n_1 + p_2(1-p_2)/n_2)$$

위 성질로부터 $n_1$과 $n_2$가 충분히 크면 다음 두 가지가 성립한다.

$$\frac{(\hat{p}_1-\hat{p}_2)-(p_1-p_2)}{\sqrt{\dfrac{p_1(1-p_1)}{n_1}+\dfrac{p_2(1-p_2)}{n_2}}} \dot{\sim} N(0,1)$$

$$\frac{(\hat{p}_1-\hat{p}_2)-(p_1-p_2)}{\sqrt{\dfrac{\hat{p}_1(1-\hat{p}_1)}{n_1}+\dfrac{\hat{p}_2(1-\hat{p}_2)}{n_2}}} \dot{\sim} N(0,1)$$

## 모비율차 $p_1$ $p_2$에 대한 신뢰구간

상기 성질로부터 다음 식이 성립한다.

$$1-\alpha \doteq P\left(-z_{\alpha/2} \le \frac{(\hat{p}_1-\hat{p}_2)-(p_1-p_2)}{\sqrt{\hat{p}_1(1-\hat{p}_1)/n_1+\hat{p}_2(1-\hat{p}_2)/n_2}} \le z_{\alpha/2}\right)$$

위 확률내의 부등식을 풀면 $p_1-p_2$ 에 대한 $100(1-\alpha)\%$ 신뢰구간을 구할 수 있다.

$$\left((\hat{p}_1-\hat{p}_2)-z_{\alpha/2}\sqrt{\frac{\hat{p}_1(1-\hat{p}_1)}{n_1}+\frac{\hat{p}_2(1-\hat{p}_2)}{n_2}}\ ,\ (\hat{p}_1-\hat{p}_2)+z_{\alpha/2}\sqrt{\frac{\hat{p}_1(1-\hat{p}_1)}{n_1}+\frac{\hat{p}_2(1-\hat{p}_2)}{n_2}}\right)$$

그리고 식 $z_{\alpha/2}\sqrt{\hat{p}_1(1-\hat{p}_1)/n_1+\hat{p}_2(1-\hat{p}_2)/n_2}$ 을 $100(1-\alpha)\%$ 오차한계라고 부른다.

**[예제 9.3]** 지난 동절기 동안 A지역의 농장에서 사육중인 오리 2000마리 중에서 1470마리가 질병에 걸린 것으로 관측되었다. 이 기간 동안 B지역의 오리농장에서는 2200마리 중에서 1540마리가 발병한 것으로 조사되었다. 모비율차의 추정값과 모비율차에 대한 95% 신뢰구간을 구해보자.

A지역과 B지역에서 발병한 오리수를 각각 $X$ 와 $Y$ 라고 하자. 그러면 $X$ 는 표본크기 $n_1=2000$ , 모비율 $p_1$ 인 이항분포를 따르고, $Y$ 는 표본크기 $n_2=2200$ , 모비율 $p_2$ 인 이항분포를 따르며, $X$ 와 $Y$ 는 서로 독립이다.

두 지역에서 관측한 자료를 정리하면 아래의 표와 같다.

| 조사지역 | 표본크기 | 발병한 오리수 | 표본비율 |
|---|---|---|---|
| A | $n_1 = 2000$ | $x = 1470$ | $\hat{p}_1 = 0.735$ |
| B | $n_2 = 2200$ | $y = 1540$ | $\hat{p}_2 = 0.700$ |

모비율차 $p_1 - p_2$ 의 추정값은 다음과 같다.

$$\hat{p}_1 - \hat{p}_2 = \frac{x}{n_1} - \frac{y}{n_2} = \frac{1470}{2000} - \frac{1540}{2200} = 0.035$$

$\hat{p}_1 - \hat{p}_2$ 의 표준오차의 추정값 $\widehat{SE}(\hat{p}_1 - \hat{p}_2)$ 를 구하면 다음과 같다.

$$\widehat{SE}(\hat{p}_1 - \hat{p}_2) = \sqrt{\frac{\hat{p}_1(1-\hat{p}_1)}{n_1} + \frac{\hat{p}_2(1-\hat{p}_2)}{n_2}} = \sqrt{\frac{(0.735)(0.265)}{2000} + \frac{(0.7)(0.3)}{2200}}$$
$$= 0.01389$$

그리고 신뢰수준은 $100(1-\alpha)\% = 95\%$ ( $\alpha = 0.05$ )이므로 $z_{\alpha/2} = z_{0.025} = 1.96$ 이다. 따라서 $p_1 - p_2$ 에 대한 95% 신뢰구간은 다음과 같다.

$$(\hat{p}_1 - \hat{p}_2) \pm z_{\alpha/2}\sqrt{\frac{\hat{p}_1(1-\hat{p}_1)}{n_1} + \frac{\hat{p}_2(1-\hat{p}_2)}{n_2}} = (\hat{p}_1 - \hat{p}_2) \pm z_{\alpha/2}\widehat{SE}(\hat{p}_1 - \hat{p}_2)$$
$$= 0.035 \pm (1.96)(0.01389)$$
$$= 0.035 \pm 0.02722$$
$$= (0.00778,\ 0.06222)$$

## 모비율차 $p_1 - p_2$ 에 대한 가설검정

아래의 귀무가설

$$H_0 : p_1 = p_2$$

가 참인 경우 $p_1 = p_2 = p$ 로 두면 '이항분포의 정규근사 성질-2' 로부터 다음이 성립한다.

$$E(\hat{p}_1 - \hat{p}_2) = p_1 - p_2 = 0$$

$$Var(\hat{p}_1-\hat{p}_2)=\frac{p_1(1-p_1)}{n_1}+\frac{p_2(1-p_2)}{n_2}=p(1-p)\left(\frac{1}{n_1}+\frac{1}{n_2}\right)$$

두 모집단의 공통 모분산인 $p$ 의 추정값 $\hat{p}$ 은 다음과 같이 구할 수 있다.

$$\hat{p}=\frac{X+Y}{n_1+n_2}$$

여기서 $\hat{p}$ 을 합동표본비율(pooled sample proportion)이라고 부른다.

따라서 귀무가설 $H_0: p_1=p_2(=p)$ 가 참인 경우 표본크기 $n_1$ 과 $n_2$ 가 충분히 크면 다음이 성립한다

$$Z=\frac{\hat{p}_1-\hat{p}_2}{\sqrt{\hat{p}(1-\hat{p})\left(\frac{1}{n_1}+\frac{1}{n_2}\right)}} \; \dot{\sim} \; N(0,1)$$

표본분포가 근사적으로 표준정규분포가 되는 이 $Z$ 를 검정통계량으로 사용한다.

$z$ 를 $Z$ 의 관측값이라고 하자. 각각의 대립가설에 대한 기각역과 $p-$값은 다음과 같다.

| 대립가설 | $\alpha$ 하에서의 기각역 | $p-$값 |
|---|---|---|
| $H_1: p_1>p_2$ | $z\ge z_\alpha$ | $p=P(Z\ge z)$ |
| $H_1: p_1<p_2$ | $z\le -z_\alpha$ | $p=P(Z\le z)$ |
| $H_1: p_1\ne p_2$ | $\lvert z\rvert\ge z_{\alpha/2}$ | $p=P(\lvert Z\rvert\ge\lvert z\rvert)$ |

**[예제 9.4]** 앞에서 언급한 예제에서 두 지역에서 질병이 발생한 비율에 차이가 있는 가를 유의수준 5%에서 검정해보자.

가설검정은 다음의 절차를 따른다.

단계 1: 가설을 세운다.

$$H_0: p_1=p_2 \quad \text{vs} \quad H_1: p_1\ne p_2$$

단계 2: 검정통계량을 계산한다.

먼저 합동표본비율 $\hat{p}$ 을 구하면

$$\hat{p} = \frac{x+y}{n_1+n_2} = \frac{1470+1540}{2000+2200} = \frac{3010}{4200} = 0.71\dot{6}$$

이 되므로 검정통계량은 다음과 같다.

$$z = \frac{\hat{p}_1 - \hat{p}_2}{\sqrt{\hat{p}(1-\hat{p})\left(\frac{1}{n_1}+\frac{1}{n_2}\right)}} = \frac{0.735-0.7}{\sqrt{(0.71\dot{6})(1-0.71\dot{6})\left(\frac{1}{2000}+\frac{1}{2200}\right)}}$$
$$= 2.5129$$

단계 3: 통계적 결론을 내린다($\alpha$ – 접근방법 사용).

유의수준이 $\alpha = 0.05$ 이므로 기각역은 다음과 같다.

$$|z| \geq z_{\alpha/2} = z_{0.025} = 1.96$$

$z = 2.5129$ 는 기각역을 만족하므로 귀무가설을 기각한다. 즉, 5% 유의수준에서 통계적으로 유의하다.

단계 4: 문제에서 주어진 정보에 근거한 해석을 한다.

통계적으로 유의하므로 두 지역에서 질병이 발생한 비율은 차이가 있다고 할 수 있다.

## 다음 용어를 설명하시오.

1. 모비율
2. 표본비율
3. 이항분포의 정규근사
4. 합동표본비율

# 문 제

9-1 어떤 연구자는 국민의 97% 가 DNA검사를 신뢰한다고 주장한다. 표본으로 200 명을 랜덤하게 추출하여 DNA검사를 신뢰한다고 응답한 사람의 수를 조사한 결과 195 명으로 조사되었다.

(1) 다음 표의 빈 칸을 채우고, 모비율의 추정값을 구하시오.

| 표본크기 | 신뢰자 수 | 표본비율 |
|---|---|---|
| | | |

(2) DNA검사를 신뢰하는 국민의 모비율에 대한 95% 신뢰구간을 구하시오.

(3) 연구자의 주장을 유의수준 5% 로 검정하시오.

9-2 어떤 질병에 걸린 환자 400명을 대상으로 실시한 신약실험의 결과를 정리하였더니 145명의 환자가 약효가 있는 것으로 나타났다.

(1) 모비율의 추정값을 구하시오.

(2) 모비율에 대한 90% 신뢰구간을 구하시오.

(3) 현재 사용중인 약의 약효비율이 0.35 였다고 하자. 이번 실험의 결과에 의하면 약효가 있는 것으로 나타난 환자의 비율이 현재 사용중인 약의 효과보다 크다고 할 수 있는 가를 검정하시오. 유의수준 5% 를 사용한다.

(4) $p$ - 값 접근방법으로 위 가설을 검정하시오.

9-3 어떤 제품을 생산하는 두 회사에서 A회사 생산품의 300 개의 랜덤 표본 중 21 개가 불량품으로 나타났고, B회사의 경우 220 개의 랜덤 표본 중 11개가 불량품으로 조사되었다.

(1) 다음 표의 빈 칸을 채우시오.

| 회사 | 표본크기 | 불량품 수 | 표본비율 |
|---|---|---|---|
| A | | | |
| B | | | |

(2) 두 회사 생산품의 불량률 차의 추정값을 구하시오.

(3) 모비율차 $p_1 - p_2$ 에 대한 95% 신뢰구간을 구하시오.

(4) 유의수준 5% 로 두 모비율이 동일한 가를 검정하시오.

(5) $p$ − 값 접근방법으로 위 가설을 검정하시오.

9−4 어떤 여성 암연구보고서에 의하면 1990년에 보고된 여성 암환자는 2000명이었고, 그 중 자궁경부암 환자는 1082명이었다. 그리고 2000년의 경우 2610명의 여성 암환자가 보고되었는데 그 중 1358명이 자궁경부암 환자였다.

(1) 모비율차에 대한 95% 신뢰구간을 구하시오.

(2) 년도에 따라 자궁경부암 비율이 다르다고 할 수 있는가? 유의수준 5% 로 검정하시오.

(3) $p$ − 값 접근방법으로 위 가설을 검정하시오.

9−5 대학 신입생을 대상으로 1년 동안 실시하는 기초학력수업인 기초수학이 전공기초과목을 이수하는데 성공적인 영향을 주는 가를 알아보기 위한 조사를 실시하였다. 전공기초과목의 등급이 C이상이면 성공이라고 하자. 조사 결과는 다음과 같다. 기초학력수업이 성공적인 가를 유의수준 1% 에서 검정하시오.

| | 기초학력수업이수 | 미이수 |
|---|---|---|
| 표본크기 | 100 | 80 |
| 성공 횟수 | 80 | 24 |

# 제 10 장

# 범주형 자료분석

이 장에서 다루는 주요 내용은 다음과 같다.

○ 적합도 검정
○ 독립성 검정

## 10.1 적합도 검정

통계분석에서 자주 일어나는 의문은 어떤 모집단이 특정한 어떤 이론분포를 따르는지 아닌지 또는 각 범주에 속하는 관측도수 $n_i$가 미리 가정한 속성확률 $p_i$와 잘 일치하는 가이다. 이와 같은 경우 모집단의 분포에 대한 가정이 옳은지를 실제의 관측된 자료를 바탕으로 검정해 볼 필요가 있는데, 이런 검정을 적합도 검정(goodness-of-fit test) 혹은 $\chi^2$-검정(또는 카이제곱 검정)이라 한다. 적합도 검정의 기본적 구조는 [표 10.1]과 같다.

**[표 10.1] 자료 구조**

| 범주 | 1 | 2 | … | $k$ |
|---|---|---|---|---|
| 관측도수(O) | $n_1$ | $n_2$ | … | $n_k$ |
| 확률 | $p_1$ | $p_2$ | … | $p_k$ |
| 기대도수(E) | $np_1$ | $np_2$ | … | $np_k$ |

여기서 $\sum_{i=1}^{k} n_i = n$, $\sum_{i=1}^{k} p_i = 1$ 이다.

적합도 검정의 검정절차를 단계별로 구분하여 소개하면 다음과 같다.

단계 1: 가설을 세운다

$$H_0: p_1 = p_{10}, p_2 = p_{20}, \cdots, p_k = p_{k0}$$

vs

$H_1$: 적어도 하나의 $p_i$ 는 가정된 값 $p_{i0}$ 와 다르다.

단계 2: 검정통계량을 계산한다.

$$\chi^2 = \sum_{i=1}^{k} \frac{(n_i - np_{i0})^2}{np_{i0}} = \sum_{i=1}^{k} \frac{(O_i - E_i)^2}{E_i}$$

단, $O_i$ 와 $E_i$ 는 각각 $i$ 범주의 관측도수와 기대도수를 나타낸다. 위 검정통계량은 귀무가설하에서 자유도가 $k-1=$ (범주의 수−1)인 카이제곱분포를 따른다.

단계 3: 정해진 기각방법에 따라 통계적 결론을 내린다.

$\alpha-$접근방법 : $\chi^2 \ge \chi^2_{(k-1;\,\alpha)}$ 이면 $H_0$ 기각

$p-$값 접근방법 : $p-$값$<\alpha$ 이면 $H_0$ 기각

여기서 $\alpha$ 는 검정의 유의수준이다.

적합도 검정을 의미있게 하기 위하여 각 범주의 기대도수는 적어도 5이상이 되도록 해야 한다. 만약 기대도수가 5이하인 경우가 있다면 표본의 크기를 크게 하거나 인접한 범주들을 묶어서 5이상이 되도록 조정한 다음 검정을 해야 한다.

**[예제 10.1]** 멘델의 유전법칙에 의하면 연두색과 노랑색의 완두콩을 교배실험할 때 연두색 : 노랑색 : 줄이 있는 연두색 : 줄이 있는 노랑색=9:3:3:1의 비율로 만들어 진다고 한다. 임의로 200개의 완두콩을 조사한 결과가 아래의 표와 같은 결과가 얻어 졌다면 멘델의 법칙에 위배된다고 할 수 있는

가를 유의수준 5%에서 검정하여라.

| 종류 | 연두색 | 노랑색 | 줄이 있는 연두색 | 줄이 있는 노랑색 |
|---|---|---|---|---|
| 도수 | 110 | 40 | 42 | 8 |

가설검정에서 필요한 값을 구하면 [표 10.2]와 같다.

**[표 10.2]**

| 범주(종류) | $O$ | $p$ | $E=np$ | $(O-E)$ | $(O-E)^2/E$ |
|---|---|---|---|---|---|
| 연두색 | 110 | 9/16 | 112.5 | −2.5 | $0.0\dot{5}$ |
| 노랑색 | 40 | 3/16 | 37.5 | 2.5 | $0.1\dot{6}$ |
| 줄이 있는 연두색 | 42 | 3/16 | 37.5 | 4.5 | 0.54 |
| 줄이 있는 노랑색 | 8 | 1/16 | 12.5 | −4.5 | 1.62 |

가설검정의 절차는 다음과 같다.

단계 1: 가설을 세운다

$H_0$: 분리비는 9:3:3:1과 일치한다.

vs

$H_1$: 분리비는 9:3:3:1과 일치하지 않는다.

단계 2: 검정통계량을 계산한다.

$$\chi^2=\sum_{i=1}^{k}\frac{(O_i-E_i)^2}{E_i}=0.0556+0.1667+0.54+1.62=2.3823$$

단계 3: 통계적 결론을 내린다($\alpha$ − 접근방법 사용).

유의수준이 $\alpha=0.05$이므로 기각역은 다음과 같다.

$$\chi^2\geq\chi^2_{(3;\,0.05)}=7.815$$

$\chi^2=2.3823$은 기각역을 만족시키지 못하므로 귀무가설을 기각하지 못한다. 즉, 유의수준 5%에서 통계적으로 유의하지 않다.

단계 4: 문제에서 주어진 정보에 근거한 해석을 한다.
귀무가설을 채택하므로 멘델의 유전법칙을 따른다고 할 수 있다 (분리비 9:3:3:1).

## 10.2 독립성 검정

독립성검정(test of independence)은 두 가지 이상의 분류기준에 따라 얻어진 분할표(contingency table 또는 cross-tabulation)의 빈도자료에서 분류기준에 따른 빈도의 분포가 서로 관계가 있는가의 여부를 판단하는 검정 방법이다. 분류의 기준은 질적이거나 양적일 수 있다. 양적인 경우에는 몇 개의 범주로 나누어 검정한다.

먼저 다음의 [표 10.3]에서 보는 바와 같이 모집단으로부터 추출한 $n$개의 표본이 속성 A에 대해서 $r$개의 범주와 속성 B의 $c$개의 범주로 분류되었다고 하자. 범주 $A_i$에 속하면서 범주 $B_j$에 동시에 속하는 표본수를 $O_{ij}$라 하면 자료는 [표 10.3]과 같이 주어진다. 이와 같은 표를 $r \times c$ 분할표(contingency table)라 한다.

**[표 10.3] $r \times c$ 분할표**

| | | 범주 B | | | | |
|---|---|---|---|---|---|---|
| | | $B_1$ | $B_2$ | $\cdots$ | $B_c$ | |
| 범주 A | $A_1$ | $O_{11}$ | $O_{12}$ | $\cdots$ | $O_{1c}$ | $n_{1\cdot}$ |
| | $A_2$ | $O_{21}$ | $O_{22}$ | $\cdots$ | $O_{2c}$ | $n_{2\cdot}$ |
| | $\vdots$ | $\vdots$ | $\vdots$ | $\ddots$ | $\vdots$ | $\vdots$ |
| | $A_r$ | $O_{r1}$ | $O_{r2}$ | $\cdots$ | $O_{rc}$ | $n_{r\cdot}$ |
| 합계 | | $n_{\cdot 1}$ | $n_{\cdot 2}$ | $\cdots$ | $n_{\cdot c}$ | $n$ |

여기서 $n_{i\cdot} = \sum_{j=1}^{c} O_{ij}$, $n_{\cdot j} = \sum_{i=1}^{r} O_{ij}$ 이다.

독립성검정은 다음의 절차에 따라 실시할 수 있다.

단계 1: 가설을 세운다

$H_0 : p_{ij} = p_{i.} \times p_{.j} (i = 1, \cdots, r ; j = 1, 2, \cdots, c)$

vs

$H_1$ : $H_0$ 가 아니다.

상기 귀무가설은 다음을 의미한다.

$H_0$ : 두 속성 A와 B는 서로 독립이다.

단계 2: 검정통계량을 계산한다.

$$\chi^2 = \sum_{i=1}^{r} \sum_{j=1}^{c} \frac{(O_{ij} - E_{ij})^2}{E_{ij}}, \quad E_{ij} = \frac{n_{i.} \times n_{.j}}{n}$$

는 $n$ 이 충분히 크면 근사적으로 자유도 $(r-1)(c-1)$ 인 $\chi^2$ −분포를 따른다.

단계 3: 정해진 기각방법에 따라 통계적 결론을 내린다.

$\alpha$ − 접근방법 : $\chi^2 \geq \chi^2_{((r-1)\times(c-1);\, \alpha)}$ 이면 $H_0$ 기각

$p$ −값 접근방법 : $p$ −값 $< \alpha$ 이면 $H_0$ 기각

여기서 $\alpha$ 는 검정의 유의수준이다.

**[예제 10.2]** 지역에 따른 소득수준에 어떠한 차이가 존재하는지를 알아보기 위하여 92명을 대상으로 지역과 소득수준을 측정하여 분류한 결과가 다음과 같다. 유의수준 5%로 검정하여라.

| 지역 | 소득수준 | | | | 소계 |
|---|---|---|---|---|---|
| | 하 | 중하 | 중상 | 상 | |
| 도시 | 5 | 5 | 3 | 7 | 20 |
| 농촌 | 15 | 23 | 17 | 17 | 72 |
| 소계 | 20 | 28 | 20 | 24 | 92 |

[표 10.4]는 가설검정에 필요한 값을 구하여 정리한 것이다.

**[표 10.4] 지역과 소득수준에 따른 분류**

| 지역 | 소득수준 | | | | 소계 |
|---|---|---|---|---|---|
| | 하 | 중하 | 중상 | 상 | |
| 도시 | 5<br>(4.35) | 5<br>(6.09) | 3<br>(4.35) | 7<br>(5.22) | 20<br>(20.01) |
| 농촌 | 15<br>(15.65) | 23<br>(21.91) | 17<br>(15.65) | 17<br>(18.78) | 72<br>(71.99) |
| 소계 | 20<br>(20.00) | 28<br>(28.00) | 20<br>(20.00) | 24<br>(24.00) | 92<br>(92.00) |

여기서 $E_{11} = \dfrac{20 \times 20}{92} = 4.35$, $E_{12} = \dfrac{28 \times 20}{92} = 6.09$, $\cdots$, $E_{24} = \dfrac{24 \times 72}{92} = 18.78$ 이다.

가설검정의 절차는 다음과 같다.

단계 1: 가설을 세운다.

$H_0$ : 지역과 소득수준은 서로 독립이다.

vs

$H_1$ : 지역과 소득수준은 종속이다.

단계 2: 검정통계량을 계산한다.

$$\chi^2 = \sum_{i=1}^{r}\sum_{j=1}^{c}\frac{(O_{ij} - E_{ij})^2}{E_{ij}}$$

$$= \frac{(5-4.35)^2}{4.35} + \frac{(5-6.09)^2}{6.09} + \cdots + \frac{(17-18.78)^2}{18.78}$$

$$= 1.684$$

단계 3: 통계적 결론을 내린다($\alpha$ - 접근방법 사용).
유의수준이 $\alpha = 0.05$ 이므로 기각역은 다음과 같다.

$$\chi^2 \geq \chi^2_{((2-1)(4-1);\,0.05)} = \chi^2_{(3;\,0.05)} = 7.815$$

$\chi^2 = 1.684$ 는 기각역을 만족시키지 못하므로 귀무가설을 기각하지 못한다. 즉, 유의수준 5% 에서 통계적으로 유의하지 않다.

단계 4: 문제에서 주어진 정보에 근거한 해석을 한다.
귀무가설이 기각되지 못하므로 지역과 소득수준은 서로 독립이다라고 할 수 없다.

## 다음 용어를 설명하시오.

1. 적합도 검정
2. 카이제곱 검정
3. 관측도수
4. 기대도수
5. 독립성 검정
6. 분할표

# 문 제

10-1 지난 달 지상파 방송의 드라마 4개의 월간시청률은 A 33.9%, B 25.2%, C 20.7%, D 20.2%이였다. 이번 주에 200가구를 랜덤표본으로 선택하여 조사한 시청자 자료는 아래 표와 같았다. 지난 달과 비교하여 시청률이 변하였는 가를 유의수준 5%로 검정하시오.

| 드라마 | A | B | C | D |
|---|---|---|---|---|
| 가구수 | 69 | 50 | 41 | 40 |

10-2 다음 표는 어떤 주사위를 120번 던지는 실험의 결과를 정리한 것이다. 이 실험 결과로부터 주사위는 공정한 것이다라고 할 수 있는 가를 유의수준 5%로 검정하시오.

| 눈금 | 1 | 2 | 3 | 4 | 5 | 6 |
|---|---|---|---|---|---|---|
| 횟수 | 18 | 23 | 17 | 22 | 21 | 19 |

10-3 담배피우는 습관이 스트레스와 관계가 있는 가를 조사하기 위하여 180명을 임의로 추출하여 조사한 결과가 다음과 같다. 담배피우는 습관과 스트레스는 관계가 있다고 할 수 있는 가를 유의수준 5%에서 검정하시오.

| | 비흡연자 | 보통흡연자 | 강한흡연자 |
|---|---|---|---|
| 스트레스 있음 | 20 | 35 | 31 |
| 스트레스 없음 | 50 | 25 | 19 |

10-4 대학에서는 매년 총학생회 선거를 치르고 있다. 선거참여와 성별의 관계를 알아보기 위하여 250명의 학생을 랜덤표본으로 선택하였다. 조사결과는 아래의 표와 같이 요약되었다. 성별과 선거참여는 독립이라고 할 수 있는 가? 유의수준 5%를 사용하시오.

| | 여학생 | 남학생 |
|---|---|---|
| 참여 | 50 | 80 |
| 비참여 | 75 | 45 |

# 제 11 장

# 상관분석과 회귀분석

이 장에서 다루는 주요 내용은 다음과 같다.

○ 산점도

○ 상관분석

○ 단순회귀분석

## 11.1 산점도

이 장에서는 변수들 간의 상호관련성을 알아보는 상관분석과 두 변수 사이의 선형관계가 있고 없음에 대한 추론을 다루는 회귀분석에 대하여 다룬다.

두 변수 사이의 관계를 알아보는 방법인 산점도는 구체적인 통계분석에 들어가기에 앞서 독립변수와 종속변수 간의 개략적인 연관관계를 작성하는 그림이다.

**[예제 11.1]** 다음은 10개의 토지에서 생산된 농산물의 사용된 비료량($X$)에 따른 생산량($Y$)의 자료이다.

| $X$ (비료량) | 45 | 47 | 46 | 51 | 54 | 53 | 52 | 57 | 59 | 60 |
|---|---|---|---|---|---|---|---|---|---|---|
| $Y$ (생산량) | 60 | 62 | 65 | 69 | 72 | 74 | 74 | 78 | 80 | 82 |

위 자료를 이용하여 그린 산점도는 [그림 11.1]과 같다.

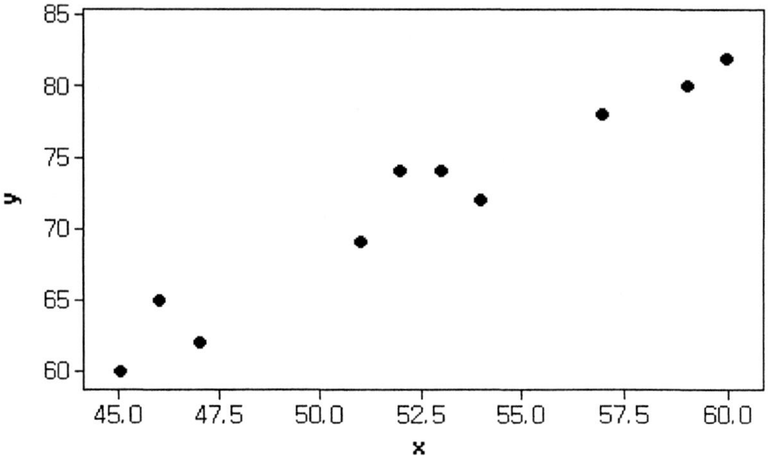


**[그림 11.1] 산점도**

두 변수간의 관계는 산점도를 이용하여 대략적으로 알 수 있다. 그러나 두 변수 사이의 관계를 다루는 이론적인 방법으로는 상관분석과 회귀분석을 들 수 있다.

## 11.2 상관분석

- 상관계수
- 모상관계수에 대한 검정

### 상관계수

두 확률변수 사이의 관련성을 분석하는 방법을 상관분석이라 하며, 두 변수 $X$와 $Y$ 사이의 선형관계의 강도를 나타내는 기술적 측도인 모상관계수(population correlation coefficient) $\rho$는 다음과 같다.

$$\rho = \frac{Cov(X,Y)}{\sigma_X \sigma_Y} = \frac{E[(X-\mu_X)(Y-\mu_Y)]}{\sqrt{E[(X-\mu_X)^2]E[(Y-\mu_Y)^2]}}$$

두 변수에 대한 $n$개의 표본 $(x_1, y_1), (x_2, y_2), \cdots, (x_n, y_n)$이 주어졌을 때 이 표본에 대한 표본상관계수(sample correlation coefficient)는 다음과 같이 주어진다.

$$r = \frac{\sum_{i=1}^{n}(x_i - \bar{x})(y_i - \bar{y})}{\sqrt{\sum_{i=1}^{n}(x_i - \bar{x})^2 \sum_{i=1}^{n}(y_i - \bar{y})^2}} = \frac{S_{xy}}{S_x S_y}$$

표본상관계수의 값은 항상 $-1$과 $1$사이에 있다. $r$이 1에 가까울수록 강한 양의 상관관계를, $-1$에 가까울수록 강한 음의 상관관계를 나타낸다.

계산을 용이하게 하기 위하여 위 식을 다음과 같이 나타낼 수 있다.

$$r = \frac{\sum_{i=1}^{n} x_i y_i - n(\bar{x})(\bar{y})}{\sqrt{\left\{\sum_{i=1}^{n} x_i^2 - n(\bar{x})^2\right\}\left\{\sum_{i=1}^{n} y_i^2 - n(\bar{y})^2\right\}}}$$

**[예제 11.2]** [예제 11.1]의 자료에서 비료량에 대한 생산량과의 표본상관계수 $r$을 구해보자.

먼저 상관계수를 계산하는데 필요한 통계량을 구하면 다음과 같다.

$$\sum x_i = 524, \quad \sum x_i^2 = 27710$$
$$\sum y_i = 716, \quad \sum y_i^2 = 51744$$
$$\sum x_i y_i = 37867$$

$$\bar{x} = \frac{1}{n}\sum_{1}^{n} x_i = \frac{524}{10} = 52.4$$

$$\bar{y} = \frac{1}{n}\sum_{1}^{n} y_i = \frac{716}{10} = 71.6$$

| $x$ (비료량) | $y$ (생산량) | $xy$ | $x^2$ | $y^2$ | $(x_i - \bar{x})$ | $(y_i - \bar{y})$ |
|---|---|---|---|---|---|---|
| 45 | 60 | 2700 | 2025 | 3600 | −7.4 | −11.6 |
| 47 | 62 | 2914 | 2209 | 3844 | −5.4 | −9.6 |
| 46 | 65 | 2990 | 2116 | 4225 | −6.4 | −6.6 |
| 51 | 69 | 3519 | 2601 | 4761 | −1.4 | −2.6 |
| 54 | 72 | 3888 | 2916 | 5184 | 1.6 | 0.4 |
| 53 | 74 | 3922 | 2809 | 5476 | 0.6 | 2.4 |
| 52 | 74 | 3848 | 2704 | 5476 | −0.4 | 2.4 |
| 57 | 78 | 4446 | 3249 | 6084 | 4.6 | 6.4 |
| 59 | 80 | 4720 | 3481 | 6400 | 6.6 | 8.4 |
| 60 | 82 | 4920 | 3600 | 6724 | 7.6 | 10.4 |

위 값을 이용하여 표본상관계수를 구하면 다음과 같다.

$$
\begin{aligned}
r &= \frac{\sum_{i=1}^{n} x_i y_i - n(\bar{x})(\bar{y})}{\sqrt{\left\{\sum_{i=1}^{n} x_i^2 - n(\bar{x})^2\right\}\left\{\sum_{i=1}^{n} y_i^2 - n(\bar{y})^2\right\}}} \\
&= \frac{37867 - (10)(52.4)(71.6)}{\sqrt{\{27710 - (10)(52.4)^2\}\{51774 - (10)(71.6)^2\}}} = \frac{348.6}{\sqrt{(252.4)(508.4)}} \\
&= \frac{348.60}{358.22} = 0.973
\end{aligned}
$$

## 모상관계수에 대한 검정

표본상관계수 $r$ 를 바탕으로 두 확률변수 $X$ 와 $Y$ 의 모상관계수 $\rho$ 가 0 인지 아닌지를 검정한다. 아래의 귀무가설

$$H_0 : \rho = 0$$

이 참인 경우 다음이 성립한다.

$$T = \sqrt{n-2} \cdot \frac{r}{\sqrt{1-r^2}} \sim t_{(n-2)}$$

따라서 $t$-분포를 따르는 $T$를 검정통계량으로 사용할 수 있다.

$t$를 $T$의 관측값으로 두자. 각각의 대립가설에 대한 기각역과 $p$-값은 다음과 같다.

| 대립가설 | $\alpha$ 하에서의 기각역 | $p$-값 |
|---|---|---|
| $H_1 : \rho > 0$ | $t \ge t_{(n-2;\, \alpha)}$ | $p = P(T \ge t)$ |
| $H_1 : \rho < 0$ | $t \le -t_{(n-2;\, \alpha)}$ | $p = P(T \le t)$ |
| $H_1 : \rho \ne 0$ | $\lvert t \rvert \ge t_{(n-2;\, \alpha/2)}$ | $p = P(\lvert T \rvert \ge \lvert t \rvert)$ |

**[예제 11.3]** 앞의 [예제 11.1]의 자료에서 비료량과 생산량 간의 모상관계수가 0인지를 유의수준 5%에서 검정해보자.

단계 1: 가설을 세운다.

$$H_0 : \rho = 0 \quad \text{vs} \quad H_1 : \rho \ne 0$$

단계 2: 검정통계량을 계산한다.

$$t = \sqrt{n-2} \cdot \frac{r}{\sqrt{1-r^2}} = \sqrt{8} \cdot \frac{0.973}{\sqrt{1-(0.973)^2}} = 11.9239$$

단계 3: 통계적 결론을 내린다($\alpha$-접근방법 사용).

유의수준이 $\alpha = 0.05$이므로 기각역은 다음과 같다.

$$t \ge t_{(8;\, 0.025)} = 2.306$$

$t = 11.9239$는 기각역을 만족하므로 귀무가설을 기각한다. 즉, 유의수준 5%에서 통계적으로 유의하다.

단계 4: 문제에서 주어진 정보에 근거한 해석을 한다.

통계적으로 유의하므로 비료량과 생산량 사이에는 상관관계가 있다고 할 수 있다.

## 11.3 단순회귀분석

- 단순회귀모형
- 단순회귀모형에서의 분산분석
- 단순회귀분석에서의 추론

### 단순회귀모형

회귀분석은 어느 한 변수로부터 다른 변수의 값을 예측하려고 할 때 사용하는 경우로 다른 변수에 영향을 주는 변수를 독립변수(또는 설명변수)라고 하며, 독립변수에 의하여 영향을 받는 변수를 종속변수(또는 반응변수)라고 한다.

회귀분석은 독립변수와 종속변수들 간의 관련성을 수학적 모형을 이용하여 측정된 변수들의 자료로부터 추정하고 분석하는 통계적 방법이다.

이 절에서는 하나의 종속변수에 영향을 주는 독립변수의 수가 한 개이고, 독립변수와 종속변수의 관계가 직선인 단순회귀분석만을 다루도록 한다. 단순회귀모형을 요약하면 다음과 같다.

**단순회귀모형**(simple linear regression)

$$y_i = \beta_0 + \beta_1 x_i + \varepsilon_i\,,\ i = 1, 2, \cdots, n$$

여기서 $\varepsilon_i$ 는 오차항으로 서로 독립이고 $N(0, \sigma^2)$ 를 따르며, $\beta_0, \beta_1, \sigma^2$ 는 미지의 모수이다.

모회귀계수 $\beta_0$ 와 $\beta_1$ 의 추정값은 최소제곱법(method of least square)에

의해 구할 수 있다. 이 방법은 오차의 제곱합

$$Q = \sum_{i=1}^{n} (y_i - \beta_0 - \beta_1 x_i)^2$$

을 최소로 하는 $\beta_0$와 $\beta_1$을 추정하는 방법이다.

$Q$를 최소로 하여 구해지는 $\hat{\beta}_0$와 $\hat{\beta}_1$을 최소제곱추정량(least squares estimator)이라 한다. 최소제곱추정량 $\hat{\beta}_0$와 $\hat{\beta}_1$은 $Q$를 편미분하여 구할 수 있으며, 이 값들로서 구해지는 직선 $\hat{y} = \hat{\beta}_0 + \hat{\beta}_1 x$를 추정회귀직선(estimated regression line)이라고 한다. 그 결과를 요약하면 다음과 같다.

**최소제곱추정량과 추정회귀직선**

$$\hat{\beta}_1 = \frac{\sum_{i=1}^{n} (x_i - \overline{x})(y_i - \overline{y})}{\sum_{i=1}^{n} (x_i - \overline{x})^2}, \quad \hat{\beta}_0 = \overline{y} - \hat{\beta}_1 \overline{x}$$

$$\hat{y} = \hat{\beta}_0 + \hat{\beta}_1 x$$

다음 식은 최소제곱추정량을 계산을 할 때 이용하면 편리한 식이다.

$$\sum (x_i - \overline{x})(y_i - \overline{y}) = \sum x_i y_i - (\sum x_i)(\sum y_i) / n = \sum x_i y_i - n\overline{x}\,\overline{y}$$
$$\sum (x_i - \overline{x})^2 = \sum x_i^2 - (\sum x_i) / n = \sum x_i^2 - n\overline{x}^2$$

설명변수 $x_i$에서의 추정회귀식의 값 $\hat{y}_i$와 실제 값 $y_i$의 편차인 $e_i = y_i - \hat{y}_i$을 잔차라고 하며, 이들의 값이 작을수록 적합된 모형이 자료를 잘 설명한다고 할 수 있다. 그리고 오차항의 분산인 $\sigma^2$에 대한 추정에서 사용되는 잔차제곱합(sum of squares due to residual errors, SSE)은 다음과 같다.

$$SSE = \sum_{i=1}^{n} e_i^2 = \sum_{i=1}^{n} (y_i - \hat{y}_i)^2$$

오차분산 $\sigma^2$의 추정량으로 $SSE$를 자유도 $n-2$로 나눈 잔차제곱평균을 사용한다. 그리고 $\sigma^2$의 추정값인 잔차평균제곱은 다음과 같다.

$$\hat{\sigma}^2 = MSE = \frac{SSE}{n-2}$$

**[예제 11.4]** 앞의 [예제 11.1]의 자료를 사용하여 회귀분석을 실시해보자.

(a) 회귀계수를 구해보자.

$\beta_0$와 $\beta_1$의 추정값을 구하면 다음과 같다.

$$\hat{\beta}_1 = \frac{\sum x_i y_i - n\bar{x}\bar{y}}{\sum x_i^2 - n\bar{x}^2} = \frac{37867-(10)(52.4)(71.6)}{27710-(10)(52.4)^2} = \frac{348.6}{252.4} = 1.38$$

$$\hat{\beta}_0 = \bar{y} - \hat{\beta}_1\bar{x} = 71.6-(1.380)(52.4) = -0.712$$

(b) 회귀직선을 추정해보자.

추정회귀직선을 구하면 다음과 같다.

$$\hat{y} = -0.712 + 1.38x\,.$$

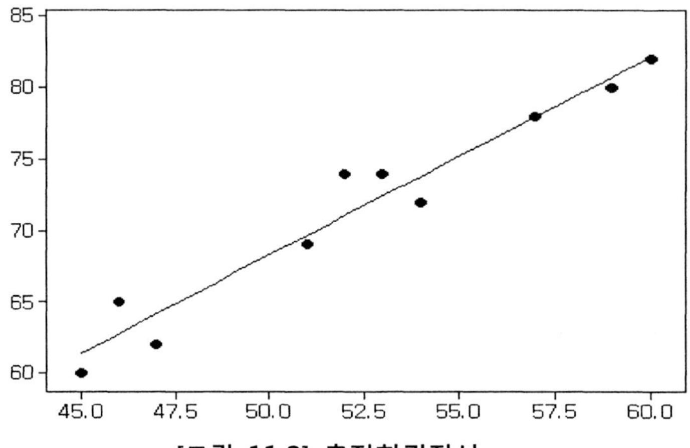


**[그림 11.2] 추정회귀직선**

(c) 잔차평균제곱을 구해보자. 먼저 잔차를 구하면 다음과 같다.

| $y_i$ | $\hat{y}_i = \hat{\beta}_0 + \hat{\beta}_1 x_i$ | $\hat{e}_i = y_i - \hat{y}_i$ |
|---|---|---|
| 60 | 61.388 | −1.388 |
| 62 | 64.148 | −2.148 |
| 65 | 62.768 | 2.232 |
| 69 | 69.668 | −0.668 |
| 72 | 73.808 | −1.808 |
| 74 | 72.428 | 1.572 |
| 74 | 71.048 | 2.952 |
| 78 | 77.948 | −0.052 |
| 80 | 80.708 | −0.708 |
| 82 | 82.088 | −0.088 |

따라서 $\sum_{i=1}^{n}(y_i - \hat{y}_i)^2 = (-1.388)^2 + (-2.148)^2 + \cdots + (-0.088)^2 = 26.9346$ 이므로 잔차평균제곱은 다음과 같다.

$$\hat{\sigma}^2 = \frac{SSE}{n-2} = \frac{\sum_{i=1}^{n}(y_i - \hat{y}_i)^2}{n-2} = \frac{26.93456}{8} = 3.3668\,.$$

## 단순회귀모형에서의 분산분석

최소제곱회귀직선에 의한 단순선형회귀모형의 적합이 관측결과를 얼마나 잘 설명하고 있는가에 대하여 생각해보자.

어떤 관찰치 $y_i$ 에 해당하는 점에서 $\bar{y}$ 직선까지의 수직거리인 $(y_i - \bar{y})$ 를 총편차라고 한다. 총편차는 회귀선에 의하여 설명되는 편차 $(\hat{y}_i - \bar{y})$ 와 설명되지 않는 편차 $(y_i - \hat{y}_i)$ 의 합으로 나타낼 수 있다.

$$(y_i - \bar{y}) = (\hat{y}_i - \bar{y}) + (y_i - \hat{y}_i)$$

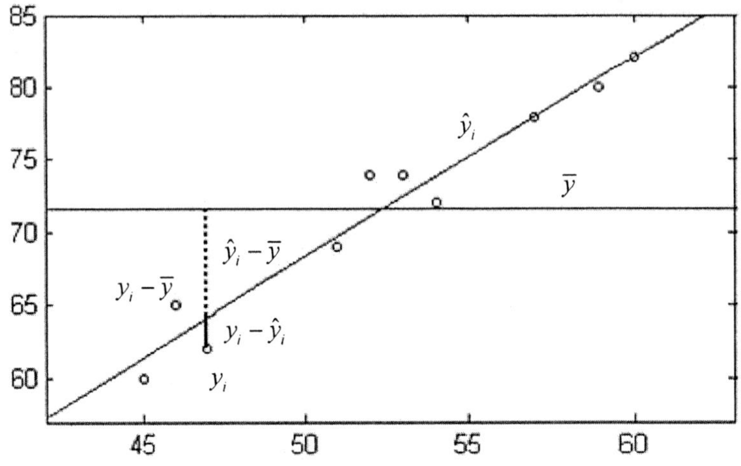


**[그림 11.3] 총편차의 분해**

총편차의 분해식의 양변을 제곱한 다음, 모든 $i = 1, 2, \cdots, n$ 에 대하여 더하면 다음과 같은 제곱합의 분해식을 얻는다.

$$\sum_{i=1}^{n}(y_i - \bar{y})^2 = \sum_{i=1}^{n}(\hat{y}_i - \bar{y})^2 + \sum_{i=1}^{n}(y_i - \hat{y}_i)^2$$

총제곱합 = 회귀제곱합 + 잔차제곱합

여기서 총제곱합(total sum of squares, SST)은 총편차의 제곱합이며, 회귀제곱합(sum of squares due to regression, SSR)은 회귀에 의하여 설명되는 편차의 제곱합이다. 또한 잔차제곱합(SSE)은 추정된 모형이 실제 관측값에 어느 정도 접근하는지를 나타내는 값이다. 관측값이 직선에 밀집해 있을수록 잔차제곱합은 작아지며 회귀제곱합은 커진다.

위의 제곱합으로부터 분산분석표가 다음과 같이 구해진다.

**[표 11.1] 분산분석표**

| 요인 | 제곱합 | 자유도 | 평균제곱 | F |
|---|---|---|---|---|
| 회귀 | $SSR$ | 1 | $MSR = SSR/1$ | $F = MSR/MSE$ |
| 잔차 | $SSE$ | $n-2$ | $MSE = SSE/(n-2)$ | |
| 계 | $SST$ | $n-1$ | | |

회귀직선에 대한 유의성검정의 절차는 다음과 같다.

단계 1: 가설을 세운다.

$$H_0 : \beta_1 = 0 \quad \text{vs} \quad H_1 : \beta_1 \neq 0$$

단계 2: 검정통계량을 계산한다.

$$F = \frac{MSR}{MSE}$$

단계 3: 정해진 기각방법에 따라 통계적 결론을 내린다.

$\alpha-$접근방법 : $F \geq F_{(1, n-2; \alpha)}$ 이면 $H_0$ 기각

$p-$값 접근방법 : $p-$값$< \alpha$ 이면 $H_0$ 기각

여기서 $\alpha$는 검정의 유의수준이다.

특히 총제곱합에서 회귀제곱합이 차지하는 비율인

$$R^2 = \frac{SSR}{SST}$$

을 결정계수(coefficient of determination)라고 부른다. 결정계수는 $y$의 총변동 가운데 회귀모형으로 설명되는 비율을 나타낸다.

## 단순회귀분석에서의 추론

### 회귀계수에 관한 추론

모회귀계수 $\beta_1$의 추정과 검정을 하기 위하여 우선 $\beta_1$의 추정량 $\hat{\beta}_1$의 함수의 분포를 알아보면 자유도 $n-2$인 $t$분포를 따르는 것으로 알려져 있다.

$$T = \frac{\hat{\beta}_1 - \beta_1}{\sqrt{\dfrac{MSE}{\sum (x_i - \bar{x})^2}}} \sim t_{(n-2)}$$

위의 분포를 이용하여 $\beta_1$의 $100(1-\alpha)\%$ 신뢰구간을 구하면 다음과 같다.

$$\left(\hat{\beta}_1 - t_{(n-2;\alpha/2)}\sqrt{\frac{MSE}{\sum(x_i-\overline{x})^2}},\ \ \hat{\beta}_1 + t_{(n-2;\alpha/2)}\sqrt{\frac{MSE}{\sum(x_i-\overline{x})^2}}\right)$$

아래의 귀무가설

$$H_0 : \beta_1 = 0$$

이 참인 경우 $T \sim t_{(n-2)}$이 성립하므로 $t-$분포를 따르는 $T$를 검정통계량으로 사용할 수 있다.

$t$를 $T$의 관측값으로 두자. 각각의 대립가설에 대한 기각역과 $p-$값은 다음과 같다.

| **대립가설** | **$\alpha$ 하에서의 기각역** | **$p-$값** |
|---|---|---|
| $H_1 : \beta_1 > 0$ | $t \geq t_{(n-2;\,\alpha)}$ | $p = P(T \geq t)$ |
| $H_1 : \beta_1 < 0$ | $t \leq -t_{(n-2;\,\alpha)}$ | $p = P(T \leq t)$ |
| $H_1 : \beta_1 \neq 0$ | $\lvert t \rvert \geq t_{(n-2;\,\alpha/2)}$ | $p = P(\lvert T \rvert \geq \lvert t \rvert)$ |

**[예제 11.5]** [예제 11.1]의 비료량과 생산량에 대한 자료를 사용하여 다음 문제를 해결해보자. [예제 11.4]의 내용을 사용하면 아래와 같다.

$$n=10,\ \hat{\beta}_1 = 1.380,\ \sum(x_i-\overline{x})^2 = 252.51,\ MSE = 3.3668$$

(a) $\beta_1$에 대한 95% 신뢰구간을 구해보자.
$t-$분포표에서 $t_{(8;0.025)} = 2.306$이므로 $\beta_1$의 95% 신뢰구간은 다음과 같다.

$$\begin{aligned}\hat{\beta}_1 \pm t_{(n-2;\alpha/2)}\sqrt{\frac{MSE}{\sum(x_i-\overline{x})^2}} &= 1.38 \pm t_{(8;0.025)}\sqrt{\frac{3.3668}{252.51}} \\ &= 1.38 \pm (2.306)(0.1155)\end{aligned}$$

$$= (1.1137, 1.6463)$$

(b) $\beta_1$에 대한 가설검정을 해보자.

단계 1: $H_0 : \beta_1 = 0 \quad v.s \quad H_1 : \beta_1 > 0$

단계 2: 검정통계량

$$t = \frac{\hat{\beta}_1 - 0}{\sqrt{\frac{MSE}{\sum(x_i - \bar{x})^2}}} = \frac{1.380}{\sqrt{\frac{3.3668}{252.51}}} = 11.9513$$

단계 3: 유의수준 $\alpha = 0.05$ 에서 기각역

$$t \geq t_{(n-2;\alpha)} = t_{(8;0.05)} = 1.860$$

$t = 11.9513$ 는 기각역을 만족하므로 귀무가설을 기각한다. 즉, 5% 유의수준에서 통계적으로 유의하다.

단계 4: 통계적으로 유의하므로 회귀직선의 기울기가 양수라고 할 수 있다

**평균반응값 $E(y|x)$에 관한 추론**

어떤 주어진 $x$의 값에서 $y$의 기대값 $E(y|x) = \beta_0 + \beta_1 x$가 어떤 값을 가질 것인가를 추론하는 것은 회귀분석에서 관심의 대상이다. 회귀직선 $E(y|x) = \beta_0 + \beta_1 x$는 최소제곱회귀직선 $\hat{y} = \hat{\beta}_0 + \hat{\beta}_1 x$로 추정됨을 앞에서 설명하였다. 주어진 $x$에서 평균반응값 $E(y|x)$에 관한 추정과 검정을 하기 위하여 $\hat{y}$의 함수에 대한 분포를 알아보면 자유도 $n-2$인 $t$ 분포를 따르는 것으로 알려져 있다.

$$T = \frac{\hat{y} - E(y|x)}{\sqrt{\left[\frac{1}{n} + \frac{(x - \bar{x})^2}{\sum(x_i - \bar{x})^2}\right] MSE}} \sim t_{(n-2)}$$

위의 분포를 이용하여 $E(y|x)$ 의 $100(1-\alpha)\%$ 신뢰구간을 구하면 다음과 같다.

$$\left(\hat{y}-t_{(n-2;\alpha/2)}\sqrt{\left[\frac{1}{n}+\frac{(x-\overline{x})^2}{\sum(x_i-\overline{x})^2}\right]MSE},\ \hat{y}+t_{(n-2;\alpha/2)}\sqrt{\left[\frac{1}{n}+\frac{(x-\overline{x})^2}{\sum(x_i-\overline{x})^2}\right]MSE}\right)$$

아래의 귀무가설

$$H_0 : E(y\,|\,x)=\mu_0$$

이 참인 경우 $T \sim t_{(n-2)}$ 이 성립하므로 $t-$분포를 따르는 $T$를 검정통계량으로 사용할 수 있다.

$t$를 $T$의 관측값으로 두자. 각각의 대립가설에 대한 기각역과 $p-$값은 다음과 같다.

| 대립가설 | $\alpha$ 하에서의 기각역 | $p-$값 |
|---|---|---|
| $E(y\,|\,x)>\mu_0$ | $t \ge t_{(n-2;\,\alpha)}$ | $p=P(T \ge t)$ |
| $E(y\,|\,x)<\mu_0$ | $t \le -t_{(n-2;\,\alpha)}$ | $p=P(T \le t)$ |
| $E(y\,|\,x)\ne\mu_0$ | $|t| \ge t_{(n-2;\,\alpha/2)}$ | $p=P(|T| \ge |t|)$ |

**[예제 11.6]** [예제 11.1]의 비료량과 생산량에 대한 자료를 사용하여 다음 문제를 해결해 보자.

(a) $x=50$ 일 때 $E(y\,|\,x)$에 대한 95% 신뢰구간을 구해보자.
앞 예제에서 계산한 통계량으로 $x=50$ 일 때 $\hat{y}$ 을 계산하면 다음과 같다.

$$\hat{y}=-0.712+(1.38)\ (50)=68.288$$

따라서 $x=50$ 일 때 $E(y\,|\,x)$에 대한 95% 신뢰구간은

$$\hat{y} \pm t_{(n-2;\alpha/2)}\sqrt{\left[\frac{1}{n}+\frac{(x-\overline{x})^2}{\sum(x_i-\overline{x})^2}\right]MSE}$$

$$= 68.288 \pm t_{(8;\,0.025)}\sqrt{\left[\frac{1}{10} + \frac{(50-52.4)^2}{252.51}\right](3.3668)}$$

$$= 68.288 \pm (2.306)(0.6430)$$
$$= (66.8052,\ 69.7708)$$

이 된다.

(b) $x = 50$ 일 때 평균생산량이 65보다 높은지를 유의수준 5% 에서 검정해보자.

단계 1: $H_0 : E(y\,|\,x) = 65$ vs $H_1 : E(y\,|\,x) \geq 65$

단계 2: 검정통계량

$$t = \frac{\hat{y} - \mu_0}{\sqrt{\left[\frac{1}{n} + \frac{(x-\bar{x})^2}{\sum(x_i - \bar{x})^2}\right]MSE}} = \frac{68.288 - 65}{\sqrt{\left[\frac{1}{10} + \frac{(50-52.4)}{252.51}\right](3.3688)}}$$
$$= 5.1135$$

단계 3: 유의수준 $\alpha = 0.05$ 에서 기각역

$$t \geq t_{(n-2;\alpha)} = t_{(8;0.05)} = 1.860$$

$t = 5.1135$ 는 기각역을 만족하므로 귀무가설을 기각한다. 즉, 5% 유의수준에서 통계적으로 유의하다

단계 4: 통계적으로 유의하므로 즉, $x = 50$ 일 때 평균생산량이 65보다 높다는 뚜렷한 증거가 있다고 할 수 있다.

### 하나의 관측 값 $y_s$에 대한 예측

어떤 주어진 $x = x_0$ 에 대응하는 반응평균값 $E(y\,|\,x)$ 가 아닌 $y$ 의 참값 $y_s$ 에 대한 추정을 생각할 수 있다. $y_s$ 의 신뢰구간(예측구간)을 구하는 과정은 $E(y\,|\,x)$ 의 신뢰구간을 구하는 과정에서 조금 더 큰 $\hat{y}$ 의 표준오차를 사용하는 것을 제외하고는 같다.

$y_s$ 의 $100(1-\alpha)\%$ 신뢰구간은 다음과 같다.

$$\left(\hat{y}-t_{(n-2;\alpha/2)}\sqrt{\left[\frac{1}{n}+\frac{(x_0-\overline{x})^2}{\sum(x_i-\overline{x})^2}+1\right]MSE},\ \hat{y}+t_{(n-2;\alpha/2)}\sqrt{\left[\frac{1}{n}+\frac{(x_0-\overline{x})^2}{\sum(x_i-\overline{x})^2}+1\right]MSE}\right)$$

**[예제 11.7]** [예제 11.1]의 비료량과 생산량에 대한 자료에서 $x_0=50$ 일때의 $y_s$ 에 대한 구간추정을 생각하여보자. $y_s=68.288$ 이고 $t_{(8;0.025)}=2.306$ 이므로 $x=50$ 에 대한 $y_s$ 의 95% 신뢰구간은 다음과 같다.

$$\hat{y}\pm t_{(n-2;\alpha/2)}\sqrt{\left[\frac{1}{n}+\frac{(x_0-\overline{x})^2}{\sum(x_i-\overline{x})^2}+1\right]MSE}$$
$$=68.288\pm(2.306)\sqrt{\left[\frac{1}{10}+\frac{(50-52.4)^2}{252.51}+1\right](3.3668)}$$
$$=68.288\pm(2.306)(1.9443)$$
$$=(63.8045, 72.7715)$$

## 다음 용어를 설명하시오.

1. 산점도
2. 모상관계수
3. 표본상관계수
4. 단순회귀분석
5. 독립변수
6. 종속변수
7. 최소제곱법
8. 최소제곱추정량
9. 결정계수

# 문 제

11-1 회계학에서 원가추정을 하는 경우 회귀분석이 사용된다. 어떤 제품의 생산량( $x$ )과 총원가( $y$ )에 대한 자료를 수집하고 요약한 것은 다음과 같다.

$$\sum x_i = 3150, \quad \sum x_i^2 = 1747500$$
$$\sum y_i = 45495, \quad \sum y_i^2 = 355259925$$
$$\sum x_i y_i = 24846750$$

(1) 생산량이 주어진 경우 총원가를 추정하기 위한 회귀모형을 적으시오.

(2) 회귀계수의 추정값을 구하시오.

(3) 추정회귀직선을 구하시오.

(4) 생산량과 총원가에 대한 상관계수를 구하시오.

11-2 다음의 자료를 이용하여 아래 문제에 답하시오.

| $x$ | 6 | 4 | 3 | 3 | 2 | 1 |
|---|---|---|---|---|---|---|
| $y$ | 9 | 6 | 6 | 3 | 3 | 2 |

(1) 산점도를 그리시오.

(2) $\bar{x}$, $\bar{y}$, $S_{xx}$, $S_{yy}$, $S_{xy}$ 를 각각 계산하시오.

(3) 표본상관계수 $r$ 을 구하시오.

(4) $x$ 와 $y$ 사이에 상관이 있는 가를 유의수준 5% 로 검정하시오.

11-3 문제 11-1의 자료를 사용하여 다음 문제에 답하시오.

(1) 최소제곱추정값 $\hat{\beta}_0$과 $\hat{\beta}_1$를 구하시오.

(2) 추정회귀직선을 구하시오.

(3) 잔차를 구하고, 잔차의 합이 0인지 확인시오.

(4) 잔차제곱합 $SSE$를 계산하시오.

(5) $\sigma^2$의 추정값을 구하시오.

11-4 다음은 실험실에서 콩이 출연한 후 생장기간과 초장의 관계를 알아보기 위하여 실험을 실시하고, 그 결과를 측정한 값이다.

| 시간(주, $X$) | 1 | 2 | 3 | 4 | 5 | 6 | 7 | 8 | 9 | 10 |
|---|---|---|---|---|---|---|---|---|---|---|
| 초장($cm$, $Y$) | 5 | 8 | 12 | 24 | 29 | 33 | 40 | 42 | 45 | 48 |

(1) 산점도를 그리시오.

(2) $\bar{x}$, $\bar{y}$, $S_{xx}$, $S_{yy}$, $S_{xy}$를 각각 계산하시오.

(3) 생장기간과 초장에 대한 상관계수를 구하시오.

(4) 생장기간과 초장 사이에 상관이 있는 가를 유의수준 5%로 검정하시오.

11-5 문제 11-4의 자료를 사용하여 다음 문제에 답하시오.

(1) 추정회귀직선을 구하시오.

(2) $\sigma^2$의 추정값을 구하시오.

(3) 분산분석법으로 회귀의 유의성을 유의수준 5%에서 검정하시오.

(4) 결정계수를 구하고 그 의미를 설명하시오.

(5) 회귀직선의 기울기에 대한 95% 신뢰구간을 구하시오.

# 부록-1

## 통계수표

표 1. 난수표

표 2. 누적이항분포표

표 3. 표준정규분포표

표 4. t-분포표

표 5. 카이제곱분포표

표 6. F-분포표

# 표 1. 난수표

| | | | | | | | | |
|---|---|---|---|---|---|---|---|---|
| 01 | 90838 | 07377 | 59881 | 43559 | 07558 | 13437 | 95011 | 50083 |
| 02 | 77742 | 28351 | 08182 | 23984 | 83720 | 97837 | 20824 | 12729 |
| 03 | 90687 | 37070 | 91447 | 25553 | 59071 | 96289 | 34858 | 73247 |
| 04 | 60493 | 65186 | 83834 | 19825 | 81001 | 29973 | 71320 | 27080 |
| 05 | 26176 | 03211 | 64962 | 07934 | 64243 | 27939 | 13247 | 76216 |
| 06 | 81696 | 50187 | 15548 | 92359 | 90579 | 07823 | 95491 | 10437 |
| 07 | 41472 | 30828 | 91460 | 88129 | 74652 | 88779 | 64881 | 48275 |
| 08 | 46976 | 52013 | 02940 | 00936 | 32129 | 60704 | 02792 | 35543 |
| 09 | 85003 | 89766 | 35394 | 75583 | 84269 | 47454 | 59594 | 00453 |
| 10 | 90444 | 46785 | 45714 | 99112 | 55346 | 46785 | 36377 | 06113 |
| 11 | 69652 | 13912 | 68474 | 46340 | 07177 | 64899 | 45571 | 39219 |
| 12 | 44925 | 70784 | 95163 | 33905 | 17776 | 25866 | 72205 | 81602 |
| 13 | 46812 | 85008 | 35990 | 66415 | 45237 | 86433 | 52343 | 83649 |
| 14 | 15384 | 81503 | 55652 | 39444 | 66790 | 71476 | 56335 | 63501 |
| 15 | 31627 | 85907 | 99733 | 95535 | 57702 | 89761 | 07715 | 74208 |
| 16 | 26663 | 96417 | 27237 | 44700 | 34872 | 02346 | 54996 | 68413 |
| 17 | 39092 | 24358 | 85870 | 47920 | 09542 | 29168 | 63099 | 62089 |
| 18 | 93645 | 55842 | 68440 | 07916 | 73324 | 80505 | 54797 | 69653 |
| 19 | 90490 | 35597 | 11694 | 91847 | 02860 | 62704 | 48693 | 62025 |
| 20 | 02370 | 72429 | 21174 | 09197 | 05385 | 38394 | 56522 | 36120 |
| 21 | 49169 | 85866 | 34209 | 54573 | 92428 | 95979 | 72781 | 74407 |
| 22 | 56758 | 08821 | 38796 | 12902 | 84704 | 04178 | 56858 | 69239 |
| 23 | 35233 | 31232 | 08376 | 48832 | 31539 | 41117 | 79173 | 07452 |
| 24 | 13494 | 68596 | 72691 | 41997 | 15401 | 43328 | 52011 | 80530 |
| 25 | 72314 | 91147 | 12323 | 90151 | 33436 | 48951 | 36802 | 28812 |
| 26 | 30578 | 64578 | 92377 | 96493 | 36714 | 48801 | 77901 | 08867 |
| 27 | 07470 | 00145 | 17012 | 56903 | 54426 | 97076 | 04514 | 56661 |
| 28 | 24770 | 69843 | 05390 | 54770 | 14990 | 07394 | 37010 | 97676 |
| 29 | 92483 | 09998 | 62576 | 71623 | 70327 | 70597 | 95401 | 46227 |
| 30 | 48165 | 43605 | 19662 | 20552 | 24170 | 12995 | 42057 | 47177 |
| 31 | 13727 | 81197 | 11130 | 48249 | 70979 | 65625 | 41792 | 65133 |
| 32 | 40800 | 10786 | 74044 | 32879 | 17592 | 53751 | 27180 | 43692 |
| 33 | 36885 | 90535 | 45453 | 60011 | 91410 | 99510 | 15752 | 87942 |
| 34 | 45670 | 08818 | 15141 | 97885 | 62011 | 00245 | 51734 | 58767 |
| 35 | 37364 | 05156 | 92075 | 39485 | 14749 | 07577 | 28177 | 76133 |
| 36 | 18505 | 28633 | 92363 | 87380 | 34909 | 22727 | 98583 | 30013 |
| 37 | 51721 | 98139 | 29788 | 53545 | 36525 | 54598 | 77611 | 66012 |
| 38 | 48667 | 85396 | 33346 | 08553 | 21084 | 58234 | 64310 | 55761 |
| 39 | 77367 | 73283 | 63878 | 90896 | 37260 | 64026 | 65394 | 47111 |
| 40 | 19539 | 14481 | 41602 | 06857 | 39317 | 96062 | 36728 | 09738 |
| 41 | 40357 | 03331 | 90432 | 30458 | 04813 | 40758 | 51611 | 76617 |
| 42 | 04350 | 43392 | 81560 | 88943 | 65443 | 31892 | 00649 | 88893 |
| 43 | 90565 | 16356 | 19518 | 29922 | 24075 | 32187 | 33611 | 91223 |
| 44 | 17819 | 68219 | 41338 | 45780 | 18676 | 83892 | 56195 | 90433 |
| 45 | 11379 | 10730 | 24427 | 80569 | 81355 | 29141 | 78728 | 49494 |
| 46 | 07293 | 03584 | 45881 | 93346 | 72445 | 75675 | 19348 | 58472 |
| 47 | 91523 | 20809 | 62506 | 65025 | 22189 | 20692 | 24679 | 41512 |
| 48 | 74836 | 11255 | 54306 | 69514 | 29141 | 94431 | 61661 | 12733 |
| 49 | 73440 | 37583 | 01150 | 00935 | 11394 | 45443 | 70959 | 44285 |
| 50 | 36416 | 40228 | 22917 | 16651 | 15547 | 42200 | 55691 | 40910 |

# 표 2. 누적이항분포표

$$P(X \le c) = \sum_{x=0}^{c} P(X = x) = \sum_{x=0}^{c} {}_nC_x p^x (1-p)^{n-x}$$

| | c | $p$ = 0.05 | 0.1 | 0.2 | 0.3 | 0.4 | 0.5 | 0.6 | 0.7 | 0.8 | 0.9 | 0.95 |
|---|---|---|---|---|---|---|---|---|---|---|---|---|
| n=1 | 0 | 0.9500 | 0.9000 | 0.8000 | 0.7000 | 0.6000 | 0.5000 | 0.4000 | 0.3000 | 0.2000 | 0.1000 | 0.0500 |
| | 1 | 1.0000 | 1.0000 | 1.0000 | 1.0000 | 1.0000 | 1.0000 | 1.0000 | 1.0000 | 1.0000 | 1.0000 | 1.0000 |
| n=2 | 0 | 0.9025 | 0.8100 | 0.6400 | 0.4900 | 0.3600 | 0.2500 | 0.1600 | 0.0900 | 0.0400 | 0.0100 | 0.0025 |
| | 1 | 0.9975 | 0.9900 | 0.9600 | 0.9100 | 0.8400 | 0.7500 | 0.6400 | 0.5100 | 0.3600 | 0.1900 | 0.0975 |
| | 2 | 1.0000 | 1.0000 | 1.0000 | 1.0000 | 1.0000 | 1.0000 | 1.0000 | 1.0000 | 1.0000 | 1.0000 | 1.0000 |
| n=3 | 0 | 0.8574 | 0.7290 | 0.5120 | 0.3430 | 0.2160 | 0.1250 | 0.0640 | 0.0270 | 0.0080 | 0.0010 | 0.0001 |
| | 1 | 0.9928 | 0.9720 | 0.8960 | 0.7840 | 0.6480 | 0.5000 | 0.3520 | 0.2160 | 0.1040 | 0.0280 | 0.0073 |
| | 2 | 0.9999 | 0.9990 | 0.9920 | 0.9730 | 0.9360 | 0.8750 | 0.7840 | 0.6570 | 0.4880 | 0.2710 | 0.1426 |
| | 3 | 1.0000 | 1.0000 | 1.0000 | 1.0000 | 1.0000 | 1.0000 | 1.0000 | 1.0000 | 1.0000 | 1.0000 | 1.0000 |
| n=4 | 0 | 0.8145 | 0.6561 | 0.4096 | 0.2401 | 0.1296 | 0.0625 | 0.0256 | 0.0081 | 0.0016 | 0.0001 | 0.0000 |
| | 1 | 0.9860 | 0.9477 | 0.8192 | 0.6517 | 0.4752 | 0.3125 | 0.1792 | 0.0837 | 0.0272 | 0.0037 | 0.0005 |
| | 2 | 0.9995 | 0.9963 | 0.9728 | 0.9163 | 0.8208 | 0.6875 | 0.5248 | 0.3483 | 0.1808 | 0.0523 | 0.0140 |
| | 3 | 1.0000 | 0.9999 | 0.9984 | 0.9919 | 0.9744 | 0.9375 | 0.8704 | 0.7599 | 0.5904 | 0.3439 | 0.1855 |
| | 4 | 1.0000 | 1.0000 | 1.0000 | 1.0000 | 1.0000 | 1.0000 | 1.0000 | 1.0000 | 1.0000 | 1.0000 | 1.0000 |
| n=5 | 0 | 0.7738 | 0.5905 | 0.3277 | 0.1681 | 0.0778 | 0.0313 | 0.0102 | 0.0024 | 0.0003 | 0.0000 | 0.0000 |
| | 1 | 0.9774 | 0.9185 | 0.7373 | 0.5282 | 0.3370 | 0.1875 | 0.0870 | 0.0308 | 0.0067 | 0.0005 | 0.0000 |
| | 2 | 0.9988 | 0.9914 | 0.9421 | 0.8369 | 0.6826 | 0.5000 | 0.3174 | 0.1631 | 0.0579 | 0.0086 | 0.0012 |
| | 3 | 1.0000 | 0.9995 | 0.9933 | 0.9692 | 0.9130 | 0.8125 | 0.6630 | 0.4718 | 0.2627 | 0.0815 | 0.0226 |
| | 4 | 1.0000 | 1.0000 | 0.9997 | 0.9976 | 0.9898 | 0.9688 | 0.9222 | 0.8319 | 0.6723 | 0.4095 | 0.2262 |
| | 5 | 1.0000 | 1.0000 | 1.0000 | 1.0000 | 1.0000 | 1.0000 | 1.0000 | 1.0000 | 1.0000 | 1.0000 | 1.0000 |
| n=6 | 0 | 0.7351 | 0.5314 | 0.2621 | 0.1176 | 0.0467 | 0.0156 | 0.0041 | 0.0007 | 0.0001 | 0.0000 | 0.0000 |
| | 1 | 0.9672 | 0.8857 | 0.6554 | 0.4202 | 0.2333 | 0.1094 | 0.0410 | 0.0109 | 0.0016 | 0.0001 | 0.0000 |
| | 2 | 0.9978 | 0.9842 | 0.9011 | 0.7443 | 0.5443 | 0.3437 | 0.1792 | 0.0705 | 0.0170 | 0.0013 | 0.0001 |
| | 3 | 0.9999 | 0.9987 | 0.9830 | 0.9295 | 0.8208 | 0.6563 | 0.4557 | 0.2557 | 0.0989 | 0.0159 | 0.0022 |
| | 4 | 1.0000 | 0.9999 | 0.9984 | 0.9891 | 0.9590 | 0.8906 | 0.7667 | 0.5798 | 0.3446 | 0.1143 | 0.0328 |
| | 5 | 1.0000 | 1.0000 | 0.9999 | 0.9993 | 0.9959 | 0.9844 | 0.9533 | 0.8824 | 0.7379 | 0.4686 | 0.2649 |
| | 6 | 1.0000 | 1.0000 | 1.0000 | 1.0000 | 1.0000 | 1.0000 | 1.0000 | 1.0000 | 1.0000 | 1.0000 | 1.0000 |

| | | p | | | | | | | | | | |
|---|---|---|---|---|---|---|---|---|---|---|---|---|
| | c | 0.05 | 0.1 | 0.2 | 0.3 | 0.4 | 0.5 | 0.6 | 0.7 | 0.8 | 0.9 | 0.95 |
| n=7 | 0 | 0.6983 | 0.4783 | 0.2097 | 0.0824 | 0.0280 | 0.0078 | 0.0016 | 0.0002 | 0.0000 | 0.0000 | 0.0000 |
| | 1 | 0.9556 | 0.8503 | 0.5767 | 0.3294 | 0.1586 | 0.0625 | 0.0188 | 0.0038 | 0.0004 | 0.0000 | 0.0000 |
| | 2 | 0.9962 | 0.9743 | 0.8520 | 0.6471 | 0.4199 | 0.2266 | 0.0963 | 0.0288 | 0.0047 | 0.0002 | 0.0000 |
| | 3 | 0.9998 | 0.9973 | 0.9667 | 0.8740 | 0.7102 | 0.5000 | 0.2898 | 0.1260 | 0.0333 | 0.0027 | 0.0002 |
| | 4 | 1.0000 | 0.9998 | 0.9953 | 0.9712 | 0.9037 | 0.7734 | 0.5801 | 0.3529 | 0.1480 | 0.0257 | 0.0038 |
| | 5 | 1.0000 | 1.0000 | 0.9996 | 0.9962 | 0.9812 | 0.9375 | 0.8414 | 0.6706 | 0.4233 | 0.1497 | 0.0444 |
| | 6 | 1.0000 | 1.0000 | 1.0000 | 0.9998 | 0.9984 | 0.9922 | 0.9720 | 0.9176 | 0.7903 | 0.5217 | 0.3017 |
| | 7 | 1.0000 | 1.0000 | 1.0000 | 1.0000 | 1.0000 | 1.0000 | 1.0000 | 1.0000 | 1.0000 | 1.0000 | 1.0000 |
| n=8 | 0 | 0.6634 | 0.4305 | 0.1678 | 0.0576 | 0.0168 | 0.0039 | 0.0007 | 0.0001 | 0.0000 | 0.0000 | 0.0000 |
| | 1 | 0.9428 | 0.8131 | 0.5033 | 0.2553 | 0.1064 | 0.0352 | 0.0085 | 0.0013 | 0.0001 | 0.0000 | 0.0000 |
| | 2 | 0.9942 | 0.9619 | 0.7969 | 0.5518 | 0.3154 | 0.1445 | 0.0498 | 0.0113 | 0.0012 | 0.0000 | 0.0000 |
| | 3 | 0.9996 | 0.9950 | 0.9437 | 0.8059 | 0.5941 | 0.3633 | 0.1737 | 0.0580 | 0.0104 | 0.0004 | 0.0000 |
| | 4 | 1.0000 | 0.9996 | 0.9896 | 0.9420 | 0.8263 | 0.6367 | 0.4059 | 0.1941 | 0.0563 | 0.0050 | 0.0004 |
| | 5 | 1.0000 | 1.0000 | 0.9988 | 0.9887 | 0.9502 | 0.8555 | 0.6846 | 0.4482 | 0.2031 | 0.0381 | 0.0058 |
| | 6 | 1.0000 | 1.0000 | 0.9999 | 0.9987 | 0.9915 | 0.9648 | 0.8936 | 0.7447 | 0.4967 | 0.1869 | 0.0572 |
| | 7 | 1.0000 | 1.0000 | 1.0000 | 0.9999 | 0.9993 | 0.9961 | 0.9832 | 0.9424 | 0.8322 | 0.5695 | 0.3366 |
| | 8 | 1.0000 | 1.0000 | 1.0000 | 1.0000 | 1.0000 | 1.0000 | 1.0000 | 1.0000 | 1.0000 | 1.0000 | 1.0000 |
| n=9 | 0 | 0.6302 | 0.3874 | 0.1342 | 0.0404 | 0.0101 | 0.0020 | 0.0003 | 0.0000 | 0.0000 | 0.0000 | 0.0000 |
| | 1 | 0.9288 | 0.7748 | 0.4362 | 0.1960 | 0.0705 | 0.0195 | 0.0038 | 0.0004 | 0.0000 | 0.0000 | 0.0000 |
| | 2 | 0.9916 | 0.9470 | 0.7382 | 0.4628 | 0.2318 | 0.0898 | 0.0250 | 0.0043 | 0.0003 | 0.0000 | 0.0000 |
| | 3 | 0.9994 | 0.9917 | 0.9144 | 0.7297 | 0.4826 | 0.2539 | 0.0994 | 0.0253 | 0.0031 | 0.0001 | 0.0000 |
| | 4 | 1.0000 | 0.9991 | 0.9804 | 0.9012 | 0.7334 | 0.5000 | 0.2666 | 0.0988 | 0.0196 | 0.0009 | 0.0000 |
| | 5 | 1.0000 | 0.9999 | 0.9969 | 0.9747 | 0.9006 | 0.7461 | 0.5174 | 0.2703 | 0.0856 | 0.0083 | 0.0006 |
| | 6 | 1.0000 | 1.0000 | 0.9997 | 0.9957 | 0.9750 | 0.9102 | 0.7682 | 0.5372 | 0.2618 | 0.0530 | 0.0084 |
| | 7 | 1.0000 | 1.0000 | 1.0000 | 0.9996 | 0.9962 | 0.9805 | 0.9295 | 0.8040 | 0.5638 | 0.2252 | 0.0712 |
| | 8 | 1.0000 | 1.0000 | 1.0000 | 1.0000 | 0.9997 | 0.9980 | 0.9899 | 0.9596 | 0.8658 | 0.6126 | 0.3698 |
| | 9 | 1.0000 | 1.0000 | 1.0000 | 1.0000 | 1.0000 | 1.0000 | 1.0000 | 1.0000 | 1.0000 | 1.0000 | 1.0000 |
| n=10 | 0 | 0.5987 | 0.3487 | 0.1074 | 0.0282 | 0.0060 | 0.0010 | 0.0001 | 0.0000 | 0.0000 | 0.0000 | 0.0000 |
| | 1 | 0.9139 | 0.7361 | 0.3758 | 0.1493 | 0.0464 | 0.0107 | 0.0017 | 0.0001 | 0.0000 | 0.0000 | 0.0000 |
| | 2 | 0.9885 | 0.9298 | 0.6778 | 0.3828 | 0.1673 | 0.0547 | 0.0123 | 0.0016 | 0.0001 | 0.0000 | 0.0000 |
| | 3 | 0.9990 | 0.9872 | 0.8791 | 0.6496 | 0.3823 | 0.1719 | 0.0548 | 0.0106 | 0.0009 | 0.0000 | 0.0000 |
| | 4 | 0.9999 | 0.9984 | 0.9672 | 0.8497 | 0.6331 | 0.3770 | 0.1662 | 0.0473 | 0.0064 | 0.0001 | 0.0000 |
| | 5 | 1.0000 | 0.9999 | 0.9936 | 0.9527 | 0.8338 | 0.6230 | 0.3669 | 0.1503 | 0.0328 | 0.0016 | 0.0001 |
| | 6 | 1.0000 | 1.0000 | 0.9991 | 0.9894 | 0.9452 | 0.8281 | 0.6177 | 0.3504 | 0.1209 | 0.0128 | 0.0010 |

| | | *p* | | | | | | | | | | |
|---|---|---|---|---|---|---|---|---|---|---|---|---|
| | | 0.05 | 0.1 | 0.2 | 0.3 | 0.4 | 0.5 | 0.6 | 0.7 | 0.8 | 0.9 | 0.95 |
| | c | | | | | | | | | | | |
| | 7 | 1.0000 | 1.0000 | 0.9999 | 0.9984 | 0.9877 | 0.9453 | 0.8327 | 0.6172 | 0.3222 | 0.0702 | 0.0115 |
| | 8 | 1.0000 | 1.0000 | 1.0000 | 0.9999 | 0.9983 | 0.9893 | 0.9536 | 0.8507 | 0.6242 | 0.2639 | 0.0861 |
| | 9 | 1.0000 | 1.0000 | 1.0000 | 1.0000 | 0.9999 | 0.9990 | 0.9940 | 0.9718 | 0.8926 | 0.6513 | 0.4013 |
| | 10 | 1.0000 | 1.0000 | 1.0000 | 1.0000 | 1.0000 | 1.0000 | 1.0000 | 1.0000 | 1.0000 | 1.0000 | 1.0000 |
| n=11 | 0 | 0.5688 | 0.3138 | 0.0859 | 0.0198 | 0.0036 | 0.0005 | 0.0000 | 0.0000 | 0.0000 | 0.0000 | 0.0000 |
| | 1 | 0.8981 | 0.6974 | 0.3221 | 0.1130 | 0.0302 | 0.0059 | 0.0007 | 0.0000 | 0.0000 | 0.0000 | 0.0000 |
| | 2 | 0.9848 | 0.9104 | 0.6174 | 0.3127 | 0.1189 | 0.0327 | 0.0059 | 0.0006 | 0.0000 | 0.0000 | 0.0000 |
| | 3 | 0.9984 | 0.9815 | 0.8389 | 0.5696 | 0.2963 | 0.1133 | 0.0293 | 0.0043 | 0.0002 | 0.0000 | 0.0000 |
| | 4 | 0.9999 | 0.9972 | 0.9496 | 0.7897 | 0.5328 | 0.2744 | 0.0994 | 0.0216 | 0.0020 | 0.0000 | 0.0000 |
| | 5 | 1.0000 | 0.9997 | 0.9883 | 0.9218 | 0.7535 | 0.5000 | 0.2465 | 0.0782 | 0.0117 | 0.0003 | 0.0000 |
| | 6 | 1.0000 | 1.0000 | 0.9980 | 0.9784 | 0.9006 | 0.7256 | 0.4672 | 0.2103 | 0.0504 | 0.0028 | 0.0001 |
| | 7 | 1.0000 | 1.0000 | 0.9998 | 0.9957 | 0.9707 | 0.8867 | 0.7037 | 0.4304 | 0.1611 | 0.0185 | 0.0016 |
| | 8 | 1.0000 | 1.0000 | 1.0000 | 0.9994 | 0.9941 | 0.9673 | 0.8811 | 0.6873 | 0.3826 | 0.0896 | 0.0152 |
| | 9 | 1.0000 | 1.0000 | 1.0000 | 1.0000 | 0.9993 | 0.9941 | 0.9698 | 0.8870 | 0.6779 | 0.3026 | 0.1019 |
| | 10 | 1.0000 | 1.0000 | 1.0000 | 1.0000 | 1.0000 | 0.9995 | 0.9964 | 0.9802 | 0.9141 | 0.6862 | 0.4312 |
| | 11 | 1.0000 | 1.0000 | 1.0000 | 1.0000 | 1.0000 | 1.0000 | 1.0000 | 1.0000 | 1.0000 | 1.0000 | 1.0000 |
| n=12 | 0 | 0.5404 | 0.2824 | 0.0687 | 0.0138 | 0.0022 | 0.0002 | 0.0000 | 0.0000 | 0.0000 | 0.0000 | 0.0000 |
| | 1 | 0.8816 | 0.6590 | 0.2749 | 0.0850 | 0.0196 | 0.0032 | 0.0003 | 0.0000 | 0.0000 | 0.0000 | 0.0000 |
| | 2 | 0.9804 | 0.8891 | 0.5583 | 0.2528 | 0.0834 | 0.0193 | 0.0028 | 0.0002 | 0.0000 | 0.0000 | 0.0000 |
| | 3 | 0.9978 | 0.9744 | 0.7946 | 0.4925 | 0.2253 | 0.0730 | 0.0153 | 0.0017 | 0.0001 | 0.0000 | 0.0000 |
| | 4 | 0.9998 | 0.9957 | 0.9274 | 0.7237 | 0.4382 | 0.1938 | 0.0573 | 0.0095 | 0.0006 | 0.0000 | 0.0000 |
| | 5 | 1.0000 | 0.9995 | 0.9806 | 0.8822 | 0.6652 | 0.3872 | 0.1582 | 0.0386 | 0.0039 | 0.0001 | 0.0000 |
| | 6 | 1.0000 | 0.9999 | 0.9961 | 0.9614 | 0.8418 | 0.6128 | 0.3348 | 0.1178 | 0.0194 | 0.0005 | 0.0000 |
| | 7 | 1.0000 | 1.0000 | 0.9994 | 0.9905 | 0.9427 | 0.8062 | 0.5618 | 0.2763 | 0.0726 | 0.0043 | 0.0002 |
| | 8 | 1.0000 | 1.0000 | 0.9999 | 0.9983 | 0.9847 | 0.9270 | 0.7747 | 0.5075 | 0.2054 | 0.0256 | 0.0022 |
| | 9 | 1.0000 | 1.0000 | 1.0000 | 0.9998 | 0.9972 | 0.9807 | 0.9166 | 0.7472 | 0.4417 | 0.1109 | 0.0196 |
| | 10 | 1.0000 | 1.0000 | 1.0000 | 1.0000 | 0.9997 | 0.9968 | 0.9804 | 0.9150 | 0.7251 | 0.3410 | 0.1184 |
| | 11 | 1.0000 | 1.0000 | 1.0000 | 1.0000 | 1.0000 | 0.9998 | 0.9978 | 0.9862 | 0.9313 | 0.7176 | 0.4596 |
| | 12 | 1.0000 | 1.0000 | 1.0000 | 1.0000 | 1.0000 | 1.0000 | 1.0000 | 1.0000 | 1.0000 | 1.0000 | 1.0000 |
| n=13 | 0 | 0.5133 | 0.2542 | 0.0550 | 0.0097 | 0.0013 | 0.0001 | 0.0000 | 0.0000 | 0.0000 | 0.0000 | 0.0000 |
| | 1 | 0.8646 | 0.6213 | 0.2336 | 0.0637 | 0.0126 | 0.0017 | 0.0001 | 0.0000 | 0.0000 | 0.0000 | 0.0000 |
| | 2 | 0.9755 | 0.8661 | 0.5017 | 0.2025 | 0.0579 | 0.0112 | 0.0013 | 0.0001 | 0.0000 | 0.0000 | 0.0000 |
| | 3 | 0.9969 | 0.9658 | 0.7473 | 0.4206 | 0.1686 | 0.0461 | 0.0078 | 0.0007 | 0.0000 | 0.0000 | 0.0000 |
| | 4 | 0.9997 | 0.9935 | 0.9009 | 0.6543 | 0.3530 | 0.1334 | 0.0321 | 0.0040 | 0.0002 | 0.0000 | 0.0000 |

| | | *p* | | | | | | | | | | |
|---|---|---|---|---|---|---|---|---|---|---|---|---|
| | | 0.05 | 0.1 | 0.2 | 0.3 | 0.4 | 0.5 | 0.6 | 0.7 | 0.8 | 0.9 | 0.95 |
| | c | | | | | | | | | | | |
| | 5 | 1.0000 | 0.9991 | 0.9700 | 0.8346 | 0.5744 | 0.2905 | 0.0977 | 0.0182 | 0.0012 | 0.0000 | 0.0000 |
| | 6 | 1.0000 | 0.9999 | 0.9930 | 0.9376 | 0.7712 | 0.5000 | 0.2288 | 0.0624 | 0.0070 | 0.0001 | 0.0000 |
| | 7 | 1.0000 | 1.0000 | 0.9988 | 0.9818 | 0.9023 | 0.7095 | 0.4256 | 0.1654 | 0.0300 | 0.0009 | 0.0000 |
| | 8 | 1.0000 | 1.0000 | 0.9998 | 0.9960 | 0.9679 | 0.8666 | 0.6470 | 0.3457 | 0.0991 | 0.0065 | 0.0003 |
| | 9 | 1.0000 | 1.0000 | 1.0000 | 0.9993 | 0.9922 | 0.9539 | 0.8314 | 0.5794 | 0.2527 | 0.0342 | 0.0031 |
| | 10 | 1.0000 | 1.0000 | 1.0000 | 0.9999 | 0.9987 | 0.9888 | 0.9421 | 0.7975 | 0.4983 | 0.1339 | 0.0245 |
| | 11 | 1.0000 | 1.0000 | 1.0000 | 1.0000 | 0.9999 | 0.9983 | 0.9874 | 0.9363 | 0.7664 | 0.3787 | 0.1354 |
| | 12 | 1.0000 | 1.0000 | 1.0000 | 1.0000 | 1.0000 | 0.9999 | 0.9987 | 0.9903 | 0.9450 | 0.7458 | 0.4867 |
| | 13 | 1.0000 | 1.0000 | 1.0000 | 1.0000 | 1.0000 | 1.0000 | 1.0000 | 1.0000 | 1.0000 | 1.0000 | 1.0000 |
| n=14 | 0 | 0.4877 | 0.2288 | 0.0440 | 0.0068 | 0.0008 | 0.0001 | 0.0000 | 0.0000 | 0.0000 | 0.0000 | 0.0000 |
| | 1 | 0.8470 | 0.5846 | 0.1979 | 0.0475 | 0.0081 | 0.0009 | 0.0001 | 0.0000 | 0.0000 | 0.0000 | 0.0000 |
| | 2 | 0.9699 | 0.8416 | 0.4481 | 0.1608 | 0.0398 | 0.0065 | 0.0006 | 0.0000 | 0.0000 | 0.0000 | 0.0000 |
| | 3 | 0.9958 | 0.9559 | 0.6982 | 0.3552 | 0.1243 | 0.0287 | 0.0039 | 0.0002 | 0.0000 | 0.0000 | 0.0000 |
| | 4 | 0.9996 | 0.9908 | 0.8702 | 0.5842 | 0.2793 | 0.0898 | 0.0175 | 0.0017 | 0.0000 | 0.0000 | 0.0000 |
| | 5 | 1.0000 | 0.9985 | 0.9561 | 0.7805 | 0.4859 | 0.2120 | 0.0583 | 0.0083 | 0.0004 | 0.0000 | 0.0000 |
| | 6 | 1.0000 | 0.9998 | 0.9884 | 0.9067 | 0.6925 | 0.3953 | 0.1501 | 0.0315 | 0.0024 | 0.0000 | 0.0000 |
| | 7 | 1.0000 | 1.0000 | 0.9976 | 0.9685 | 0.8499 | 0.6047 | 0.3075 | 0.0933 | 0.0116 | 0.0002 | 0.0000 |
| | 8 | 1.0000 | 1.0000 | 0.9996 | 0.9917 | 0.9417 | 0.7880 | 0.5141 | 0.2195 | 0.0439 | 0.0015 | 0.0000 |
| | 9 | 1.0000 | 1.0000 | 1.0000 | 0.9983 | 0.9825 | 0.9102 | 0.7207 | 0.4158 | 0.1298 | 0.0092 | 0.0004 |
| | 10 | 1.0000 | 1.0000 | 1.0000 | 0.9998 | 0.9961 | 0.9713 | 0.8757 | 0.6448 | 0.3018 | 0.0441 | 0.0042 |
| | 11 | 1.0000 | 1.0000 | 1.0000 | 1.0000 | 0.9994 | 0.9935 | 0.9602 | 0.8392 | 0.5519 | 0.1584 | 0.0301 |
| | 12 | 1.0000 | 1.0000 | 1.0000 | 1.0000 | 0.9999 | 0.9991 | 0.9919 | 0.9525 | 0.8021 | 0.4154 | 0.1530 |
| | 13 | 1.0000 | 1.0000 | 1.0000 | 1.0000 | 1.0000 | 0.9999 | 0.9992 | 0.9932 | 0.9560 | 0.7712 | 0.5123 |
| | 14 | 1.0000 | 1.0000 | 1.0000 | 1.0000 | 1.0000 | 1.0000 | 1.0000 | 1.0000 | 1.0000 | 1.0000 | 1.0000 |
| n=15 | 0 | 0.4633 | 0.2059 | 0.0352 | 0.0047 | 0.0005 | 0.0000 | 0.0000 | 0.0000 | 0.0000 | 0.0000 | 0.0000 |
| | 1 | 0.8290 | 0.5490 | 0.1671 | 0.0353 | 0.0052 | 0.0005 | 0.0000 | 0.0000 | 0.0000 | 0.0000 | 0.0000 |
| | 2 | 0.9638 | 0.8159 | 0.3980 | 0.1268 | 0.0271 | 0.0037 | 0.0003 | 0.0000 | 0.0000 | 0.0000 | 0.0000 |
| | 3 | 0.9945 | 0.9444 | 0.6482 | 0.2969 | 0.0905 | 0.0176 | 0.0019 | 0.0001 | 0.0000 | 0.0000 | 0.0000 |
| | 4 | 0.9994 | 0.9873 | 0.8358 | 0.5155 | 0.2173 | 0.0592 | 0.0093 | 0.0007 | 0.0000 | 0.0000 | 0.0000 |
| | 5 | 0.9999 | 0.9978 | 0.9389 | 0.7216 | 0.4032 | 0.1509 | 0.0338 | 0.0037 | 0.0001 | 0.0000 | 0.0000 |
| | 6 | 1.0000 | 0.9997 | 0.9819 | 0.8689 | 0.6098 | 0.3036 | 0.0950 | 0.0152 | 0.0008 | 0.0000 | 0.0000 |
| | 7 | 1.0000 | 1.0000 | 0.9958 | 0.9500 | 0.7869 | 0.5000 | 0.2131 | 0.0500 | 0.0042 | 0.0000 | 0.0000 |
| | 8 | 1.0000 | 1.0000 | 0.9992 | 0.9848 | 0.9050 | 0.6964 | 0.3902 | 0.1311 | 0.0181 | 0.0003 | 0.0000 |
| | 9 | 1.0000 | 1.0000 | 0.9999 | 0.9963 | 0.9662 | 0.8491 | 0.5968 | 0.2784 | 0.0611 | 0.0022 | 0.0001 |
| | 10 | 1.0000 | 1.0000 | 1.0000 | 0.9993 | 0.9907 | 0.9408 | 0.7827 | 0.4845 | 0.1642 | 0.0127 | 0.0006 |

| | | | | | | | *p* | | | | | |
|---|---|---|---|---|---|---|---|---|---|---|---|---|
| | | 0.05 | 0.1 | 0.2 | 0.3 | 0.4 | 0.5 | 0.6 | 0.7 | 0.8 | 0.9 | 0.95 |
| | c | | | | | | | | | | | |
| | 11 | 1.0000 | 1.0000 | 1.0000 | 0.9999 | 0.9981 | 0.9824 | 0.9095 | 0.7031 | 0.3518 | 0.0556 | 0.0055 |
| | 12 | 1.0000 | 1.0000 | 1.0000 | 1.0000 | 0.9997 | 0.9963 | 0.9729 | 0.8732 | 0.6020 | 0.1841 | 0.0362 |
| | 13 | 1.0000 | 1.0000 | 1.0000 | 1.0000 | 1.0000 | 0.9995 | 0.9948 | 0.9647 | 0.8329 | 0.4510 | 0.1710 |
| | 14 | 1.0000 | 1.0000 | 1.0000 | 1.0000 | 1.0000 | 1.0000 | 0.9995 | 0.9953 | 0.9648 | 0.7941 | 0.5367 |
| | 15 | 1.0000 | 1.0000 | 1.0000 | 1.0000 | 1.0000 | 1.0000 | 1.0000 | 1.0000 | 1.0000 | 1.0000 | 1.0000 |
| n=16 | 0 | 0.4401 | 0.1853 | 0.0281 | 0.0033 | 0.0003 | 0.0000 | 0.0000 | 0.0000 | 0.0000 | 0.0000 | 0.0000 |
| | 1 | 0.8108 | 0.5147 | 0.1407 | 0.0261 | 0.0033 | 0.0003 | 0.0000 | 0.0000 | 0.0000 | 0.0000 | 0.0000 |
| | 2 | 0.9571 | 0.7892 | 0.3518 | 0.0994 | 0.0183 | 0.0021 | 0.0001 | 0.0000 | 0.0000 | 0.0000 | 0.0000 |
| | 3 | 0.9930 | 0.9316 | 0.5981 | 0.2459 | 0.0651 | 0.0106 | 0.0009 | 0.0000 | 0.0000 | 0.0000 | 0.0000 |
| | 4 | 0.9991 | 0.9830 | 0.7982 | 0.4499 | 0.1666 | 0.0384 | 0.0049 | 0.0003 | 0.0000 | 0.0000 | 0.0000 |
| | 5 | 0.9999 | 0.9967 | 0.9183 | 0.6598 | 0.3288 | 0.1051 | 0.0191 | 0.0016 | 0.0000 | 0.0000 | 0.0000 |
| | 6 | 1.0000 | 0.9995 | 0.9733 | 0.8247 | 0.5272 | 0.2272 | 0.0583 | 0.0071 | 0.0002 | 0.0000 | 0.0000 |
| | 7 | 1.0000 | 0.9999 | 0.9930 | 0.9256 | 0.7161 | 0.4018 | 0.1423 | 0.0257 | 0.0015 | 0.0000 | 0.0000 |
| | 8 | 1.0000 | 1.0000 | 0.9985 | 0.9743 | 0.8577 | 0.5982 | 0.2839 | 0.0744 | 0.0070 | 0.0001 | 0.0000 |
| | 9 | 1.0000 | 1.0000 | 0.9998 | 0.9929 | 0.9417 | 0.7728 | 0.4728 | 0.1753 | 0.0267 | 0.0005 | 0.0000 |
| | 10 | 1.0000 | 1.0000 | 1.0000 | 0.9984 | 0.9809 | 0.8949 | 0.6712 | 0.3402 | 0.0817 | 0.0033 | 0.0001 |
| | 11 | 1.0000 | 1.0000 | 1.0000 | 0.9997 | 0.9951 | 0.9616 | 0.8334 | 0.5501 | 0.2018 | 0.0170 | 0.0009 |
| | 12 | 1.0000 | 1.0000 | 1.0000 | 1.0000 | 0.9991 | 0.9894 | 0.9349 | 0.7541 | 0.4019 | 0.0684 | 0.0070 |
| | 13 | 1.0000 | 1.0000 | 1.0000 | 1.0000 | 0.9999 | 0.9979 | 0.9817 | 0.9006 | 0.6482 | 0.2108 | 0.0429 |
| | 14 | 1.0000 | 1.0000 | 1.0000 | 1.0000 | 1.0000 | 0.9997 | 0.9967 | 0.9739 | 0.8593 | 0.4853 | 0.1892 |
| | 15 | 1.0000 | 1.0000 | 1.0000 | 1.0000 | 1.0000 | 1.0000 | 0.9997 | 0.9967 | 0.9719 | 0.8147 | 0.5599 |
| | 16 | 1.0000 | 1.0000 | 1.0000 | 1.0000 | 1.0000 | 1.0000 | 1.0000 | 1.0000 | 1.0000 | 1.0000 | 1.0000 |
| n=17 | 0 | 0.4181 | 0.1668 | 0.0225 | 0.0023 | 0.0002 | 0.0000 | 0.0000 | 0.0000 | 0.0000 | 0.0000 | 0.0000 |
| | 1 | 0.7922 | 0.4818 | 0.1182 | 0.0193 | 0.0021 | 0.0001 | 0.0000 | 0.0000 | 0.0000 | 0.0000 | 0.0000 |
| | 2 | 0.9497 | 0.7618 | 0.3096 | 0.0774 | 0.0123 | 0.0012 | 0.0001 | 0.0000 | 0.0000 | 0.0000 | 0.0000 |
| | 3 | 0.9912 | 0.9174 | 0.5489 | 0.2019 | 0.0464 | 0.0064 | 0.0005 | 0.0000 | 0.0000 | 0.0000 | 0.0000 |
| | 4 | 0.9988 | 0.9779 | 0.7582 | 0.3887 | 0.1260 | 0.0245 | 0.0025 | 0.0001 | 0.0000 | 0.0000 | 0.0000 |
| | 5 | 0.9999 | 0.9953 | 0.8943 | 0.5968 | 0.2639 | 0.0717 | 0.0106 | 0.0007 | 0.0000 | 0.0000 | 0.0000 |
| | 6 | 1.0000 | 0.9992 | 0.9623 | 0.7752 | 0.4478 | 0.1662 | 0.0348 | 0.0032 | 0.0001 | 0.0000 | 0.0000 |
| | 7 | 1.0000 | 0.9999 | 0.9891 | 0.8954 | 0.6405 | 0.3145 | 0.0919 | 0.0127 | 0.0005 | 0.0000 | 0.0000 |
| | 8 | 1.0000 | 1.0000 | 0.9974 | 0.9597 | 0.8011 | 0.5000 | 0.1989 | 0.0403 | 0.0026 | 0.0000 | 0.0000 |
| | 9 | 1.0000 | 1.0000 | 0.9995 | 0.9873 | 0.9081 | 0.6855 | 0.3595 | 0.1046 | 0.0109 | 0.0001 | 0.0000 |
| | 10 | 1.0000 | 1.0000 | 0.9999 | 0.9968 | 0.9652 | 0.8338 | 0.5522 | 0.2248 | 0.0377 | 0.0008 | 0.0000 |
| | 11 | 1.0000 | 1.0000 | 1.0000 | 0.9993 | 0.9894 | 0.9283 | 0.7361 | 0.4032 | 0.1057 | 0.0047 | 0.0001 |
| | 12 | 1.0000 | 1.0000 | 1.0000 | 0.9999 | 0.9975 | 0.9755 | 0.8740 | 0.6113 | 0.2418 | 0.0221 | 0.0012 |

| | c | 0.05 | 0.1 | 0.2 | 0.3 | 0.4 | 0.5 | 0.6 | 0.7 | 0.8 | 0.9 | 0.95 |
|---|---|---|---|---|---|---|---|---|---|---|---|---|
| | 13 | 1.0000 | 1.0000 | 1.0000 | 1.0000 | 0.9995 | 0.9936 | 0.9536 | 0.7981 | 0.4511 | 0.0826 | 0.0088 |
| | 14 | 1.0000 | 1.0000 | 1.0000 | 1.0000 | 0.9999 | 0.9988 | 0.9877 | 0.9226 | 0.6904 | 0.2382 | 0.0503 |
| | 15 | 1.0000 | 1.0000 | 1.0000 | 1.0000 | 1.0000 | 0.9999 | 0.9979 | 0.9807 | 0.8818 | 0.5182 | 0.2078 |
| | 16 | 1.0000 | 1.0000 | 1.0000 | 1.0000 | 1.0000 | 1.0000 | 0.9998 | 0.9977 | 0.9775 | 0.8332 | 0.5819 |
| | 17 | 1.0000 | 1.0000 | 1.0000 | 1.0000 | 1.0000 | 1.0000 | 1.0000 | 1.0000 | 1.0000 | 1.0000 | 1.0000 |
| n=18 | 0 | 0.3972 | 0.1501 | 0.0180 | 0.0016 | 0.0001 | 0.0000 | 0.0000 | 0.0000 | 0.0000 | 0.0000 | 0.0000 |
| | 1 | 0.7735 | 0.4503 | 0.0991 | 0.0142 | 0.0013 | 0.0001 | 0.0000 | 0.0000 | 0.0000 | 0.0000 | 0.0000 |
| | 2 | 0.9419 | 0.7338 | 0.2713 | 0.0600 | 0.0082 | 0.0007 | 0.0000 | 0.0000 | 0.0000 | 0.0000 | 0.0000 |
| | 3 | 0.9891 | 0.9018 | 0.5010 | 0.1646 | 0.0328 | 0.0038 | 0.0002 | 0.0000 | 0.0000 | 0.0000 | 0.0000 |
| | 4 | 0.9985 | 0.9718 | 0.7164 | 0.3327 | 0.0942 | 0.0154 | 0.0013 | 0.0000 | 0.0000 | 0.0000 | 0.0000 |
| | 5 | 0.9998 | 0.9936 | 0.8671 | 0.5344 | 0.2088 | 0.0481 | 0.0058 | 0.0003 | 0.0000 | 0.0000 | 0.0000 |
| | 6 | 1.0000 | 0.9988 | 0.9487 | 0.7217 | 0.3743 | 0.1189 | 0.0203 | 0.0014 | 0.0000 | 0.0000 | 0.0000 |
| | 7 | 1.0000 | 0.9998 | 0.9837 | 0.8593 | 0.5634 | 0.2403 | 0.0576 | 0.0061 | 0.0002 | 0.0000 | 0.0000 |
| | 8 | 1.0000 | 1.0000 | 0.9957 | 0.9404 | 0.7368 | 0.4073 | 0.1347 | 0.0210 | 0.0009 | 0.0000 | 0.0000 |
| | 9 | 1.0000 | 1.0000 | 0.9991 | 0.9790 | 0.8653 | 0.5927 | 0.2632 | 0.0596 | 0.0043 | 0.0000 | 0.0000 |
| | 10 | 1.0000 | 1.0000 | 0.9998 | 0.9939 | 0.9424 | 0.7597 | 0.4366 | 0.1407 | 0.0163 | 0.0002 | 0.0000 |
| | 11 | 1.0000 | 1.0000 | 1.0000 | 0.9986 | 0.9797 | 0.8811 | 0.6257 | 0.2783 | 0.0513 | 0.0012 | 0.0000 |
| | 12 | 1.0000 | 1.0000 | 1.0000 | 0.9997 | 0.9942 | 0.9519 | 0.7912 | 0.4656 | 0.1329 | 0.0064 | 0.0002 |
| | 13 | 1.0000 | 1.0000 | 1.0000 | 1.0000 | 0.9987 | 0.9846 | 0.9058 | 0.6673 | 0.2836 | 0.0282 | 0.0015 |
| | 14 | 1.0000 | 1.0000 | 1.0000 | 1.0000 | 0.9998 | 0.9962 | 0.9672 | 0.8354 | 0.4990 | 0.0982 | 0.0109 |
| | 15 | 1.0000 | 1.0000 | 1.0000 | 1.0000 | 1.0000 | 0.9993 | 0.9918 | 0.9400 | 0.7287 | 0.2662 | 0.0581 |
| | 16 | 1.0000 | 1.0000 | 1.0000 | 1.0000 | 1.0000 | 0.9999 | 0.9987 | 0.9858 | 0.9009 | 0.5497 | 0.2265 |
| | 17 | 1.0000 | 1.0000 | 1.0000 | 1.0000 | 1.0000 | 1.0000 | 0.9999 | 0.9984 | 0.9820 | 0.8499 | 0.6028 |
| | 18 | 1.0000 | 1.0000 | 1.0000 | 1.0000 | 1.0000 | 1.0000 | 1.0000 | 1.0000 | 1.0000 | 1.0000 | 1.0000 |
| n=19 | 0 | 0.3774 | 0.1351 | 0.0144 | 0.0011 | 0.0001 | 0.0000 | 0.0000 | 0.0000 | 0.0000 | 0.0000 | 0.0000 |
| | 1 | 0.7547 | 0.4203 | 0.0829 | 0.0104 | 0.0008 | 0.0000 | 0.0000 | 0.0000 | 0.0000 | 0.0000 | 0.0000 |
| | 2 | 0.9335 | 0.7054 | 0.2369 | 0.0462 | 0.0055 | 0.0004 | 0.0000 | 0.0000 | 0.0000 | 0.0000 | 0.0000 |
| | 3 | 0.9868 | 0.8850 | 0.4551 | 0.1332 | 0.0230 | 0.0022 | 0.0001 | 0.0000 | 0.0000 | 0.0000 | 0.0000 |
| | 4 | 0.9980 | 0.9648 | 0.6733 | 0.2822 | 0.0696 | 0.0096 | 0.0006 | 0.0000 | 0.0000 | 0.0000 | 0.0000 |
| | 5 | 0.9998 | 0.9914 | 0.8369 | 0.4739 | 0.1629 | 0.0318 | 0.0031 | 0.0001 | 0.0000 | 0.0000 | 0.0000 |
| | 6 | 1.0000 | 0.9983 | 0.9324 | 0.6655 | 0.3081 | 0.0835 | 0.0116 | 0.0006 | 0.0000 | 0.0000 | 0.0000 |
| | 7 | 1.0000 | 0.9997 | 0.9767 | 0.8180 | 0.4878 | 0.1796 | 0.0352 | 0.0028 | 0.0000 | 0.0000 | 0.0000 |
| | 8 | 1.0000 | 1.0000 | 0.9933 | 0.9161 | 0.6675 | 0.3238 | 0.0885 | 0.0105 | 0.0003 | 0.0000 | 0.0000 |
| | 9 | 1.0000 | 1.0000 | 0.9984 | 0.9674 | 0.8139 | 0.5000 | 0.1861 | 0.0326 | 0.0016 | 0.0000 | 0.0000 |
| | 10 | 1.0000 | 1.0000 | 0.9997 | 0.9895 | 0.9115 | 0.6762 | 0.3325 | 0.0839 | 0.0067 | 0.0000 | 0.0000 |

| | c | 0.05 | 0.1 | 0.2 | 0.3 | 0.4 | 0.5 | 0.6 | 0.7 | 0.8 | 0.9 | 0.95 |
|---|---|---|---|---|---|---|---|---|---|---|---|---|
| | 11 | 1.0000 | 1.0000 | 1.0000 | 0.9972 | 0.9648 | 0.8204 | 0.5122 | 0.1820 | 0.0233 | 0.0003 | 0.0000 |
| | 12 | 1.0000 | 1.0000 | 1.0000 | 0.9994 | 0.9884 | 0.9165 | 0.6919 | 0.3345 | 0.0676 | 0.0017 | 0.0000 |
| | 13 | 1.0000 | 1.0000 | 1.0000 | 0.9999 | 0.9969 | 0.9682 | 0.8371 | 0.5261 | 0.1631 | 0.0086 | 0.0002 |
| | 14 | 1.0000 | 1.0000 | 1.0000 | 1.0000 | 0.9994 | 0.9904 | 0.9304 | 0.7178 | 0.3267 | 0.0352 | 0.0020 |
| | 15 | 1.0000 | 1.0000 | 1.0000 | 1.0000 | 0.9999 | 0.9978 | 0.9770 | 0.8668 | 0.5449 | 0.1150 | 0.0132 |
| | 16 | 1.0000 | 1.0000 | 1.0000 | 1.0000 | 1.0000 | 0.9996 | 0.9945 | 0.9538 | 0.7631 | 0.2946 | 0.0665 |
| | 17 | 1.0000 | 1.0000 | 1.0000 | 1.0000 | 1.0000 | 1.0000 | 0.9992 | 0.9896 | 0.9171 | 0.5797 | 0.2453 |
| | 18 | 1.0000 | 1.0000 | 1.0000 | 1.0000 | 1.0000 | 1.0000 | 0.9999 | 0.9989 | 0.9856 | 0.8649 | 0.6226 |
| | 19 | 1.0000 | 1.0000 | 1.0000 | 1.0000 | 1.0000 | 1.0000 | 1.0000 | 1.0000 | 1.0000 | 1.0000 | 1.0000 |
| n=20 | 0 | 0.3585 | 0.1216 | 0.0115 | 0.0008 | 0.0000 | 0.0000 | 0.0000 | 0.0000 | 0.0000 | 0.0000 | 0.0000 |
| | 1 | 0.7358 | 0.3917 | 0.0692 | 0.0076 | 0.0005 | 0.0000 | 0.0000 | 0.0000 | 0.0000 | 0.0000 | 0.0000 |
| | 2 | 0.9245 | 0.6769 | 0.2061 | 0.0355 | 0.0036 | 0.0002 | 0.0000 | 0.0000 | 0.0000 | 0.0000 | 0.0000 |
| | 3 | 0.9841 | 0.8670 | 0.4114 | 0.1071 | 0.0160 | 0.0013 | 0.0000 | 0.0000 | 0.0000 | 0.0000 | 0.0000 |
| | 4 | 0.9974 | 0.9568 | 0.6296 | 0.2375 | 0.0510 | 0.0059 | 0.0003 | 0.0000 | 0.0000 | 0.0000 | 0.0000 |
| | 5 | 0.9997 | 0.9887 | 0.8042 | 0.4164 | 0.1256 | 0.0207 | 0.0016 | 0.0000 | 0.0000 | 0.0000 | 0.0000 |
| | 6 | 1.0000 | 0.9976 | 0.9133 | 0.6080 | 0.2500 | 0.0577 | 0.0065 | 0.0003 | 0.0000 | 0.0000 | 0.0000 |
| | 7 | 1.0000 | 0.9996 | 0.9679 | 0.7723 | 0.4159 | 0.1316 | 0.0210 | 0.0013 | 0.0000 | 0.0000 | 0.0000 |
| | 8 | 1.0000 | 0.9999 | 0.9900 | 0.8867 | 0.5956 | 0.2517 | 0.0565 | 0.0051 | 0.0001 | 0.0000 | 0.0000 |
| | 9 | 1.0000 | 1.0000 | 0.9974 | 0.9520 | 0.7553 | 0.4119 | 0.1275 | 0.0171 | 0.0006 | 0.0000 | 0.0000 |
| | 10 | 1.0000 | 1.0000 | 0.9994 | 0.9829 | 0.8725 | 0.5881 | 0.2447 | 0.0480 | 0.0026 | 0.0000 | 0.0000 |
| | 11 | 1.0000 | 1.0000 | 0.9999 | 0.9949 | 0.9435 | 0.7483 | 0.4044 | 0.1133 | 0.0100 | 0.0001 | 0.0000 |
| | 12 | 1.0000 | 1.0000 | 1.0000 | 0.9987 | 0.9790 | 0.8684 | 0.5841 | 0.2277 | 0.0321 | 0.0004 | 0.0000 |
| | 13 | 1.0000 | 1.0000 | 1.0000 | 0.9997 | 0.9935 | 0.9423 | 0.7500 | 0.3920 | 0.0867 | 0.0024 | 0.0000 |
| | 14 | 1.0000 | 1.0000 | 1.0000 | 1.0000 | 0.9984 | 0.9793 | 0.8744 | 0.5836 | 0.1958 | 0.0113 | 0.0003 |
| | 15 | 1.0000 | 1.0000 | 1.0000 | 1.0000 | 0.9997 | 0.9941 | 0.9490 | 0.7625 | 0.3704 | 0.0432 | 0.0026 |
| | 16 | 1.0000 | 1.0000 | 1.0000 | 1.0000 | 1.0000 | 0.9987 | 0.9840 | 0.8929 | 0.5886 | 0.1330 | 0.0159 |
| | 17 | 1.0000 | 1.0000 | 1.0000 | 1.0000 | 1.0000 | 0.9998 | 0.9964 | 0.9645 | 0.7939 | 0.3231 | 0.0755 |
| | 18 | 1.0000 | 1.0000 | 1.0000 | 1.0000 | 1.0000 | 1.0000 | 0.9995 | 0.9924 | 0.9308 | 0.6083 | 0.2642 |
| | 19 | 1.0000 | 1.0000 | 1.0000 | 1.0000 | 1.0000 | 1.0000 | 1.0000 | 0.9992 | 0.9885 | 0.8784 | 0.6415 |
| | 20 | 1.0000 | 1.0000 | 1.0000 | 1.0000 | 1.0000 | 1.0000 | 1.0000 | 1.0000 | 1.0000 | 1.0000 | 1.0000 |
| n=21 | 0 | 0.3406 | 0.1094 | 0.0092 | 0.0006 | 0.0000 | 0.0000 | 0.0000 | 0.0000 | 0.0000 | 0.0000 | 0.0000 |
| | 1 | 0.7170 | 0.3647 | 0.0576 | 0.0056 | 0.0003 | 0.0000 | 0.0000 | 0.0000 | 0.0000 | 0.0000 | 0.0000 |
| | 2 | 0.9151 | 0.6484 | 0.1787 | 0.0271 | 0.0024 | 0.0001 | 0.0000 | 0.0000 | 0.0000 | 0.0000 | 0.0000 |
| | 3 | 0.9811 | 0.8480 | 0.3704 | 0.0856 | 0.0110 | 0.0007 | 0.0000 | 0.0000 | 0.0000 | 0.0000 | 0.0000 |
| | 4 | 0.9968 | 0.9478 | 0.5860 | 0.1984 | 0.0370 | 0.0036 | 0.0002 | 0.0000 | 0.0000 | 0.0000 | 0.0000 |

| | | p | | | | | | | | | | |
|---|---|---|---|---|---|---|---|---|---|---|---|---|
| | | 0.05 | 0.1 | 0.2 | 0.3 | 0.4 | 0.5 | 0.6 | 0.7 | 0.8 | 0.9 | 0.95 |
| | c | | | | | | | | | | | |
| | 5 | 0.9996 | 0.9856 | 0.7693 | 0.3627 | 0.0957 | 0.0133 | 0.0008 | 0.0000 | 0.0000 | 0.0000 | 0.0000 |
| | 6 | 1.0000 | 0.9967 | 0.8915 | 0.5505 | 0.2002 | 0.0392 | 0.0036 | 0.0001 | 0.0000 | 0.0000 | 0.0000 |
| | 7 | 1.0000 | 0.9994 | 0.9569 | 0.7230 | 0.3495 | 0.0946 | 0.0123 | 0.0006 | 0.0000 | 0.0000 | 0.0000 |
| | 8 | 1.0000 | 0.9999 | 0.9856 | 0.8523 | 0.5237 | 0.1917 | 0.0352 | 0.0024 | 0.0000 | 0.0000 | 0.0000 |
| | 9 | 1.0000 | 1.0000 | 0.9959 | 0.9324 | 0.6914 | 0.3318 | 0.0849 | 0.0087 | 0.0002 | 0.0000 | 0.0000 |
| | 10 | 1.0000 | 1.0000 | 0.9990 | 0.9736 | 0.8256 | 0.5000 | 0.1744 | 0.0264 | 0.0010 | 0.0000 | 0.0000 |
| | 11 | 1.0000 | 1.0000 | 0.9998 | 0.9913 | 0.9151 | 0.6682 | 0.3086 | 0.0676 | 0.0041 | 0.0000 | 0.0000 |
| | 12 | 1.0000 | 1.0000 | 1.0000 | 0.9976 | 0.9648 | 0.8083 | 0.4763 | 0.1477 | 0.0144 | 0.0001 | 0.0000 |
| | 13 | 1.0000 | 1.0000 | 1.0000 | 0.9994 | 0.9877 | 0.9054 | 0.6505 | 0.2770 | 0.0431 | 0.0006 | 0.0000 |
| | 14 | 1.0000 | 1.0000 | 1.0000 | 0.9999 | 0.9964 | 0.9608 | 0.7998 | 0.4495 | 0.1085 | 0.0033 | 0.0000 |
| | 15 | 1.0000 | 1.0000 | 1.0000 | 1.0000 | 0.9992 | 0.9867 | 0.9043 | 0.6373 | 0.2307 | 0.0144 | 0.0004 |
| | 16 | 1.0000 | 1.0000 | 1.0000 | 1.0000 | 0.9998 | 0.9964 | 0.9630 | 0.8016 | 0.4140 | 0.0522 | 0.0032 |
| | 17 | 1.0000 | 1.0000 | 1.0000 | 1.0000 | 1.0000 | 0.9993 | 0.9890 | 0.9144 | 0.6296 | 0.1520 | 0.0189 |
| | 18 | 1.0000 | 1.0000 | 1.0000 | 1.0000 | 1.0000 | 0.9999 | 0.9976 | 0.9729 | 0.8213 | 0.3516 | 0.0849 |
| | 19 | 1.0000 | 1.0000 | 1.0000 | 1.0000 | 1.0000 | 1.0000 | 0.9997 | 0.9944 | 0.9424 | 0.6353 | 0.2830 |
| | 20 | 1.0000 | 1.0000 | 1.0000 | 1.0000 | 1.0000 | 1.0000 | 1.0000 | 0.9994 | 0.9908 | 0.8906 | 0.6594 |
| | 21 | 1.0000 | 1.0000 | 1.0000 | 1.0000 | 1.0000 | 1.0000 | 1.0000 | 1.0000 | 1.0000 | 1.0000 | 1.0000 |
| n=22 | 0 | 0.3235 | 0.0985 | 0.0074 | 0.0004 | 0.0000 | 0.0000 | 0.0000 | 0.0000 | 0.0000 | 0.0000 | 0.0000 |
| | 1 | 0.6982 | 0.3392 | 0.0480 | 0.0041 | 0.0002 | 0.0000 | 0.0000 | 0.0000 | 0.0000 | 0.0000 | 0.0000 |
| | 2 | 0.9052 | 0.6200 | 0.1545 | 0.0207 | 0.0016 | 0.0001 | 0.0000 | 0.0000 | 0.0000 | 0.0000 | 0.0000 |
| | 3 | 0.9778 | 0.8281 | 0.3320 | 0.0681 | 0.0076 | 0.0004 | 0.0000 | 0.0000 | 0.0000 | 0.0000 | 0.0000 |
| | 4 | 0.9960 | 0.9379 | 0.5429 | 0.1645 | 0.0266 | 0.0022 | 0.0001 | 0.0000 | 0.0000 | 0.0000 | 0.0000 |
| | 5 | 0.9994 | 0.9818 | 0.7326 | 0.3134 | 0.0722 | 0.0085 | 0.0004 | 0.0000 | 0.0000 | 0.0000 | 0.0000 |
| | 6 | 0.9999 | 0.9956 | 0.8670 | 0.4942 | 0.1584 | 0.0262 | 0.0019 | 0.0000 | 0.0000 | 0.0000 | 0.0000 |
| | 7 | 1.0000 | 0.9991 | 0.9439 | 0.6713 | 0.2898 | 0.0669 | 0.0070 | 0.0002 | 0.0000 | 0.0000 | 0.0000 |
| | 8 | 1.0000 | 0.9999 | 0.9799 | 0.8135 | 0.4540 | 0.1431 | 0.0215 | 0.0011 | 0.0000 | 0.0000 | 0.0000 |
| | 9 | 1.0000 | 1.0000 | 0.9939 | 0.9084 | 0.6244 | 0.2617 | 0.0551 | 0.0043 | 0.0001 | 0.0000 | 0.0000 |
| | 10 | 1.0000 | 1.0000 | 0.9984 | 0.9613 | 0.7720 | 0.4159 | 0.1207 | 0.0140 | 0.0003 | 0.0000 | 0.0000 |
| | 11 | 1.0000 | 1.0000 | 0.9997 | 0.9860 | 0.8793 | 0.5841 | 0.2280 | 0.0387 | 0.0016 | 0.0000 | 0.0000 |
| | 12 | 1.0000 | 1.0000 | 0.9999 | 0.9957 | 0.9449 | 0.7383 | 0.3756 | 0.0916 | 0.0061 | 0.0000 | 0.0000 |
| | 13 | 1.0000 | 1.0000 | 1.0000 | 0.9989 | 0.9785 | 0.8569 | 0.5460 | 0.1865 | 0.0201 | 0.0001 | 0.0000 |
| | 14 | 1.0000 | 1.0000 | 1.0000 | 0.9998 | 0.9930 | 0.9331 | 0.7102 | 0.3287 | 0.0561 | 0.0009 | 0.0000 |
| | 15 | 1.0000 | 1.0000 | 1.0000 | 1.0000 | 0.9981 | 0.9738 | 0.8416 | 0.5058 | 0.1330 | 0.0044 | 0.0001 |
| | 16 | 1.0000 | 1.0000 | 1.0000 | 1.0000 | 0.9996 | 0.9915 | 0.9278 | 0.6866 | 0.2674 | 0.0182 | 0.0006 |
| | 17 | 1.0000 | 1.0000 | 1.0000 | 1.0000 | 0.9999 | 0.9978 | 0.9734 | 0.8355 | 0.4571 | 0.0621 | 0.0040 |
| | 18 | 1.0000 | 1.0000 | 1.0000 | 1.0000 | 1.0000 | 0.9996 | 0.9924 | 0.9319 | 0.6680 | 0.1719 | 0.0222 |

| | | p | | | | | | | | | | |
|---|---|---|---|---|---|---|---|---|---|---|---|---|
| | | 0.05 | 0.1 | 0.2 | 0.3 | 0.4 | 0.5 | 0.6 | 0.7 | 0.8 | 0.9 | 0.95 |
| | c | | | | | | | | | | | |
| | 19 | 1.0000 | 1.0000 | 1.0000 | 1.0000 | 1.0000 | 0.9999 | 0.9984 | 0.9793 | 0.8455 | 0.3800 | 0.0948 |
| | 20 | 1.0000 | 1.0000 | 1.0000 | 1.0000 | 1.0000 | 1.0000 | 0.9998 | 0.9959 | 0.9520 | 0.6608 | 0.3018 |
| | 21 | 1.0000 | 1.0000 | 1.0000 | 1.0000 | 1.0000 | 1.0000 | 1.0000 | 0.9996 | 0.9926 | 0.9015 | 0.6765 |
| | 22 | 1.0000 | 1.0000 | 1.0000 | 1.0000 | 1.0000 | 1.0000 | 1.0000 | 1.0000 | 1.0000 | 1.0000 | 1.0000 |
| n=23 | 0 | 0.3074 | 0.0886 | 0.0059 | 0.0003 | 0.0000 | 0.0000 | 0.0000 | 0.0000 | 0.0000 | 0.0000 | 0.0000 |
| | 1 | 0.6794 | 0.3151 | 0.0398 | 0.0030 | 0.0001 | 0.0000 | 0.0000 | 0.0000 | 0.0000 | 0.0000 | 0.0000 |
| | 2 | 0.8948 | 0.5920 | 0.1332 | 0.0157 | 0.0010 | 0.0000 | 0.0000 | 0.0000 | 0.0000 | 0.0000 | 0.0000 |
| | 3 | 0.9742 | 0.8073 | 0.2965 | 0.0538 | 0.0052 | 0.0002 | 0.0000 | 0.0000 | 0.0000 | 0.0000 | 0.0000 |
| | 4 | 0.9951 | 0.9269 | 0.5007 | 0.1356 | 0.0190 | 0.0013 | 0.0000 | 0.0000 | 0.0000 | 0.0000 | 0.0000 |
| | 5 | 0.9992 | 0.9774 | 0.6947 | 0.2688 | 0.0540 | 0.0053 | 0.0002 | 0.0000 | 0.0000 | 0.0000 | 0.0000 |
| | 6 | 0.9999 | 0.9942 | 0.8402 | 0.4399 | 0.1240 | 0.0173 | 0.0010 | 0.0000 | 0.0000 | 0.0000 | 0.0000 |
| | 7 | 1.0000 | 0.9988 | 0.9285 | 0.6181 | 0.2373 | 0.0466 | 0.0040 | 0.0001 | 0.0000 | 0.0000 | 0.0000 |
| | 8 | 1.0000 | 0.9998 | 0.9727 | 0.7709 | 0.3884 | 0.1050 | 0.0128 | 0.0005 | 0.0000 | 0.0000 | 0.0000 |
| | 9 | 1.0000 | 1.0000 | 0.9911 | 0.8799 | 0.5562 | 0.2024 | 0.0349 | 0.0021 | 0.0000 | 0.0000 | 0.0000 |
| | 10 | 1.0000 | 1.0000 | 0.9975 | 0.9454 | 0.7129 | 0.3388 | 0.0813 | 0.0072 | 0.0001 | 0.0000 | 0.0000 |
| | 11 | 1.0000 | 1.0000 | 0.9994 | 0.9786 | 0.8364 | 0.5000 | 0.1636 | 0.0214 | 0.0006 | 0.0000 | 0.0000 |
| | 12 | 1.0000 | 1.0000 | 0.9999 | 0.9928 | 0.9187 | 0.6612 | 0.2871 | 0.0546 | 0.0025 | 0.0000 | 0.0000 |
| | 13 | 1.0000 | 1.0000 | 1.0000 | 0.9979 | 0.9651 | 0.7976 | 0.4438 | 0.1201 | 0.0089 | 0.0000 | 0.0000 |
| | 14 | 1.0000 | 1.0000 | 1.0000 | 0.9995 | 0.9872 | 0.8950 | 0.6116 | 0.2291 | 0.0273 | 0.0002 | 0.0000 |
| | 15 | 1.0000 | 1.0000 | 1.0000 | 0.9999 | 0.9960 | 0.9534 | 0.7627 | 0.3819 | 0.0715 | 0.0012 | 0.0000 |
| | 16 | 1.0000 | 1.0000 | 1.0000 | 1.0000 | 0.9990 | 0.9827 | 0.8760 | 0.5601 | 0.1598 | 0.0058 | 0.0001 |
| | 17 | 1.0000 | 1.0000 | 1.0000 | 1.0000 | 0.9998 | 0.9947 | 0.9460 | 0.7312 | 0.3053 | 0.0226 | 0.0008 |
| | 18 | 1.0000 | 1.0000 | 1.0000 | 1.0000 | 1.0000 | 0.9987 | 0.9810 | 0.8644 | 0.4993 | 0.0731 | 0.0049 |
| | 19 | 1.0000 | 1.0000 | 1.0000 | 1.0000 | 1.0000 | 0.9998 | 0.9948 | 0.9462 | 0.7035 | 0.1927 | 0.0258 |
| | 20 | 1.0000 | 1.0000 | 1.0000 | 1.0000 | 1.0000 | 1.0000 | 0.9990 | 0.9843 | 0.8668 | 0.4080 | 0.1052 |
| | 21 | 1.0000 | 1.0000 | 1.0000 | 1.0000 | 1.0000 | 1.0000 | 0.9999 | 0.9970 | 0.9602 | 0.6849 | 0.3206 |
| | 22 | 1.0000 | 1.0000 | 1.0000 | 1.0000 | 1.0000 | 1.0000 | 1.0000 | 0.9997 | 0.9941 | 0.9114 | 0.6926 |
| | 23 | 1.0000 | 1.0000 | 1.0000 | 1.0000 | 1.0000 | 1.0000 | 1.0000 | 1.0000 | 1.0000 | 1.0000 | 1.0000 |
| n=24 | 0 | 0.2920 | 0.0798 | 0.0047 | 0.0002 | 0.0000 | 0.0000 | 0.0000 | 0.0000 | 0.0000 | 0.0000 | 0.0000 |
| | 1 | 0.6608 | 0.2925 | 0.0331 | 0.0022 | 0.0001 | 0.0000 | 0.0000 | 0.0000 | 0.0000 | 0.0000 | 0.0000 |
| | 2 | 0.8841 | 0.5643 | 0.1145 | 0.0119 | 0.0007 | 0.0000 | 0.0000 | 0.0000 | 0.0000 | 0.0000 | 0.0000 |
| | 3 | 0.9702 | 0.7857 | 0.2639 | 0.0424 | 0.0035 | 0.0001 | 0.0000 | 0.0000 | 0.0000 | 0.0000 | 0.0000 |
| | 4 | 0.9940 | 0.9149 | 0.4599 | 0.1111 | 0.0134 | 0.0008 | 0.0000 | 0.0000 | 0.0000 | 0.0000 | 0.0000 |
| | 5 | 0.9990 | 0.9723 | 0.6559 | 0.2288 | 0.0400 | 0.0033 | 0.0001 | 0.0000 | 0.0000 | 0.0000 | 0.0000 |
| | 6 | 0.9999 | 0.9925 | 0.8111 | 0.3886 | 0.0960 | 0.0113 | 0.0005 | 0.0000 | 0.0000 | 0.0000 | 0.0000 |

| | | | | | | *p* | | | | | | |
|---|---|---|---|---|---|---|---|---|---|---|---|---|
| | | 0.05 | 0.1 | 0.2 | 0.3 | 0.4 | 0.5 | 0.6 | 0.7 | 0.8 | 0.9 | 0.95 |
| | c | | | | | | | | | | | |
| | 7 | 1.0000 | 0.9983 | 0.9108 | 0.5647 | 0.1919 | 0.0320 | 0.0022 | 0.0000 | 0.0000 | 0.0000 | 0.0000 |
| | 8 | 1.0000 | 0.9997 | 0.9638 | 0.7250 | 0.3279 | 0.0758 | 0.0075 | 0.0002 | 0.0000 | 0.0000 | 0.0000 |
| | 9 | 1.0000 | 0.9999 | 0.9874 | 0.8472 | 0.4891 | 0.1537 | 0.0217 | 0.0010 | 0.0000 | 0.0000 | 0.0000 |
| | 10 | 1.0000 | 1.0000 | 0.9962 | 0.9258 | 0.6502 | 0.2706 | 0.0535 | 0.0036 | 0.0000 | 0.0000 | 0.0000 |
| | 11 | 1.0000 | 1.0000 | 0.9990 | 0.9686 | 0.7870 | 0.4194 | 0.1143 | 0.0115 | 0.0002 | 0.0000 | 0.0000 |
| | 12 | 1.0000 | 1.0000 | 0.9998 | 0.9885 | 0.8857 | 0.5806 | 0.2130 | 0.0314 | 0.0010 | 0.0000 | 0.0000 |
| | 13 | 1.0000 | 1.0000 | 1.0000 | 0.9964 | 0.9465 | 0.7294 | 0.3498 | 0.0742 | 0.0038 | 0.0000 | 0.0000 |
| | 14 | 1.0000 | 1.0000 | 1.0000 | 0.9990 | 0.9783 | 0.8463 | 0.5109 | 0.1528 | 0.0126 | 0.0001 | 0.0000 |
| | 15 | 1.0000 | 1.0000 | 1.0000 | 0.9998 | 0.9925 | 0.9242 | 0.6721 | 0.2750 | 0.0362 | 0.0003 | 0.0000 |
| | 16 | 1.0000 | 1.0000 | 1.0000 | 1.0000 | 0.9978 | 0.9680 | 0.8081 | 0.4353 | 0.0892 | 0.0017 | 0.0000 |
| | 17 | 1.0000 | 1.0000 | 1.0000 | 1.0000 | 0.9995 | 0.9887 | 0.9040 | 0.6114 | 0.1889 | 0.0075 | 0.0001 |
| | 18 | 1.0000 | 1.0000 | 1.0000 | 1.0000 | 0.9999 | 0.9967 | 0.9600 | 0.7712 | 0.3441 | 0.0277 | 0.0010 |
| | 19 | 1.0000 | 1.0000 | 1.0000 | 1.0000 | 1.0000 | 0.9992 | 0.9866 | 0.8889 | 0.5401 | 0.0851 | 0.0060 |
| | 20 | 1.0000 | 1.0000 | 1.0000 | 1.0000 | 1.0000 | 0.9999 | 0.9965 | 0.9576 | 0.7361 | 0.2143 | 0.0298 |
| | 21 | 1.0000 | 1.0000 | 1.0000 | 1.0000 | 1.0000 | 1.0000 | 0.9993 | 0.9881 | 0.8855 | 0.4357 | 0.1159 |
| | 22 | 1.0000 | 1.0000 | 1.0000 | 1.0000 | 1.0000 | 1.0000 | 0.9999 | 0.9978 | 0.9669 | 0.7075 | 0.3392 |
| | 23 | 1.0000 | 1.0000 | 1.0000 | 1.0000 | 1.0000 | 1.0000 | 1.0000 | 0.9998 | 0.9953 | 0.9202 | 0.7080 |
| | 24 | 1.0000 | 1.0000 | 1.0000 | 1.0000 | 1.0000 | 1.0000 | 1.0000 | 1.0000 | 1.0000 | 1.0000 | 1.0000 |
| n=25 | 0 | 0.2774 | 0.0718 | 0.0038 | 0.0001 | 0.0000 | 0.0000 | 0.0000 | 0.0000 | 0.0000 | 0.0000 | 0.0000 |
| | 1 | 0.6424 | 0.2712 | 0.0274 | 0.0016 | 0.0001 | 0.0000 | 0.0000 | 0.0000 | 0.0000 | 0.0000 | 0.0000 |
| | 2 | 0.8729 | 0.5371 | 0.0982 | 0.0090 | 0.0004 | 0.0000 | 0.0000 | 0.0000 | 0.0000 | 0.0000 | 0.0000 |
| | 3 | 0.9659 | 0.7636 | 0.2340 | 0.0332 | 0.0024 | 0.0001 | 0.0000 | 0.0000 | 0.0000 | 0.0000 | 0.0000 |
| | 4 | 0.9928 | 0.9020 | 0.4207 | 0.0905 | 0.0095 | 0.0005 | 0.0000 | 0.0000 | 0.0000 | 0.0000 | 0.0000 |
| | 5 | 0.9988 | 0.9666 | 0.6167 | 0.1935 | 0.0294 | 0.0020 | 0.0001 | 0.0000 | 0.0000 | 0.0000 | 0.0000 |
| | 6 | 0.9998 | 0.9905 | 0.7800 | 0.3407 | 0.0736 | 0.0073 | 0.0003 | 0.0000 | 0.0000 | 0.0000 | 0.0000 |
| | 7 | 1.0000 | 0.9977 | 0.8909 | 0.5118 | 0.1536 | 0.0216 | 0.0012 | 0.0000 | 0.0000 | 0.0000 | 0.0000 |
| | 8 | 1.0000 | 0.9995 | 0.9532 | 0.6769 | 0.2735 | 0.0539 | 0.0043 | 0.0001 | 0.0000 | 0.0000 | 0.0000 |
| | 9 | 1.0000 | 0.9999 | 0.9827 | 0.8106 | 0.4246 | 0.1148 | 0.0132 | 0.0005 | 0.0000 | 0.0000 | 0.0000 |
| | 10 | 1.0000 | 1.0000 | 0.9944 | 0.9022 | 0.5858 | 0.2122 | 0.0344 | 0.0018 | 0.0000 | 0.0000 | 0.0000 |
| | 11 | 1.0000 | 1.0000 | 0.9985 | 0.9558 | 0.7323 | 0.3450 | 0.0778 | 0.0060 | 0.0001 | 0.0000 | 0.0000 |
| | 12 | 1.0000 | 1.0000 | 0.9996 | 0.9825 | 0.8462 | 0.5000 | 0.1538 | 0.0175 | 0.0004 | 0.0000 | 0.0000 |
| | 13 | 1.0000 | 1.0000 | 0.9999 | 0.9940 | 0.9222 | 0.6550 | 0.2677 | 0.0442 | 0.0015 | 0.0000 | 0.0000 |
| | 14 | 1.0000 | 1.0000 | 1.0000 | 0.9982 | 0.9656 | 0.7878 | 0.4142 | 0.0978 | 0.0056 | 0.0000 | 0.0000 |
| | 15 | 1.0000 | 1.0000 | 1.0000 | 0.9995 | 0.9868 | 0.8852 | 0.5754 | 0.1894 | 0.0173 | 0.0001 | 0.0000 |
| | 16 | 1.0000 | 1.0000 | 1.0000 | 0.9999 | 0.9957 | 0.9461 | 0.7265 | 0.3231 | 0.0468 | 0.0005 | 0.0000 |
| | 17 | 1.0000 | 1.0000 | 1.0000 | 1.0000 | 0.9988 | 0.9784 | 0.8464 | 0.4882 | 0.1091 | 0.0023 | 0.0000 |

| | | | | | | $p$ | | | | | | |
|---|---|---|---|---|---|---|---|---|---|---|---|---|
| | | 0.05 | 0.1 | 0.2 | 0.3 | 0.4 | 0.5 | 0.6 | 0.7 | 0.8 | 0.9 | 0.95 |
| | c | | | | | | | | | | | |
| | 18 | 1.0000 | 1.0000 | 1.0000 | 1.0000 | 0.9997 | 0.9927 | 0.9264 | 0.6593 | 0.2200 | 0.0095 | 0.0002 |
| | 19 | 1.0000 | 1.0000 | 1.0000 | 1.0000 | 0.9999 | 0.9980 | 0.9706 | 0.8065 | 0.3833 | 0.0334 | 0.0012 |
| | 20 | 1.0000 | 1.0000 | 1.0000 | 1.0000 | 1.0000 | 0.9995 | 0.9905 | 0.9095 | 0.5793 | 0.0980 | 0.0072 |
| | 21 | 1.0000 | 1.0000 | 1.0000 | 1.0000 | 1.0000 | 0.9999 | 0.9976 | 0.9668 | 0.7660 | 0.2364 | 0.0341 |
| | 22 | 1.0000 | 1.0000 | 1.0000 | 1.0000 | 1.0000 | 1.0000 | 0.9996 | 0.9910 | 0.9018 | 0.4629 | 0.1271 |
| | 23 | 1.0000 | 1.0000 | 1.0000 | 1.0000 | 1.0000 | 1.0000 | 0.9999 | 0.9984 | 0.9726 | 0.7288 | 0.3576 |
| | 24 | 1.0000 | 1.0000 | 1.0000 | 1.0000 | 1.0000 | 1.0000 | 1.0000 | 0.9999 | 0.9962 | 0.9282 | 0.7226 |
| | 25 | 1.0000 | 1.0000 | 1.0000 | 1.0000 | 1.0000 | 1.0000 | 1.0000 | 1.0000 | 1.0000 | 1.0000 | 1.0000 |
| n=26 | 0 | 0.2635 | 0.0646 | 0.0030 | 0.0001 | 0.0000 | 0.0000 | 0.0000 | 0.0000 | 0.0000 | 0.0000 | 0.0000 |
| | 1 | 0.6241 | 0.2513 | 0.0227 | 0.0011 | 0.0000 | 0.0000 | 0.0000 | 0.0000 | 0.0000 | 0.0000 | 0.0000 |
| | 2 | 0.8614 | 0.5105 | 0.0841 | 0.0067 | 0.0003 | 0.0000 | 0.0000 | 0.0000 | 0.0000 | 0.0000 | 0.0000 |
| | 3 | 0.9613 | 0.7409 | 0.2068 | 0.0260 | 0.0016 | 0.0000 | 0.0000 | 0.0000 | 0.0000 | 0.0000 | 0.0000 |
| | 4 | 0.9915 | 0.8882 | 0.3833 | 0.0733 | 0.0066 | 0.0003 | 0.0000 | 0.0000 | 0.0000 | 0.0000 | 0.0000 |
| | 5 | 0.9985 | 0.9601 | 0.5775 | 0.1626 | 0.0214 | 0.0012 | 0.0000 | 0.0000 | 0.0000 | 0.0000 | 0.0000 |
| | 6 | 0.9998 | 0.9881 | 0.7474 | 0.2965 | 0.0559 | 0.0047 | 0.0001 | 0.0000 | 0.0000 | 0.0000 | 0.0000 |
| | 7 | 1.0000 | 0.9970 | 0.8687 | 0.4605 | 0.1216 | 0.0145 | 0.0007 | 0.0000 | 0.0000 | 0.0000 | 0.0000 |
| | 8 | 1.0000 | 0.9994 | 0.9408 | 0.6274 | 0.2255 | 0.0378 | 0.0025 | 0.0000 | 0.0000 | 0.0000 | 0.0000 |
| | 9 | 1.0000 | 0.9999 | 0.9768 | 0.7705 | 0.3642 | 0.0843 | 0.0079 | 0.0002 | 0.0000 | 0.0000 | 0.0000 |
| | 10 | 1.0000 | 1.0000 | 0.9921 | 0.8747 | 0.5213 | 0.1635 | 0.0217 | 0.0009 | 0.0000 | 0.0000 | 0.0000 |
| | 11 | 1.0000 | 1.0000 | 0.9977 | 0.9397 | 0.6737 | 0.2786 | 0.0518 | 0.0030 | 0.0000 | 0.0000 | 0.0000 |
| | 12 | 1.0000 | 1.0000 | 0.9994 | 0.9745 | 0.8007 | 0.4225 | 0.1082 | 0.0094 | 0.0001 | 0.0000 | 0.0000 |
| | 13 | 1.0000 | 1.0000 | 0.9999 | 0.9906 | 0.8918 | 0.5775 | 0.1993 | 0.0255 | 0.0006 | 0.0000 | 0.0000 |
| | 14 | 1.0000 | 1.0000 | 1.0000 | 0.9970 | 0.9482 | 0.7214 | 0.3263 | 0.0603 | 0.0023 | 0.0000 | 0.0000 |
| | 15 | 1.0000 | 1.0000 | 1.0000 | 0.9991 | 0.9783 | 0.8365 | 0.4787 | 0.1253 | 0.0079 | 0.0000 | 0.0000 |
| | 16 | 1.0000 | 1.0000 | 1.0000 | 0.9998 | 0.9921 | 0.9157 | 0.6358 | 0.2295 | 0.0232 | 0.0001 | 0.0000 |
| | 17 | 1.0000 | 1.0000 | 1.0000 | 1.0000 | 0.9975 | 0.9622 | 0.7745 | 0.3726 | 0.0592 | 0.0006 | 0.0000 |
| | 18 | 1.0000 | 1.0000 | 1.0000 | 1.0000 | 0.9993 | 0.9855 | 0.8784 | 0.5395 | 0.1313 | 0.0030 | 0.0000 |
| | 19 | 1.0000 | 1.0000 | 1.0000 | 1.0000 | 0.9999 | 0.9953 | 0.9441 | 0.7035 | 0.2526 | 0.0119 | 0.0002 |
| | 20 | 1.0000 | 1.0000 | 1.0000 | 1.0000 | 1.0000 | 0.9988 | 0.9786 | 0.8374 | 0.4225 | 0.0399 | 0.0015 |
| | 21 | 1.0000 | 1.0000 | 1.0000 | 1.0000 | 1.0000 | 0.9997 | 0.9934 | 0.9267 | 0.6167 | 0.1118 | 0.0085 |
| | 22 | 1.0000 | 1.0000 | 1.0000 | 1.0000 | 1.0000 | 1.0000 | 0.9984 | 0.9740 | 0.7932 | 0.2591 | 0.0387 |
| | 23 | 1.0000 | 1.0000 | 1.0000 | 1.0000 | 1.0000 | 1.0000 | 0.9997 | 0.9933 | 0.9159 | 0.4895 | 0.1386 |
| | 24 | 1.0000 | 1.0000 | 1.0000 | 1.0000 | 1.0000 | 1.0000 | 1.0000 | 0.9989 | 0.9773 | 0.7487 | 0.3759 |
| | 25 | 1.0000 | 1.0000 | 1.0000 | 1.0000 | 1.0000 | 1.0000 | 1.0000 | 0.9999 | 0.9970 | 0.9354 | 0.7365 |
| | 26 | 1.0000 | 1.0000 | 1.0000 | 1.0000 | 1.0000 | 1.0000 | 1.0000 | 1.0000 | 1.0000 | 1.0000 | 1.0000 |

# 표 3. 표준정규분포표

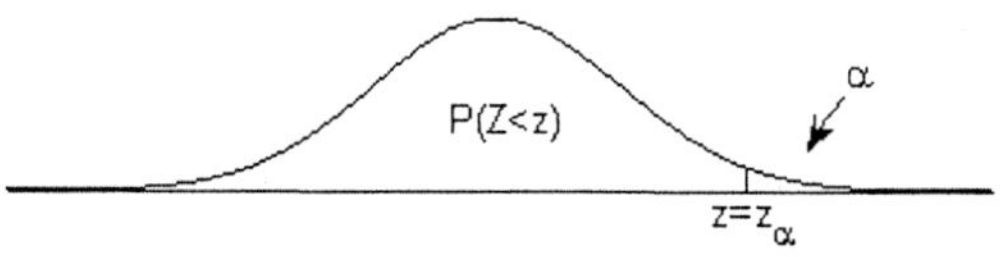


표의 값은 $z$ 이하의 확률 $P(Z < z)$ 이다.

| $z$ | 0.00 | 0.01 | 0.02 | 0.03 | 0.04 | 0.05 | 0.06 | 0.07 | 0.08 | 0.09 |
|---|---|---|---|---|---|---|---|---|---|---|
| 0.0 | 0.5000 | 0.5040 | 0.5080 | 0.5120 | 0.5160 | 0.5199 | 0.5239 | 0.5279 | 0.5319 | 0.5359 |
| 0.1 | 0.5398 | 0.5438 | 0.5478 | 0.5517 | 0.5557 | 0.5596 | 0.5636 | 0.5675 | 0.5714 | 0.5753 |
| 0.2 | 0.5793 | 0.5832 | 0.5871 | 0.5910 | 0.5948 | 0.5987 | 0.6026 | 0.6064 | 0.6103 | 0.6141 |
| 0.3 | 0.6179 | 0.6217 | 0.6255 | 0.6293 | 0.6331 | 0.6368 | 0.6406 | 0.6443 | 0.6480 | 0.6517 |
| 0.4 | 0.6554 | 0.6591 | 0.6628 | 0.6664 | 0.6700 | 0.6736 | 0.6772 | 0.6808 | 0.6844 | 0.6879 |
| 0.5 | 0.6915 | 0.6950 | 0.6985 | 0.7019 | 0.7054 | 0.7088 | 0.7123 | 0.7157 | 0.7190 | 0.7224 |
| 0.6 | 0.7257 | 0.7291 | 0.7324 | 0.7357 | 0.7389 | 0.7422 | 0.7454 | 0.7486 | 0.7517 | 0.7549 |
| 0.7 | 0.7580 | 0.7611 | 0.7642 | 0.7673 | 0.7704 | 0.7734 | 0.7764 | 0.7794 | 0.7823 | 0.7852 |
| 0.8 | 0.7881 | 0.7910 | 0.7939 | 0.7967 | 0.7995 | 0.8023 | 0.8051 | 0.8078 | 0.8106 | 0.8133 |
| 0.9 | 0.8159 | 0.8186 | 0.8212 | 0.8238 | 0.8264 | 0.8289 | 0.8315 | 0.8340 | 0.8365 | 0.8389 |
| 1.0 | 0.8413 | 0.8438 | 0.8461 | 0.8485 | 0.8508 | 0.8531 | 0.8554 | 0.8577 | 0.8599 | 0.8621 |
| 1.1 | 0.8643 | 0.8665 | 0.8686 | 0.8708 | 0.8729 | 0.8749 | 0.8770 | 0.8790 | 0.8810 | 0.8830 |
| 1.2 | 0.8849 | 0.8869 | 0.8888 | 0.8907 | 0.8925 | 0.8944 | 0.8962 | 0.8980 | 0.8997 | 0.9015 |
| 1.3 | 0.9032 | 0.9049 | 0.9066 | 0.9082 | 0.9099 | 0.9115 | 0.9131 | 0.9147 | 0.9162 | 0.9177 |
| 1.4 | 0.9192 | 0.9207 | 0.9222 | 0.9236 | 0.9251 | 0.9265 | 0.9279 | 0.9292 | 0.9306 | 0.9319 |
| 1.5 | 0.9332 | 0.9345 | 0.9357 | 0.9370 | 0.9382 | 0.9394 | 0.9406 | 0.9418 | 0.9429 | 0.9441 |
| 1.6 | 0.9452 | 0.9463 | 0.9474 | 0.9484 | 0.9495 | 0.9505 | 0.9515 | 0.9525 | 0.9535 | 0.9545 |
| 1.7 | 0.9554 | 0.9564 | 0.9573 | 0.9582 | 0.9591 | 0.9599 | 0.9608 | 0.9616 | 0.9625 | 0.9633 |
| 1.8 | 0.9641 | 0.9649 | 0.9656 | 0.9664 | 0.9671 | 0.9678 | 0.9686 | 0.9693 | 0.9699 | 0.9706 |
| 1.9 | 0.9713 | 0.9719 | 0.9726 | 0.9732 | 0.9738 | 0.9744 | 0.9750 | 0.9756 | 0.9761 | 0.9767 |
| 2.0 | 0.9772 | 0.9778 | 0.9783 | 0.9788 | 0.9793 | 0.9798 | 0.9803 | 0.9808 | 0.9812 | 0.9817 |
| 2.1 | 0.9821 | 0.9826 | 0.9830 | 0.9834 | 0.9838 | 0.9842 | 0.9846 | 0.9850 | 0.9854 | 0.9857 |
| 2.2 | 0.9861 | 0.9864 | 0.9868 | 0.9871 | 0.9875 | 0.9878 | 0.9881 | 0.9884 | 0.9887 | 0.9890 |
| 2.3 | 0.9893 | 0.9896 | 0.9898 | 0.9901 | 0.9904 | 0.9906 | 0.9909 | 0.9911 | 0.9913 | 0.9916 |
| 2.4 | 0.9918 | 0.9920 | 0.9922 | 0.9925 | 0.9927 | 0.9929 | 0.9931 | 0.9932 | 0.9934 | 0.9936 |
| 2.5 | 0.9938 | 0.9940 | 0.9941 | 0.9943 | 0.9945 | 0.9946 | 0.9948 | 0.9949 | 0.9951 | 0.9952 |
| 2.6 | 0.9953 | 0.9955 | 0.9956 | 0.9957 | 0.9959 | 0.9960 | 0.9961 | 0.9962 | 0.9963 | 0.9964 |
| 2.7 | 0.9965 | 0.9966 | 0.9967 | 0.9968 | 0.9969 | 0.9970 | 0.9971 | 0.9972 | 0.9973 | 0.9974 |
| 2.8 | 0.9974 | 0.9975 | 0.9976 | 0.9977 | 0.9977 | 0.9978 | 0.9979 | 0.9979 | 0.9980 | 0.9981 |
| 2.9 | 0.9981 | 0.9982 | 0.9982 | 0.9983 | 0.9984 | 0.9984 | 0.9985 | 0.9985 | 0.9986 | 0.9986 |
| 3.0 | 0.9987 | 0.9987 | 0.9987 | 0.9988 | 0.9988 | 0.9989 | 0.9989 | 0.9989 | 0.9990 | 0.9990 |
| 3.1 | 0.9990 | 0.9991 | 0.9991 | 0.9991 | 0.9992 | 0.9992 | 0.9992 | 0.9992 | 0.9993 | 0.9993 |
| 3.2 | 0.9993 | 0.9993 | 0.9994 | 0.9994 | 0.9994 | 0.9994 | 0.9994 | 0.9995 | 0.9995 | 0.9995 |
| 3.3 | 0.9995 | 0.9995 | 0.9995 | 0.9996 | 0.9996 | 0.9996 | 0.9996 | 0.9996 | 0.9996 | 0.9997 |
| 3.4 | 0.9997 | 0.9997 | 0.9997 | 0.9997 | 0.9997 | 0.9997 | 0.9997 | 0.9997 | 0.9997 | 0.9998 |
| 3.5 | 0.9998 | 0.9998 | 0.9998 | 0.9998 | 0.9998 | 0.9998 | 0.9998 | 0.9998 | 0.9998 | 0.9998 |
| 3.6 | 0.9998 | 0.9998 | 0.9999 | 0.9999 | 0.9999 | 0.9999 | 0.9999 | 0.9999 | 0.9999 | 0.9999 |
| 3.7 | 0.9999 | 0.9999 | 0.9999 | 0.9999 | 0.9999 | 0.9999 | 0.9999 | 0.9999 | 0.9999 | 0.9999 |
| 3.8 | 0.9999 | 0.9999 | 0.9999 | 0.9999 | 0.9999 | 0.9999 | 0.9999 | 0.9999 | 0.9999 | 0.9999 |
| 3.9 | 1.0000 | 1.0000 | 1.0000 | 1.0000 | 1.0000 | 1.0000 | 1.0000 | 1.0000 | 1.0000 | 1.0000 |

# 표 4. t-분포표

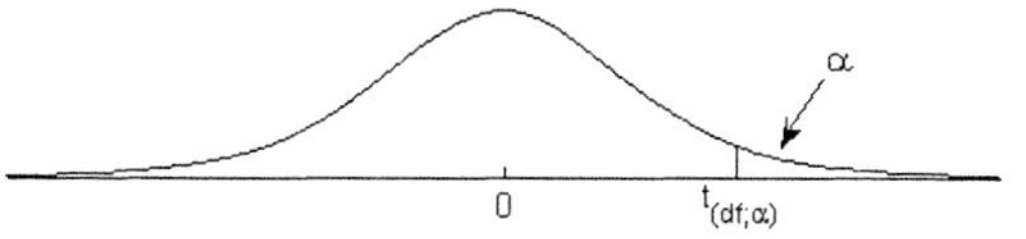


표의 값은 $t_{(df;\alpha)}$ 즉, 상위 $\alpha$ 지점이다.

| df | α<br>0.25 | 0.2 | 0.15 | 0.1 | 0.05 | 0.025 | 0.01 | 0.005 | 0.001 | 0.0005 |
|---|---|---|---|---|---|---|---|---|---|---|
| 1 | 1.000 | 1.376 | 1.963 | 3.078 | 6.314 | 12.706 | 31.821 | 63.657 | 318.309 | 636.619 |
| 2 | 0.816 | 1.061 | 1.386 | 1.886 | 2.920 | 4.303 | 6.965 | 9.925 | 22.327 | 31.599 |
| 3 | 0.765 | 0.978 | 1.250 | 1.638 | 2.353 | 3.182 | 4.541 | 5.841 | 10.215 | 12.924 |
| 4 | 0.741 | 0.941 | 1.190 | 1.533 | 2.132 | 2.776 | 3.747 | 4.604 | 7.173 | 8.610 |
| 5 | 0.727 | 0.920 | 1.156 | 1.476 | 2.015 | 2.571 | 3.365 | 4.032 | 5.893 | 6.869 |
| 6 | 0.718 | 0.906 | 1.134 | 1.440 | 1.943 | 2.447 | 3.143 | 3.707 | 5.208 | 5.959 |
| 7 | 0.711 | 0.896 | 1.119 | 1.415 | 1.895 | 2.365 | 2.998 | 3.499 | 4.785 | 5.408 |
| 8 | 0.706 | 0.889 | 1.108 | 1.397 | 1.860 | 2.306 | 2.896 | 3.355 | 4.501 | 5.041 |
| 9 | 0.703 | 0.883 | 1.100 | 1.383 | 1.833 | 2.262 | 2.821 | 3.250 | 4.297 | 4.781 |
| 10 | 0.700 | 0.879 | 1.093 | 1.372 | 1.812 | 2.228 | 2.764 | 3.169 | 4.144 | 4.587 |
| 11 | 0.697 | 0.876 | 1.088 | 1.363 | 1.796 | 2.201 | 2.718 | 3.106 | 4.025 | 4.437 |
| 12 | 0.695 | 0.873 | 1.083 | 1.356 | 1.782 | 2.179 | 2.681 | 3.055 | 3.930 | 4.318 |
| 13 | 0.694 | 0.870 | 1.079 | 1.350 | 1.771 | 2.160 | 2.650 | 3.012 | 3.852 | 4.221 |
| 14 | 0.692 | 0.868 | 1.076 | 1.345 | 1.761 | 2.145 | 2.624 | 2.977 | 3.787 | 4.140 |
| 15 | 0.691 | 0.866 | 1.074 | 1.341 | 1.753 | 2.131 | 2.602 | 2.947 | 3.733 | 4.073 |
| 16 | 0.690 | 0.865 | 1.071 | 1.337 | 1.746 | 2.120 | 2.583 | 2.921 | 3.686 | 4.015 |
| 17 | 0.689 | 0.863 | 1.069 | 1.333 | 1.740 | 2.110 | 2.567 | 2.898 | 3.646 | 3.965 |
| 18 | 0.688 | 0.862 | 1.067 | 1.330 | 1.734 | 2.101 | 2.552 | 2.878 | 3.610 | 3.922 |
| 19 | 0.688 | 0.861 | 1.066 | 1.328 | 1.729 | 2.093 | 2.539 | 2.861 | 3.579 | 3.883 |
| 20 | 0.687 | 0.860 | 1.064 | 1.325 | 1.725 | 2.086 | 2.528 | 2.845 | 3.552 | 3.850 |
| 21 | 0.686 | 0.859 | 1.063 | 1.323 | 1.721 | 2.080 | 2.518 | 2.831 | 3.527 | 3.819 |
| 22 | 0.686 | 0.858 | 1.061 | 1.321 | 1.717 | 2.074 | 2.508 | 2.819 | 3.505 | 3.792 |
| 23 | 0.685 | 0.858 | 1.060 | 1.319 | 1.714 | 2.069 | 2.500 | 2.807 | 3.485 | 3.768 |
| 24 | 0.685 | 0.857 | 1.059 | 1.318 | 1.711 | 2.064 | 2.492 | 2.797 | 3.467 | 3.745 |
| 25 | 0.684 | 0.856 | 1.058 | 1.316 | 1.708 | 2.060 | 2.485 | 2.787 | 3.450 | 3.725 |
| 26 | 0.684 | 0.856 | 1.058 | 1.315 | 1.706 | 2.056 | 2.479 | 2.779 | 3.435 | 3.707 |
| 27 | 0.684 | 0.855 | 1.057 | 1.314 | 1.703 | 2.052 | 2.473 | 2.771 | 3.421 | 3.690 |
| 28 | 0.683 | 0.855 | 1.056 | 1.313 | 1.701 | 2.048 | 2.467 | 2.763 | 3.408 | 3.674 |
| 29 | 0.683 | 0.854 | 1.055 | 1.311 | 1.699 | 2.045 | 2.462 | 2.756 | 3.396 | 3.659 |
| 30 | 0.683 | 0.854 | 1.055 | 1.310 | 1.697 | 2.042 | 2.457 | 2.750 | 3.385 | 3.646 |
| 40 | 0.681 | 0.851 | 1.050 | 1.303 | 1.684 | 2.021 | 2.423 | 2.704 | 3.307 | 3.551 |
| 50 | 0.679 | 0.849 | 1.047 | 1.299 | 1.676 | 2.009 | 2.403 | 2.678 | 3.261 | 3.496 |
| 60 | 0.679 | 0.848 | 1.045 | 1.296 | 1.671 | 2.000 | 2.390 | 2.660 | 3.232 | 3.460 |
| 80 | 0.678 | 0.846 | 1.043 | 1.292 | 1.664 | 1.990 | 2.374 | 2.639 | 3.195 | 3.416 |
| 100 | 0.677 | 0.845 | 1.042 | 1.290 | 1.660 | 1.984 | 2.364 | 2.626 | 3.174 | 3.390 |

# 표 5. 카이제곱분포표

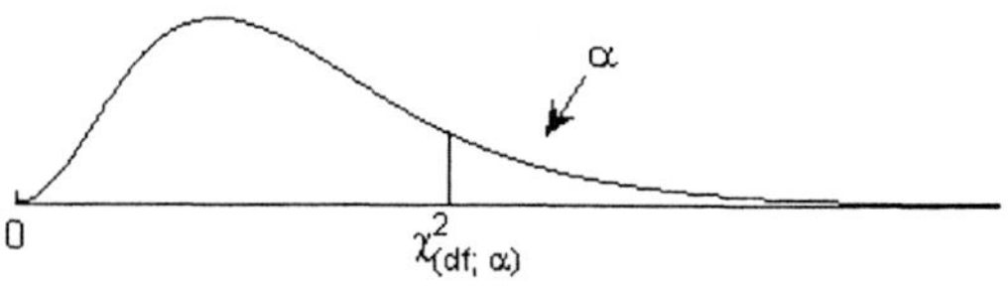


표의 값은 $\chi^2_{(df;\alpha)}$ 즉, 상위 $\alpha$ 지점이다.

| df | α = 0.995 | 0.99 | 0.975 | 0.95 | 0.90 | 0.10 | 0.05 | 0.025 | 0.01 | 0.005 |
|---|---|---|---|---|---|---|---|---|---|---|
| 1 | 0.000 | 0.000 | 0.001 | 0.004 | 0.016 | 2.706 | 3.841 | 5.024 | 6.635 | 7.879 |
| 2 | 0.010 | 0.020 | 0.051 | 0.103 | 0.211 | 4.605 | 5.991 | 7.378 | 9.210 | 10.597 |
| 3 | 0.072 | 0.115 | 0.216 | 0.352 | 0.584 | 6.251 | 7.815 | 9.348 | 11.345 | 12.838 |
| 4 | 0.207 | 0.297 | 0.484 | 0.711 | 1.064 | 7.779 | 9.488 | 11.143 | 13.277 | 14.860 |
| 5 | 0.412 | 0.554 | 0.831 | 1.145 | 1.610 | 9.236 | 11.070 | 12.833 | 15.086 | 16.750 |
| 6 | 0.676 | 0.872 | 1.237 | 1.635 | 2.204 | 10.645 | 12.592 | 14.449 | 16.812 | 18.548 |
| 7 | 0.989 | 1.239 | 1.690 | 2.167 | 2.833 | 12.017 | 14.067 | 16.013 | 18.475 | 20.278 |
| 8 | 1.344 | 1.646 | 2.180 | 2.733 | 3.490 | 13.362 | 15.507 | 17.535 | 20.090 | 21.955 |
| 9 | 1.735 | 2.088 | 2.700 | 3.325 | 4.168 | 14.684 | 16.919 | 19.023 | 21.666 | 23.589 |
| 10 | 2.156 | 2.558 | 3.247 | 3.940 | 4.865 | 15.987 | 18.307 | 20.483 | 23.209 | 25.188 |
| 11 | 2.603 | 3.053 | 3.816 | 4.575 | 5.578 | 17.275 | 19.675 | 21.920 | 24.725 | 26.757 |
| 12 | 3.074 | 3.571 | 4.404 | 5.226 | 6.304 | 18.549 | 21.026 | 23.337 | 26.217 | 28.300 |
| 13 | 3.565 | 4.107 | 5.009 | 5.892 | 7.042 | 19.812 | 22.362 | 24.736 | 27.688 | 29.819 |
| 14 | 4.075 | 4.660 | 5.629 | 6.571 | 7.790 | 21.064 | 23.685 | 26.119 | 29.141 | 31.319 |
| 15 | 4.601 | 5.229 | 6.262 | 7.261 | 8.547 | 22.307 | 24.996 | 27.488 | 30.578 | 32.801 |
| 16 | 5.142 | 5.812 | 6.908 | 7.962 | 9.312 | 23.542 | 26.296 | 28.845 | 32.000 | 34.267 |
| 17 | 5.697 | 6.408 | 7.564 | 8.672 | 10.085 | 24.769 | 27.587 | 30.191 | 33.409 | 35.718 |
| 18 | 6.265 | 7.015 | 8.231 | 9.390 | 10.865 | 25.989 | 28.869 | 31.526 | 34.805 | 37.156 |
| 19 | 6.844 | 7.633 | 8.907 | 10.117 | 11.651 | 27.204 | 30.144 | 32.852 | 36.191 | 38.582 |
| 20 | 7.434 | 8.260 | 9.591 | 10.851 | 12.443 | 28.412 | 31.410 | 34.170 | 37.566 | 39.997 |
| 21 | 8.034 | 8.897 | 10.283 | 11.591 | 13.240 | 29.615 | 32.671 | 35.479 | 38.932 | 41.401 |
| 22 | 8.643 | 9.542 | 10.982 | 12.338 | 14.041 | 30.813 | 33.924 | 36.781 | 40.289 | 42.796 |
| 23 | 9.260 | 10.196 | 11.689 | 13.091 | 14.848 | 32.007 | 35.172 | 38.076 | 41.638 | 44.181 |
| 24 | 9.886 | 10.856 | 12.401 | 13.848 | 15.659 | 33.196 | 36.415 | 39.364 | 42.980 | 45.559 |
| 25 | 10.520 | 11.524 | 13.120 | 14.611 | 16.473 | 34.382 | 37.652 | 40.646 | 44.314 | 46.928 |
| 26 | 11.160 | 12.198 | 13.844 | 15.379 | 17.292 | 35.563 | 38.885 | 41.923 | 45.642 | 48.290 |
| 27 | 11.808 | 12.879 | 14.573 | 16.151 | 18.114 | 36.741 | 40.113 | 43.195 | 46.963 | 49.645 |
| 28 | 12.461 | 13.565 | 15.308 | 16.928 | 18.939 | 37.916 | 41.337 | 44.461 | 48.278 | 50.993 |
| 29 | 13.121 | 14.256 | 16.047 | 17.708 | 19.768 | 39.087 | 42.557 | 45.722 | 49.588 | 52.336 |
| 30 | 13.787 | 14.953 | 16.791 | 18.493 | 20.599 | 40.256 | 43.773 | 46.979 | 50.892 | 53.672 |
| 40 | 20.707 | 22.164 | 24.433 | 26.509 | 29.051 | 51.805 | 55.758 | 59.342 | 63.691 | 66.766 |
| 50 | 27.991 | 29.707 | 32.357 | 34.764 | 37.689 | 63.167 | 67.505 | 71.420 | 76.154 | 79.490 |
| 60 | 35.534 | 37.485 | 40.482 | 43.188 | 46.459 | 74.397 | 79.082 | 83.298 | 88.379 | 91.952 |
| 80 | 51.172 | 53.540 | 57.153 | 60.391 | 64.278 | 96.578 | 101.879 | 106.629 | 112.329 | 116.321 |
| 100 | 67.328 | 70.065 | 74.222 | 77.929 | 82.358 | 118.498 | 124.342 | 129.561 | 135.807 | 140.169 |

# 표 6. F-분포표

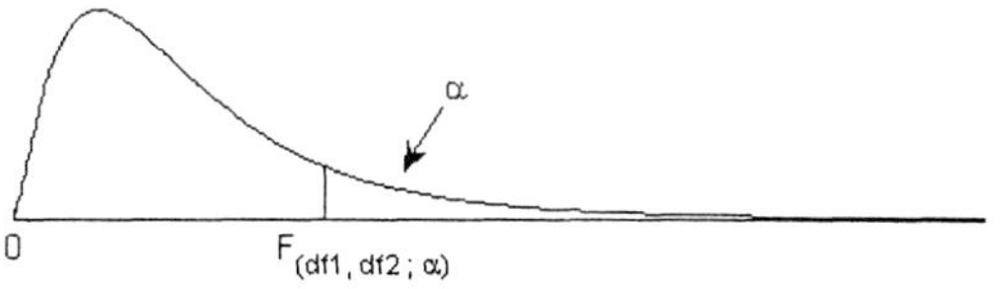


표의 값은 $F_{(df1, df2; \alpha)}$ 즉, 상위 $\alpha$ 지점이다.

| | df1 = 1 | | | | | df1 = 2 | | | | |
|---|---|---|---|---|---|---|---|---|---|---|
| | $\alpha$ | | | | | $\alpha$ | | | | |
| df2 | 0.10 | 0.05 | 0.025 | 0.01 | 0.005 | 0.10 | 0.05 | 0.025 | 0.01 | 0.005 |
| 1 | 39.863 | 161.448 | 647.789 | 4052.181 | 16210.72 | 49.500 | 199.500 | 799.500 | 4999.500 | 19999.50 |
| 2 | 8.526 | 18.513 | 38.506 | 98.503 | 198.501 | 9.000 | 19.000 | 39.000 | 99.000 | 199.000 |
| 3 | 5.538 | 10.128 | 17.443 | 34.116 | 55.552 | 5.462 | 9.552 | 16.044 | 30.817 | 49.799 |
| 4 | 4.545 | 7.709 | 12.218 | 21.198 | 31.333 | 4.325 | 6.944 | 10.649 | 18.000 | 26.284 |
| 5 | 4.060 | 6.608 | 10.007 | 16.258 | 22.785 | 3.780 | 5.786 | 8.434 | 13.274 | 18.314 |
| 6 | 3.776 | 5.987 | 8.813 | 13.745 | 18.635 | 3.463 | 5.143 | 7.260 | 10.925 | 14.544 |
| 7 | 3.589 | 5.591 | 8.073 | 12.246 | 16.236 | 3.257 | 4.737 | 6.542 | 9.547 | 12.404 |
| 8 | 3.458 | 5.318 | 7.571 | 11.259 | 14.688 | 3.113 | 4.459 | 6.059 | 8.649 | 11.042 |
| 9 | 3.360 | 5.117 | 7.209 | 10.561 | 13.614 | 3.006 | 4.256 | 5.715 | 8.022 | 10.107 |
| 10 | 3.285 | 4.965 | 6.937 | 10.044 | 12.826 | 2.924 | 4.103 | 5.456 | 7.559 | 9.427 |
| 11 | 3.225 | 4.844 | 6.724 | 9.646 | 12.226 | 2.860 | 3.982 | 5.256 | 7.206 | 8.912 |
| 12 | 3.177 | 4.747 | 6.554 | 9.330 | 11.754 | 2.807 | 3.885 | 5.096 | 6.927 | 8.510 |
| 13 | 3.136 | 4.667 | 6.414 | 9.074 | 11.374 | 2.763 | 3.806 | 4.965 | 6.701 | 8.186 |
| 14 | 3.102 | 4.600 | 6.298 | 8.862 | 11.060 | 2.726 | 3.739 | 4.857 | 6.515 | 7.922 |
| 15 | 3.073 | 4.543 | 6.200 | 8.683 | 10.798 | 2.695 | 3.682 | 4.765 | 6.359 | 7.701 |
| 16 | 3.048 | 4.494 | 6.115 | 8.531 | 10.575 | 2.668 | 3.634 | 4.687 | 6.226 | 7.514 |
| 17 | 3.026 | 4.451 | 6.042 | 8.400 | 10.384 | 2.645 | 3.592 | 4.619 | 6.112 | 7.354 |
| 18 | 3.007 | 4.414 | 5.978 | 8.285 | 10.218 | 2.624 | 3.555 | 4.560 | 6.013 | 7.215 |
| 19 | 2.990 | 4.381 | 5.922 | 8.185 | 10.073 | 2.606 | 3.522 | 4.508 | 5.926 | 7.093 |
| 20 | 2.975 | 4.351 | 5.871 | 8.096 | 9.944 | 2.589 | 3.493 | 4.461 | 5.849 | 6.986 |
| 21 | 2.961 | 4.325 | 5.827 | 8.017 | 9.830 | 2.575 | 3.467 | 4.420 | 5.780 | 6.891 |
| 22 | 2.949 | 4.301 | 5.786 | 7.945 | 9.727 | 2.561 | 3.443 | 4.383 | 5.719 | 6.806 |
| 23 | 2.937 | 4.279 | 5.750 | 7.881 | 9.635 | 2.549 | 3.422 | 4.349 | 5.664 | 6.730 |
| 24 | 2.927 | 4.260 | 5.717 | 7.823 | 9.551 | 2.538 | 3.403 | 4.319 | 5.614 | 6.661 |
| 25 | 2.918 | 4.242 | 5.686 | 7.770 | 9.475 | 2.528 | 3.385 | 4.291 | 5.568 | 6.598 |
| 26 | 2.909 | 4.225 | 5.659 | 7.721 | 9.406 | 2.519 | 3.369 | 4.265 | 5.526 | 6.541 |
| 27 | 2.901 | 4.210 | 5.633 | 7.677 | 9.342 | 2.511 | 3.354 | 4.242 | 5.488 | 6.489 |
| 28 | 2.894 | 4.196 | 5.610 | 7.636 | 9.284 | 2.503 | 3.340 | 4.221 | 5.453 | 6.440 |
| 29 | 2.887 | 4.183 | 5.588 | 7.598 | 9.230 | 2.495 | 3.328 | 4.201 | 5.420 | 6.396 |
| 30 | 2.881 | 4.171 | 5.568 | 7.562 | 9.180 | 2.489 | 3.316 | 4.182 | 5.390 | 6.355 |
| 40 | 2.835 | 4.085 | 5.424 | 7.314 | 8.828 | 2.440 | 3.232 | 4.051 | 5.179 | 6.066 |
| 50 | 2.809 | 4.034 | 5.340 | 7.171 | 8.626 | 2.412 | 3.183 | 3.975 | 5.057 | 5.902 |
| 60 | 2.791 | 4.001 | 5.286 | 7.077 | 8.495 | 2.393 | 3.150 | 3.925 | 4.977 | 5.795 |
| 80 | 2.769 | 3.960 | 5.218 | 6.963 | 8.335 | 2.370 | 3.111 | 3.864 | 4.881 | 5.665 |
| 100 | 2.756 | 3.936 | 5.179 | 6.895 | 8.241 | 2.356 | 3.087 | 3.828 | 4.824 | 5.589 |
| 200 | 2.731 | 3.888 | 5.100 | 6.763 | 8.057 | 2.329 | 3.041 | 3.758 | 4.713 | 5.441 |
| 500 | 2.716 | 3.860 | 5.054 | 6.686 | 7.950 | 2.313 | 3.014 | 3.716 | 4.648 | 5.355 |
| 1000 | 2.711 | 3.851 | 5.039 | 6.660 | 7.915 | 2.308 | 3.005 | 3.703 | 4.626 | 5.326 |

| | df1 = 3 | | | | | df1 = 4 | | | | |
|---|---|---|---|---|---|---|---|---|---|---|
| | | | $\alpha$ | | | | | $\alpha$ | | |
| df2 | 0.10 | 0.05 | 0.025 | 0.01 | 0.005 | 0.10 | 0.05 | 0.025 | 0.01 | 0.005 |
| 1 | 53.593 | 215.707 | 864.163 | 5403.352 | 21614.74 | 53.593 | 215.707 | 864.163 | 5403.352 | 21614.74 |
| 2 | 9.162 | 19.164 | 39.165 | 99.166 | 199.166 | 9.162 | 19.164 | 39.165 | 99.166 | 199.166 |
| 3 | 5.391 | 9.277 | 15.439 | 29.457 | 47.467 | 5.391 | 9.277 | 15.439 | 29.457 | 47.467 |
| 4 | 4.191 | 6.591 | 9.979 | 16.694 | 24.259 | 4.191 | 6.591 | 9.979 | 16.694 | 24.259 |
| 5 | 3.619 | 5.409 | 7.764 | 12.060 | 16.530 | 3.619 | 5.409 | 7.764 | 12.060 | 16.530 |
| 6 | 3.289 | 4.757 | 6.599 | 9.780 | 12.917 | 3.289 | 4.757 | 6.599 | 9.780 | 12.917 |
| 7 | 3.074 | 4.347 | 5.890 | 8.451 | 10.882 | 3.074 | 4.347 | 5.890 | 8.451 | 10.882 |
| 8 | 2.924 | 4.066 | 5.416 | 7.591 | 9.596 | 2.924 | 4.066 | 5.416 | 7.591 | 9.596 |
| 9 | 2.813 | 3.863 | 5.078 | 6.992 | 8.717 | 2.813 | 3.863 | 5.078 | 6.992 | 8.717 |
| 10 | 2.728 | 3.708 | 4.826 | 6.552 | 8.081 | 2.728 | 3.708 | 4.826 | 6.552 | 8.081 |
| 11 | 2.660 | 3.587 | 4.630 | 6.217 | 7.600 | 2.660 | 3.587 | 4.630 | 6.217 | 7.600 |
| 12 | 2.606 | 3.490 | 4.474 | 5.953 | 7.226 | 2.606 | 3.490 | 4.474 | 5.953 | 7.226 |
| 13 | 2.560 | 3.411 | 4.347 | 5.739 | 6.926 | 2.560 | 3.411 | 4.347 | 5.739 | 6.926 |
| 14 | 2.522 | 3.344 | 4.242 | 5.564 | 6.680 | 2.522 | 3.344 | 4.242 | 5.564 | 6.680 |
| 15 | 2.490 | 3.287 | 4.153 | 5.417 | 6.476 | 2.490 | 3.287 | 4.153 | 5.417 | 6.476 |
| 16 | 2.462 | 3.239 | 4.077 | 5.292 | 6.303 | 2.462 | 3.239 | 4.077 | 5.292 | 6.303 |
| 17 | 2.437 | 3.197 | 4.011 | 5.185 | 6.156 | 2.437 | 3.197 | 4.011 | 5.185 | 6.156 |
| 18 | 2.416 | 3.160 | 3.954 | 5.092 | 6.028 | 2.416 | 3.160 | 3.954 | 5.092 | 6.028 |
| 19 | 2.397 | 3.127 | 3.903 | 5.010 | 5.916 | 2.397 | 3.127 | 3.903 | 5.010 | 5.916 |
| 20 | 2.380 | 3.098 | 3.859 | 4.938 | 5.818 | 2.380 | 3.098 | 3.859 | 4.938 | 5.818 |
| 21 | 2.365 | 3.072 | 3.819 | 4.874 | 5.730 | 2.365 | 3.072 | 3.819 | 4.874 | 5.730 |
| 22 | 2.351 | 3.049 | 3.783 | 4.817 | 5.652 | 2.351 | 3.049 | 3.783 | 4.817 | 5.652 |
| 23 | 2.339 | 3.028 | 3.750 | 4.765 | 5.582 | 2.339 | 3.028 | 3.750 | 4.765 | 5.582 |
| 24 | 2.327 | 3.009 | 3.721 | 4.718 | 5.519 | 2.327 | 3.009 | 3.721 | 4.718 | 5.519 |
| 25 | 2.317 | 2.991 | 3.694 | 4.675 | 5.462 | 2.317 | 2.991 | 3.694 | 4.675 | 5.462 |
| 26 | 2.307 | 2.975 | 3.670 | 4.637 | 5.409 | 2.307 | 2.975 | 3.670 | 4.637 | 5.409 |
| 27 | 2.299 | 2.960 | 3.647 | 4.601 | 5.361 | 2.299 | 2.960 | 3.647 | 4.601 | 5.361 |
| 28 | 2.291 | 2.947 | 3.626 | 4.568 | 5.317 | 2.291 | 2.947 | 3.626 | 4.568 | 5.317 |
| 29 | 2.283 | 2.934 | 3.607 | 4.538 | 5.276 | 2.283 | 2.934 | 3.607 | 4.538 | 5.276 |
| 30 | 2.276 | 2.922 | 3.589 | 4.510 | 5.239 | 2.276 | 2.922 | 3.589 | 4.510 | 5.239 |
| 40 | 2.226 | 2.839 | 3.463 | 4.313 | 4.976 | 2.226 | 2.839 | 3.463 | 4.313 | 4.976 |
| 50 | 2.197 | 2.790 | 3.390 | 4.199 | 4.826 | 2.197 | 2.790 | 3.390 | 4.199 | 4.826 |
| 60 | 2.177 | 2.758 | 3.343 | 4.126 | 4.729 | 2.177 | 2.758 | 3.343 | 4.126 | 4.729 |
| 80 | 2.154 | 2.719 | 3.284 | 4.036 | 4.611 | 2.154 | 2.719 | 3.284 | 4.036 | 4.611 |
| 100 | 2.139 | 2.696 | 3.250 | 3.984 | 4.542 | 2.139 | 2.696 | 3.250 | 3.984 | 4.542 |
| 200 | 2.111 | 2.650 | 3.182 | 3.881 | 4.408 | 2.111 | 2.650 | 3.182 | 3.881 | 4.408 |
| 500 | 2.095 | 2.623 | 3.142 | 3.821 | 4.330 | 2.095 | 2.623 | 3.142 | 3.821 | 4.330 |
| 1000 | 2.089 | 2.614 | 3.129 | 3.801 | 4.305 | 2.089 | 2.614 | 3.129 | 3.801 | 4.305 |

| | df1 = 5 | | | | | df1 = 6 | | | | |
|---|---|---|---|---|---|---|---|---|---|---|
| | | | $\alpha$ | | | | | $\alpha$ | | |
| df2 | 0.10 | 0.05 | 0.025 | 0.01 | 0.005 | 0.10 | 0.05 | 0.025 | 0.01 | 0.005 |
| 1 | 57.240 | 230.162 | 921.848 | 5763.650 | 23055.80 | 58.204 | 233.986 | 937.111 | 5858.986 | 23437.11 |
| 2 | 9.293 | 19.296 | 39.298 | 99.299 | 199.300 | 9.326 | 19.330 | 39.331 | 99.333 | 199.333 |
| 3 | 5.309 | 9.013 | 14.885 | 28.237 | 45.392 | 5.285 | 8.941 | 14.735 | 27.911 | 44.838 |
| 4 | 4.051 | 6.256 | 9.364 | 15.522 | 22.456 | 4.010 | 6.163 | 9.197 | 15.207 | 21.975 |
| 5 | 3.453 | 5.050 | 7.146 | 10.967 | 14.940 | 3.405 | 4.950 | 6.978 | 10.672 | 14.513 |
| 6 | 3.108 | 4.387 | 5.988 | 8.746 | 11.464 | 3.055 | 4.284 | 5.820 | 8.466 | 11.073 |
| 7 | 2.883 | 3.972 | 5.285 | 7.460 | 9.522 | 2.827 | 3.866 | 5.119 | 7.191 | 9.155 |
| 8 | 2.726 | 3.687 | 4.817 | 6.632 | 8.302 | 2.668 | 3.581 | 4.652 | 6.371 | 7.952 |
| 9 | 2.611 | 3.482 | 4.484 | 6.057 | 7.471 | 2.551 | 3.374 | 4.320 | 5.802 | 7.134 |
| 10 | 2.522 | 3.326 | 4.236 | 5.636 | 6.872 | 2.461 | 3.217 | 4.072 | 5.386 | 6.545 |
| 11 | 2.451 | 3.204 | 4.044 | 5.316 | 6.422 | 2.389 | 3.095 | 3.881 | 5.069 | 6.102 |
| 12 | 2.394 | 3.106 | 3.891 | 5.064 | 6.071 | 2.331 | 2.996 | 3.728 | 4.821 | 5.757 |
| 13 | 2.347 | 3.025 | 3.767 | 4.862 | 5.791 | 2.283 | 2.915 | 3.604 | 4.620 | 5.482 |
| 14 | 2.307 | 2.958 | 3.663 | 4.695 | 5.562 | 2.243 | 2.848 | 3.501 | 4.456 | 5.257 |
| 15 | 2.273 | 2.901 | 3.576 | 4.556 | 5.372 | 2.208 | 2.790 | 3.415 | 4.318 | 5.071 |
| 16 | 2.244 | 2.852 | 3.502 | 4.437 | 5.212 | 2.178 | 2.741 | 3.341 | 4.202 | 4.913 |
| 17 | 2.218 | 2.810 | 3.438 | 4.336 | 5.075 | 2.152 | 2.699 | 3.277 | 4.102 | 4.779 |
| 18 | 2.196 | 2.773 | 3.382 | 4.248 | 4.956 | 2.130 | 2.661 | 3.221 | 4.015 | 4.663 |
| 19 | 2.176 | 2.740 | 3.333 | 4.171 | 4.853 | 2.109 | 2.628 | 3.172 | 3.939 | 4.561 |
| 20 | 2.158 | 2.711 | 3.289 | 4.103 | 4.762 | 2.091 | 2.599 | 3.128 | 3.871 | 4.472 |
| 21 | 2.142 | 2.685 | 3.250 | 4.042 | 4.681 | 2.075 | 2.573 | 3.090 | 3.812 | 4.393 |
| 22 | 2.128 | 2.661 | 3.215 | 3.988 | 4.609 | 2.060 | 2.549 | 3.055 | 3.758 | 4.322 |
| 23 | 2.115 | 2.640 | 3.183 | 3.939 | 4.544 | 2.047 | 2.528 | 3.023 | 3.710 | 4.259 |
| 24 | 2.103 | 2.621 | 3.155 | 3.895 | 4.486 | 2.035 | 2.508 | 2.995 | 3.667 | 4.202 |
| 25 | 2.092 | 2.603 | 3.129 | 3.855 | 4.433 | 2.024 | 2.490 | 2.969 | 3.627 | 4.150 |
| 26 | 2.082 | 2.587 | 3.105 | 3.818 | 4.384 | 2.014 | 2.474 | 2.945 | 3.591 | 4.103 |
| 27 | 2.073 | 2.572 | 3.083 | 3.785 | 4.340 | 2.005 | 2.459 | 2.923 | 3.558 | 4.059 |
| 28 | 2.064 | 2.558 | 3.063 | 3.754 | 4.300 | 1.996 | 2.445 | 2.903 | 3.528 | 4.020 |
| 29 | 2.057 | 2.545 | 3.044 | 3.725 | 4.262 | 1.988 | 2.432 | 2.884 | 3.499 | 3.983 |
| 30 | 2.049 | 2.534 | 3.026 | 3.699 | 4.228 | 1.980 | 2.421 | 2.867 | 3.473 | 3.949 |
| 40 | 1.997 | 2.449 | 2.904 | 3.514 | 3.986 | 1.927 | 2.336 | 2.744 | 3.291 | 3.713 |
| 50 | 1.966 | 2.400 | 2.833 | 3.408 | 3.849 | 1.895 | 2.286 | 2.674 | 3.186 | 3.579 |
| 60 | 1.946 | 2.368 | 2.786 | 3.339 | 3.760 | 1.875 | 2.254 | 2.627 | 3.119 | 3.492 |
| 80 | 1.921 | 2.329 | 2.730 | 3.255 | 3.652 | 1.849 | 2.214 | 2.571 | 3.036 | 3.387 |
| 100 | 1.906 | 2.305 | 2.696 | 3.206 | 3.589 | 1.834 | 2.191 | 2.537 | 2.988 | 3.325 |
| 200 | 1.876 | 2.259 | 2.630 | 3.110 | 3.467 | 1.804 | 2.144 | 2.472 | 2.893 | 3.206 |
| 500 | 1.859 | 2.232 | 2.592 | 3.054 | 3.396 | 1.786 | 2.117 | 2.434 | 2.838 | 3.137 |
| 1000 | 1.853 | 2.223 | 2.579 | 3.036 | 3.373 | 1.780 | 2.108 | 2.421 | 2.820 | 3.114 |

| | df1 = 7 | | | | | df1 = 8 | | | | |
|---|---|---|---|---|---|---|---|---|---|---|
| | | | $\alpha$ | | | | | $\alpha$ | | |
| df2 | 0.10 | 0.05 | 0.025 | 0.01 | 0.005 | 0.10 | 0.05 | 0.025 | 0.01 | 0.005 |
| 1 | 58.906 | 236.768 | 948.217 | 5928.356 | 23714.57 | 59.439 | 238.883 | 956.656 | 5981.070 | 23925.41 |
| 2 | 9.349 | 19.353 | 39.355 | 99.356 | 199.357 | 9.367 | 19.371 | 39.373 | 99.374 | 199.375 |
| 3 | 5.266 | 8.887 | 14.624 | 27.672 | 44.434 | 5.252 | 8.845 | 14.540 | 27.489 | 44.126 |
| 4 | 3.979 | 6.094 | 9.074 | 14.976 | 21.622 | 3.955 | 6.041 | 8.980 | 14.799 | 21.352 |
| 5 | 3.368 | 4.876 | 6.853 | 10.456 | 14.200 | 3.339 | 4.818 | 6.757 | 10.289 | 13.961 |
| 6 | 3.014 | 4.207 | 5.695 | 8.260 | 10.786 | 2.983 | 4.147 | 5.600 | 8.102 | 10.566 |
| 7 | 2.785 | 3.787 | 4.995 | 6.993 | 8.885 | 2.752 | 3.726 | 4.899 | 6.840 | 8.678 |
| 8 | 2.624 | 3.500 | 4.529 | 6.178 | 7.694 | 2.589 | 3.438 | 4.433 | 6.029 | 7.496 |
| 9 | 2.505 | 3.293 | 4.197 | 5.613 | 6.885 | 2.469 | 3.230 | 4.102 | 5.467 | 6.693 |
| 10 | 2.414 | 3.135 | 3.950 | 5.200 | 6.302 | 2.377 | 3.072 | 3.855 | 5.057 | 6.116 |
| 11 | 2.342 | 3.012 | 3.759 | 4.886 | 5.865 | 2.304 | 2.948 | 3.664 | 4.744 | 5.682 |
| 12 | 2.283 | 2.913 | 3.607 | 4.640 | 5.525 | 2.245 | 2.849 | 3.512 | 4.499 | 5.345 |
| 13 | 2.234 | 2.832 | 3.483 | 4.441 | 5.253 | 2.195 | 2.767 | 3.388 | 4.302 | 5.076 |
| 14 | 2.193 | 2.764 | 3.380 | 4.278 | 5.031 | 2.154 | 2.699 | 3.285 | 4.140 | 4.857 |
| 15 | 2.158 | 2.707 | 3.293 | 4.142 | 4.847 | 2.119 | 2.641 | 3.199 | 4.004 | 4.674 |
| 16 | 2.128 | 2.657 | 3.219 | 4.026 | 4.692 | 2.088 | 2.591 | 3.125 | 3.890 | 4.521 |
| 17 | 2.102 | 2.614 | 3.156 | 3.927 | 4.559 | 2.061 | 2.548 | 3.061 | 3.791 | 4.389 |
| 18 | 2.079 | 2.577 | 3.100 | 3.841 | 4.445 | 2.038 | 2.510 | 3.005 | 3.705 | 4.276 |
| 19 | 2.058 | 2.544 | 3.051 | 3.765 | 4.345 | 2.017 | 2.477 | 2.956 | 3.631 | 4.177 |
| 20 | 2.040 | 2.514 | 3.007 | 3.699 | 4.257 | 1.999 | 2.447 | 2.913 | 3.564 | 4.090 |
| 21 | 2.023 | 2.488 | 2.969 | 3.640 | 4.179 | 1.982 | 2.420 | 2.874 | 3.506 | 4.013 |
| 22 | 2.008 | 2.464 | 2.934 | 3.587 | 4.109 | 1.967 | 2.397 | 2.839 | 3.453 | 3.944 |
| 23 | 1.995 | 2.442 | 2.902 | 3.539 | 4.047 | 1.953 | 2.375 | 2.808 | 3.406 | 3.882 |
| 24 | 1.983 | 2.423 | 2.874 | 3.496 | 3.991 | 1.941 | 2.355 | 2.779 | 3.363 | 3.826 |
| 25 | 1.971 | 2.405 | 2.848 | 3.457 | 3.939 | 1.929 | 2.337 | 2.753 | 3.324 | 3.776 |
| 26 | 1.961 | 2.388 | 2.824 | 3.421 | 3.893 | 1.919 | 2.321 | 2.729 | 3.288 | 3.730 |
| 27 | 1.952 | 2.373 | 2.802 | 3.388 | 3.850 | 1.909 | 2.305 | 2.707 | 3.256 | 3.687 |
| 28 | 1.943 | 2.359 | 2.782 | 3.358 | 3.811 | 1.900 | 2.291 | 2.687 | 3.226 | 3.649 |
| 29 | 1.935 | 2.346 | 2.763 | 3.330 | 3.775 | 1.892 | 2.278 | 2.669 | 3.198 | 3.613 |
| 30 | 1.927 | 2.334 | 2.746 | 3.304 | 3.742 | 1.884 | 2.266 | 2.651 | 3.173 | 3.580 |
| 40 | 1.873 | 2.249 | 2.624 | 3.124 | 3.509 | 1.829 | 2.180 | 2.529 | 2.993 | 3.350 |
| 50 | 1.840 | 2.199 | 2.553 | 3.020 | 3.376 | 1.796 | 2.130 | 2.458 | 2.890 | 3.219 |
| 60 | 1.819 | 2.167 | 2.507 | 2.953 | 3.291 | 1.775 | 2.097 | 2.412 | 2.823 | 3.134 |
| 80 | 1.793 | 2.126 | 2.450 | 2.871 | 3.188 | 1.748 | 2.056 | 2.355 | 2.742 | 3.032 |
| 100 | 1.778 | 2.103 | 2.417 | 2.823 | 3.127 | 1.732 | 2.032 | 2.321 | 2.694 | 2.972 |
| 200 | 1.747 | 2.056 | 2.351 | 2.730 | 3.010 | 1.701 | 1.985 | 2.256 | 2.601 | 2.856 |
| 500 | 1.729 | 2.028 | 2.313 | 2.675 | 2.941 | 1.683 | 1.957 | 2.217 | 2.547 | 2.789 |
| 1000 | 1.723 | 2.019 | 2.300 | 2.657 | 2.919 | 1.676 | 1.948 | 2.204 | 2.529 | 2.766 |

| | df1 = 9 | | | | | df1 = 10 | | | | |
|---|---|---|---|---|---|---|---|---|---|---|
| | | | $\alpha$ | | | | | $\alpha$ | | |
| df2 | 0.10 | 0.05 | 0.025 | 0.01 | 0.005 | 0.10 | 0.05 | 0.025 | 0.01 | 0.005 |
| 1 | 59.858 | 240.543 | 963.285 | 6022.473 | 24091.00 | 60.195 | 241.882 | 968.627 | 6055.847 | 24224.49 |
| 2 | 9.381 | 19.385 | 39.387 | 99.388 | 199.388 | 9.392 | 19.396 | 39.398 | 99.399 | 199.400 |
| 3 | 5.240 | 8.812 | 14.473 | 27.345 | 43.882 | 5.230 | 8.786 | 14.419 | 27.229 | 43.686 |
| 4 | 3.936 | 5.999 | 8.905 | 14.659 | 21.139 | 3.920 | 5.964 | 8.844 | 14.546 | 20.967 |
| 5 | 3.316 | 4.772 | 6.681 | 10.158 | 13.772 | 3.297 | 4.735 | 6.619 | 10.051 | 13.618 |
| 6 | 2.958 | 4.099 | 5.523 | 7.976 | 10.391 | 2.937 | 4.060 | 5.461 | 7.874 | 10.250 |
| 7 | 2.725 | 3.677 | 4.823 | 6.719 | 8.514 | 2.703 | 3.637 | 4.761 | 6.620 | 8.380 |
| 8 | 2.561 | 3.388 | 4.357 | 5.911 | 7.339 | 2.538 | 3.347 | 4.295 | 5.814 | 7.211 |
| 9 | 2.440 | 3.179 | 4.026 | 5.351 | 6.541 | 2.416 | 3.137 | 3.964 | 5.257 | 6.417 |
| 10 | 2.347 | 3.020 | 3.779 | 4.942 | 5.968 | 2.323 | 2.978 | 3.717 | 4.849 | 5.847 |
| 11 | 2.274 | 2.896 | 3.588 | 4.632 | 5.537 | 2.248 | 2.854 | 3.526 | 4.539 | 5.418 |
| 12 | 2.214 | 2.796 | 3.436 | 4.388 | 5.202 | 2.188 | 2.753 | 3.374 | 4.296 | 5.085 |
| 13 | 2.164 | 2.714 | 3.312 | 4.191 | 4.935 | 2.138 | 2.671 | 3.250 | 4.100 | 4.820 |
| 14 | 2.122 | 2.646 | 3.209 | 4.030 | 4.717 | 2.095 | 2.602 | 3.147 | 3.939 | 4.603 |
| 15 | 2.086 | 2.588 | 3.123 | 3.895 | 4.536 | 2.059 | 2.544 | 3.060 | 3.805 | 4.424 |
| 16 | 2.055 | 2.538 | 3.049 | 3.780 | 4.384 | 2.028 | 2.494 | 2.986 | 3.691 | 4.272 |
| 17 | 2.028 | 2.494 | 2.985 | 3.682 | 4.254 | 2.001 | 2.450 | 2.922 | 3.593 | 4.142 |
| 18 | 2.005 | 2.456 | 2.929 | 3.597 | 4.141 | 1.977 | 2.412 | 2.866 | 3.508 | 4.030 |
| 19 | 1.984 | 2.423 | 2.880 | 3.523 | 4.043 | 1.956 | 2.378 | 2.817 | 3.434 | 3.933 |
| 20 | 1.965 | 2.393 | 2.837 | 3.457 | 3.956 | 1.937 | 2.348 | 2.774 | 3.368 | 3.847 |
| 21 | 1.948 | 2.366 | 2.798 | 3.398 | 3.880 | 1.920 | 2.321 | 2.735 | 3.310 | 3.771 |
| 22 | 1.933 | 2.342 | 2.763 | 3.346 | 3.812 | 1.904 | 2.297 | 2.700 | 3.258 | 3.703 |
| 23 | 1.919 | 2.320 | 2.731 | 3.299 | 3.750 | 1.890 | 2.275 | 2.668 | 3.211 | 3.642 |
| 24 | 1.906 | 2.300 | 2.703 | 3.256 | 3.695 | 1.877 | 2.255 | 2.640 | 3.168 | 3.587 |
| 25 | 1.895 | 2.282 | 2.677 | 3.217 | 3.645 | 1.866 | 2.236 | 2.613 | 3.129 | 3.537 |
| 26 | 1.884 | 2.265 | 2.653 | 3.182 | 3.599 | 1.855 | 2.220 | 2.590 | 3.094 | 3.492 |
| 27 | 1.874 | 2.250 | 2.631 | 3.149 | 3.557 | 1.845 | 2.204 | 2.568 | 3.062 | 3.450 |
| 28 | 1.865 | 2.236 | 2.611 | 3.120 | 3.519 | 1.836 | 2.190 | 2.547 | 3.032 | 3.412 |
| 29 | 1.857 | 2.223 | 2.592 | 3.092 | 3.483 | 1.827 | 2.177 | 2.529 | 3.005 | 3.377 |
| 30 | 1.849 | 2.211 | 2.575 | 3.067 | 3.450 | 1.819 | 2.165 | 2.511 | 2.979 | 3.344 |
| 40 | 1.793 | 2.124 | 2.452 | 2.888 | 3.222 | 1.763 | 2.077 | 2.388 | 2.801 | 3.117 |
| 50 | 1.760 | 2.073 | 2.381 | 2.785 | 3.092 | 1.729 | 2.026 | 2.317 | 2.698 | 2.988 |
| 60 | 1.738 | 2.040 | 2.334 | 2.718 | 3.008 | 1.707 | 1.993 | 2.270 | 2.632 | 2.904 |
| 80 | 1.711 | 1.999 | 2.277 | 2.637 | 2.907 | 1.680 | 1.951 | 2.213 | 2.551 | 2.803 |
| 100 | 1.695 | 1.975 | 2.244 | 2.590 | 2.847 | 1.663 | 1.927 | 2.179 | 2.503 | 2.744 |
| 200 | 1.663 | 1.927 | 2.178 | 2.497 | 2.732 | 1.631 | 1.878 | 2.113 | 2.411 | 2.629 |
| 500 | 1.644 | 1.899 | 2.139 | 2.443 | 2.665 | 1.612 | 1.850 | 2.074 | 2.356 | 2.562 |
| 1000 | 1.638 | 1.889 | 2.126 | 2.425 | 2.643 | 1.605 | 1.840 | 2.061 | 2.339 | 2.541 |

| | df1 = 11 | | | | | df1 = 12 | | | | |
|---|---|---|---|---|---|---|---|---|---|---|
| | | | $\alpha$ | | | | | $\alpha$ | | |
| df2 | 0.10 | 0.05 | 0.025 | 0.01 | 0.005 | 0.10 | 0.05 | 0.025 | 0.01 | 0.005 |
| 1 | 60.473 | 242.983 | 973.025 | 6083.317 | 24334.36 | 60.705 | 243.906 | 976.708 | 6106.321 | 24426.37 |
| 2 | 9.401 | 19.405 | 39.407 | 99.408 | 199.409 | 9.408 | 19.413 | 39.415 | 99.416 | 199.416 |
| 3 | 5.222 | 8.763 | 14.374 | 27.133 | 43.524 | 5.216 | 8.745 | 14.337 | 27.052 | 43.387 |
| 4 | 3.907 | 5.936 | 8.794 | 14.452 | 20.824 | 3.896 | 5.912 | 8.751 | 14.374 | 20.705 |
| 5 | 3.282 | 4.704 | 6.568 | 9.963 | 13.491 | 3.268 | 4.678 | 6.525 | 9.888 | 13.384 |
| 6 | 2.920 | 4.027 | 5.410 | 7.790 | 10.133 | 2.905 | 4.000 | 5.366 | 7.718 | 10.034 |
| 7 | 2.684 | 3.603 | 4.709 | 6.538 | 8.270 | 2.668 | 3.575 | 4.666 | 6.469 | 8.176 |
| 8 | 2.519 | 3.313 | 4.243 | 5.734 | 7.104 | 2.502 | 3.284 | 4.200 | 5.667 | 7.015 |
| 9 | 2.396 | 3.102 | 3.912 | 5.178 | 6.314 | 2.379 | 3.073 | 3.868 | 5.111 | 6.227 |
| 10 | 2.302 | 2.943 | 3.665 | 4.772 | 5.746 | 2.284 | 2.913 | 3.621 | 4.706 | 5.661 |
| 11 | 2.227 | 2.818 | 3.474 | 4.462 | 5.320 | 2.209 | 2.788 | 3.430 | 4.397 | 5.236 |
| 12 | 2.166 | 2.717 | 3.321 | 4.220 | 4.988 | 2.147 | 2.687 | 3.277 | 4.155 | 4.906 |
| 13 | 2.116 | 2.635 | 3.197 | 4.025 | 4.724 | 2.097 | 2.604 | 3.153 | 3.960 | 4.643 |
| 14 | 2.073 | 2.565 | 3.095 | 3.864 | 4.508 | 2.054 | 2.534 | 3.050 | 3.800 | 4.428 |
| 15 | 2.037 | 2.507 | 3.008 | 3.730 | 4.329 | 2.017 | 2.475 | 2.963 | 3.666 | 4.250 |
| 16 | 2.005 | 2.456 | 2.934 | 3.616 | 4.179 | 1.985 | 2.425 | 2.889 | 3.553 | 4.099 |
| 17 | 1.978 | 2.413 | 2.870 | 3.519 | 4.050 | 1.958 | 2.381 | 2.825 | 3.455 | 3.971 |
| 18 | 1.954 | 2.374 | 2.814 | 3.434 | 3.938 | 1.933 | 2.342 | 2.769 | 3.371 | 3.860 |
| 19 | 1.932 | 2.340 | 2.765 | 3.360 | 3.841 | 1.912 | 2.308 | 2.720 | 3.297 | 3.763 |
| 20 | 1.913 | 2.310 | 2.721 | 3.294 | 3.756 | 1.892 | 2.278 | 2.676 | 3.231 | 3.678 |
| 21 | 1.896 | 2.283 | 2.682 | 3.236 | 3.680 | 1.875 | 2.250 | 2.637 | 3.173 | 3.602 |
| 22 | 1.880 | 2.259 | 2.647 | 3.184 | 3.612 | 1.859 | 2.226 | 2.602 | 3.121 | 3.535 |
| 23 | 1.866 | 2.236 | 2.615 | 3.137 | 3.551 | 1.845 | 2.204 | 2.570 | 3.074 | 3.475 |
| 24 | 1.853 | 2.216 | 2.586 | 3.094 | 3.497 | 1.832 | 2.183 | 2.541 | 3.032 | 3.420 |
| 25 | 1.841 | 2.198 | 2.560 | 3.056 | 3.447 | 1.820 | 2.165 | 2.515 | 2.993 | 3.370 |
| 26 | 1.830 | 2.181 | 2.536 | 3.021 | 3.402 | 1.809 | 2.148 | 2.491 | 2.958 | 3.325 |
| 27 | 1.820 | 2.166 | 2.514 | 2.988 | 3.360 | 1.799 | 2.132 | 2.469 | 2.926 | 3.284 |
| 28 | 1.811 | 2.151 | 2.494 | 2.959 | 3.322 | 1.790 | 2.118 | 2.448 | 2.896 | 3.246 |
| 29 | 1.802 | 2.138 | 2.475 | 2.931 | 3.287 | 1.781 | 2.104 | 2.430 | 2.868 | 3.211 |
| 30 | 1.794 | 2.126 | 2.458 | 2.906 | 3.255 | 1.773 | 2.092 | 2.412 | 2.843 | 3.179 |
| 40 | 1.737 | 2.038 | 2.334 | 2.727 | 3.028 | 1.715 | 2.003 | 2.288 | 2.665 | 2.953 |
| 50 | 1.703 | 1.986 | 2.263 | 2.625 | 2.900 | 1.680 | 1.952 | 2.216 | 2.562 | 2.825 |
| 60 | 1.680 | 1.952 | 2.216 | 2.559 | 2.817 | 1.657 | 1.917 | 2.169 | 2.496 | 2.742 |
| 80 | 1.653 | 1.910 | 2.158 | 2.478 | 2.716 | 1.629 | 1.875 | 2.111 | 2.415 | 2.641 |
| 100 | 1.636 | 1.886 | 2.124 | 2.430 | 2.657 | 1.612 | 1.850 | 2.077 | 2.368 | 2.583 |
| 200 | 1.603 | 1.837 | 2.058 | 2.338 | 2.543 | 1.579 | 1.801 | 2.010 | 2.275 | 2.468 |
| 500 | 1.583 | 1.808 | 2.019 | 2.283 | 2.476 | 1.559 | 1.772 | 1.971 | 2.220 | 2.402 |
| 1000 | 1.577 | 1.798 | 2.006 | 2.265 | 2.454 | 1.552 | 1.762 | 1.958 | 2.203 | 2.380 |

| | df1 = 13 | | | | | df1 = 14 | | | | |
|---|---|---|---|---|---|---|---|---|---|---|
| | | | $\alpha$ | | | | | $\alpha$ | | |
| df2 | 0.10 | 0.05 | 0.025 | 0.01 | 0.005 | 0.10 | 0.05 | 0.025 | 0.01 | 0.005 |
| 1 | 60.903 | 244.690 | 979.837 | 6125.865 | 24504.54 | 61.073 | 245.364 | 982.528 | 6142.674 | 24571.77 |
| 2 | 9.415 | 19.419 | 39.421 | 99.422 | 199.423 | 9.420 | 19.424 | 39.427 | 99.428 | 199.428 |
| 3 | 5.210 | 8.729 | 14.304 | 26.983 | 43.271 | 5.205 | 8.715 | 14.277 | 26.924 | 43.172 |
| 4 | 3.886 | 5.891 | 8.715 | 14.307 | 20.603 | 3.878 | 5.873 | 8.684 | 14.249 | 20.515 |
| 5 | 3.257 | 4.655 | 6.488 | 9.825 | 13.293 | 3.247 | 4.636 | 6.456 | 9.770 | 13.215 |
| 6 | 2.892 | 3.976 | 5.329 | 7.657 | 9.950 | 2.881 | 3.956 | 5.297 | 7.605 | 9.877 |
| 7 | 2.654 | 3.550 | 4.628 | 6.410 | 8.097 | 2.643 | 3.529 | 4.596 | 6.359 | 8.028 |
| 8 | 2.488 | 3.259 | 4.162 | 5.609 | 6.938 | 2.475 | 3.237 | 4.130 | 5.559 | 6.872 |
| 9 | 2.364 | 3.048 | 3.831 | 5.055 | 6.153 | 2.351 | 3.025 | 3.798 | 5.005 | 6.089 |
| 10 | 2.269 | 2.887 | 3.583 | 4.650 | 5.589 | 2.255 | 2.865 | 3.550 | 4.601 | 5.526 |
| 11 | 2.193 | 2.761 | 3.392 | 4.342 | 5.165 | 2.179 | 2.739 | 3.359 | 4.293 | 5.103 |
| 12 | 2.131 | 2.660 | 3.239 | 4.100 | 4.836 | 2.117 | 2.637 | 3.206 | 4.052 | 4.775 |
| 13 | 2.080 | 2.577 | 3.115 | 3.905 | 4.573 | 2.066 | 2.554 | 3.082 | 3.857 | 4.513 |
| 14 | 2.037 | 2.507 | 3.012 | 3.745 | 4.359 | 2.022 | 2.484 | 2.979 | 3.698 | 4.299 |
| 15 | 2.000 | 2.448 | 2.925 | 3.612 | 4.181 | 1.985 | 2.424 | 2.891 | 3.564 | 4.122 |
| 16 | 1.968 | 2.397 | 2.851 | 3.498 | 4.031 | 1.953 | 2.373 | 2.817 | 3.451 | 3.972 |
| 17 | 1.940 | 2.353 | 2.786 | 3.401 | 3.903 | 1.925 | 2.329 | 2.753 | 3.353 | 3.844 |
| 18 | 1.916 | 2.314 | 2.730 | 3.316 | 3.793 | 1.900 | 2.290 | 2.696 | 3.269 | 3.734 |
| 19 | 1.894 | 2.280 | 2.681 | 3.242 | 3.696 | 1.878 | 2.256 | 2.647 | 3.195 | 3.638 |
| 20 | 1.875 | 2.250 | 2.637 | 3.177 | 3.611 | 1.859 | 2.225 | 2.603 | 3.130 | 3.553 |
| 21 | 1.857 | 2.222 | 2.598 | 3.119 | 3.536 | 1.841 | 2.197 | 2.564 | 3.072 | 3.478 |
| 22 | 1.841 | 2.198 | 2.563 | 3.067 | 3.469 | 1.825 | 2.173 | 2.528 | 3.019 | 3.411 |
| 23 | 1.827 | 2.175 | 2.531 | 3.020 | 3.408 | 1.811 | 2.150 | 2.497 | 2.973 | 3.351 |
| 24 | 1.814 | 2.155 | 2.502 | 2.977 | 3.354 | 1.797 | 2.130 | 2.468 | 2.930 | 3.296 |
| 25 | 1.802 | 2.136 | 2.476 | 2.939 | 3.304 | 1.785 | 2.111 | 2.441 | 2.892 | 3.247 |
| 26 | 1.790 | 2.119 | 2.451 | 2.904 | 3.259 | 1.774 | 2.094 | 2.417 | 2.857 | 3.202 |
| 27 | 1.780 | 2.103 | 2.429 | 2.871 | 3.218 | 1.764 | 2.078 | 2.395 | 2.824 | 3.161 |
| 28 | 1.771 | 2.089 | 2.409 | 2.842 | 3.180 | 1.754 | 2.064 | 2.374 | 2.795 | 3.123 |
| 29 | 1.762 | 2.075 | 2.390 | 2.814 | 3.145 | 1.745 | 2.050 | 2.355 | 2.767 | 3.088 |
| 30 | 1.754 | 2.063 | 2.372 | 2.789 | 3.113 | 1.737 | 2.037 | 2.338 | 2.742 | 3.056 |
| 40 | 1.695 | 1.974 | 2.248 | 2.611 | 2.888 | 1.678 | 1.948 | 2.213 | 2.563 | 2.831 |
| 50 | 1.660 | 1.921 | 2.176 | 2.508 | 2.760 | 1.643 | 1.895 | 2.140 | 2.461 | 2.703 |
| 60 | 1.637 | 1.887 | 2.129 | 2.442 | 2.677 | 1.619 | 1.860 | 2.093 | 2.394 | 2.620 |
| 80 | 1.609 | 1.845 | 2.071 | 2.361 | 2.577 | 1.590 | 1.817 | 2.035 | 2.313 | 2.520 |
| 100 | 1.592 | 1.819 | 2.036 | 2.313 | 2.518 | 1.573 | 1.792 | 2.000 | 2.265 | 2.461 |
| 200 | 1.558 | 1.769 | 1.969 | 2.220 | 2.404 | 1.539 | 1.742 | 1.932 | 2.172 | 2.347 |
| 500 | 1.537 | 1.740 | 1.929 | 2.166 | 2.337 | 1.518 | 1.712 | 1.892 | 2.117 | 2.281 |
| 1000 | 1.531 | 1.730 | 1.916 | 2.148 | 2.315 | 1.511 | 1.702 | 1.879 | 2.099 | 2.259 |

| | df1 = 15 | | | | | df1 = 16 | | | | |
|---|---|---|---|---|---|---|---|---|---|---|
| | α | | | | | α | | | | |
| df2 | 0.10 | 0.05 | 0.025 | 0.01 | 0.005 | 0.10 | 0.05 | 0.025 | 0.01 | 0.005 |
| 1 | 61.220 | 245.950 | 984.867 | 6157.285 | 24630.21 | 61.350 | 246.464 | 986.919 | 6170.101 | 24681.47 |
| 2 | 9.425 | 19.429 | 39.431 | 99.433 | 199.433 | 9.429 | 19.433 | 39.435 | 99.437 | 199.437 |
| 3 | 5.200 | 8.703 | 14.253 | 26.872 | 43.085 | 5.196 | 8.692 | 14.232 | 26.827 | 43.008 |
| 4 | 3.870 | 5.858 | 8.657 | 14.198 | 20.438 | 3.864 | 5.844 | 8.633 | 14.154 | 20.371 |
| 5 | 3.238 | 4.619 | 6.428 | 9.722 | 13.146 | 3.230 | 4.604 | 6.403 | 9.680 | 13.086 |
| 6 | 2.871 | 3.938 | 5.269 | 7.559 | 9.814 | 2.863 | 3.922 | 5.244 | 7.519 | 9.758 |
| 7 | 2.632 | 3.511 | 4.568 | 6.314 | 7.968 | 2.623 | 3.494 | 4.543 | 6.275 | 7.915 |
| 8 | 2.464 | 3.218 | 4.101 | 5.515 | 6.814 | 2.455 | 3.202 | 4.076 | 5.477 | 6.763 |
| 9 | 2.340 | 3.006 | 3.769 | 4.962 | 6.032 | 2.329 | 2.989 | 3.744 | 4.924 | 5.983 |
| 10 | 2.244 | 2.845 | 3.522 | 4.558 | 5.471 | 2.233 | 2.828 | 3.496 | 4.520 | 5.422 |
| 11 | 2.167 | 2.719 | 3.330 | 4.251 | 5.049 | 2.156 | 2.701 | 3.304 | 4.213 | 5.001 |
| 12 | 2.105 | 2.617 | 3.177 | 4.010 | 4.721 | 2.094 | 2.599 | 3.152 | 3.972 | 4.674 |
| 13 | 2.053 | 2.533 | 3.053 | 3.815 | 4.460 | 2.042 | 2.515 | 3.027 | 3.778 | 4.413 |
| 14 | 2.010 | 2.463 | 2.949 | 3.656 | 4.247 | 1.998 | 2.445 | 2.923 | 3.619 | 4.200 |
| 15 | 1.972 | 2.403 | 2.862 | 3.522 | 4.070 | 1.961 | 2.385 | 2.836 | 3.485 | 4.024 |
| 16 | 1.940 | 2.352 | 2.788 | 3.409 | 3.920 | 1.928 | 2.333 | 2.761 | 3.372 | 3.875 |
| 17 | 1.912 | 2.308 | 2.723 | 3.312 | 3.793 | 1.900 | 2.289 | 2.697 | 3.275 | 3.747 |
| 18 | 1.887 | 2.269 | 2.667 | 3.227 | 3.683 | 1.875 | 2.250 | 2.640 | 3.190 | 3.637 |
| 19 | 1.865 | 2.234 | 2.617 | 3.153 | 3.587 | 1.852 | 2.215 | 2.591 | 3.116 | 3.541 |
| 20 | 1.845 | 2.203 | 2.573 | 3.088 | 3.502 | 1.833 | 2.184 | 2.547 | 3.051 | 3.457 |
| 21 | 1.827 | 2.176 | 2.534 | 3.030 | 3.427 | 1.815 | 2.156 | 2.507 | 2.993 | 3.382 |
| 22 | 1.811 | 2.151 | 2.498 | 2.978 | 3.360 | 1.798 | 2.131 | 2.472 | 2.941 | 3.315 |
| 23 | 1.796 | 2.128 | 2.466 | 2.931 | 3.300 | 1.784 | 2.109 | 2.440 | 2.894 | 3.255 |
| 24 | 1.783 | 2.108 | 2.437 | 2.889 | 3.246 | 1.770 | 2.088 | 2.411 | 2.852 | 3.201 |
| 25 | 1.771 | 2.089 | 2.411 | 2.850 | 3.196 | 1.758 | 2.069 | 2.384 | 2.813 | 3.151 |
| 26 | 1.760 | 2.072 | 2.387 | 2.815 | 3.151 | 1.747 | 2.052 | 2.360 | 2.778 | 3.107 |
| 27 | 1.749 | 2.056 | 2.364 | 2.783 | 3.110 | 1.736 | 2.036 | 2.337 | 2.746 | 3.066 |
| 28 | 1.740 | 2.041 | 2.344 | 2.753 | 3.073 | 1.726 | 2.021 | 2.317 | 2.716 | 3.028 |
| 29 | 1.731 | 2.027 | 2.325 | 2.726 | 3.038 | 1.717 | 2.007 | 2.298 | 2.689 | 2.993 |
| 30 | 1.722 | 2.015 | 2.307 | 2.700 | 3.006 | 1.709 | 1.995 | 2.280 | 2.663 | 2.961 |
| 40 | 1.662 | 1.924 | 2.182 | 2.522 | 2.781 | 1.649 | 1.904 | 2.154 | 2.484 | 2.737 |
| 50 | 1.627 | 1.871 | 2.109 | 2.419 | 2.653 | 1.613 | 1.850 | 2.081 | 2.382 | 2.609 |
| 60 | 1.603 | 1.836 | 2.061 | 2.352 | 2.570 | 1.589 | 1.815 | 2.033 | 2.315 | 2.526 |
| 80 | 1.574 | 1.793 | 2.003 | 2.271 | 2.470 | 1.559 | 1.772 | 1.974 | 2.233 | 2.425 |
| 100 | 1.557 | 1.768 | 1.968 | 2.223 | 2.411 | 1.542 | 1.746 | 1.939 | 2.185 | 2.367 |
| 200 | 1.522 | 1.717 | 1.900 | 2.129 | 2.297 | 1.507 | 1.694 | 1.870 | 2.091 | 2.252 |
| 500 | 1.501 | 1.686 | 1.859 | 2.075 | 2.230 | 1.485 | 1.664 | 1.830 | 2.036 | 2.185 |
| 1000 | 1.494 | 1.676 | 1.846 | 2.056 | 2.208 | 1.478 | 1.654 | 1.816 | 2.018 | 2.163 |

| | df1 = 17 | | | | | df1 = 18 | | | | |
|---|---|---|---|---|---|---|---|---|---|---|
| | | | α | | | | | α | | |
| df2 | 0.10 | 0.05 | 0.025 | 0.01 | 0.005 | 0.10 | 0.05 | 0.025 | 0.01 | 0.005 |
| 1 | 61.464 | 246.918 | 988.733 | 6181.435 | 24726.80 | 61.566 | 247.323 | 990.349 | 6191.529 | 24767.17 |
| 2 | 9.433 | 19.437 | 39.439 | 99.440 | 199.441 | 9.436 | 19.440 | 39.442 | 99.444 | 199.444 |
| 3 | 5.193 | 8.683 | 14.213 | 26.787 | 42.941 | 5.190 | 8.675 | 14.196 | 26.751 | 42.880 |
| 4 | 3.858 | 5.832 | 8.611 | 14.115 | 20.311 | 3.853 | 5.821 | 8.592 | 14.080 | 20.258 |
| 5 | 3.223 | 4.590 | 6.381 | 9.643 | 13.033 | 3.217 | 4.579 | 6.362 | 9.610 | 12.985 |
| 6 | 2.855 | 3.908 | 5.222 | 7.483 | 9.709 | 2.848 | 3.896 | 5.202 | 7.451 | 9.664 |
| 7 | 2.615 | 3.480 | 4.521 | 6.240 | 7.868 | 2.607 | 3.467 | 4.501 | 6.209 | 7.826 |
| 8 | 2.446 | 3.187 | 4.054 | 5.442 | 6.718 | 2.438 | 3.173 | 4.034 | 5.412 | 6.678 |
| 9 | 2.320 | 2.974 | 3.722 | 4.890 | 5.939 | 2.312 | 2.960 | 3.701 | 4.860 | 5.899 |
| 10 | 2.224 | 2.812 | 3.474 | 4.487 | 5.379 | 2.215 | 2.798 | 3.453 | 4.457 | 5.340 |
| 11 | 2.147 | 2.685 | 3.282 | 4.180 | 4.959 | 2.138 | 2.671 | 3.261 | 4.150 | 4.921 |
| 12 | 2.084 | 2.583 | 3.129 | 3.939 | 4.632 | 2.075 | 2.568 | 3.108 | 3.909 | 4.595 |
| 13 | 2.032 | 2.499 | 3.004 | 3.745 | 4.372 | 2.023 | 2.484 | 2.983 | 3.716 | 4.334 |
| 14 | 1.988 | 2.428 | 2.900 | 3.586 | 4.159 | 1.978 | 2.413 | 2.879 | 3.556 | 4.122 |
| 15 | 1.950 | 2.368 | 2.813 | 3.452 | 3.983 | 1.941 | 2.353 | 2.792 | 3.423 | 3.946 |
| 16 | 1.917 | 2.317 | 2.738 | 3.339 | 3.834 | 1.908 | 2.302 | 2.717 | 3.310 | 3.797 |
| 17 | 1.889 | 2.272 | 2.673 | 3.242 | 3.707 | 1.879 | 2.257 | 2.652 | 3.212 | 3.670 |
| 18 | 1.864 | 2.233 | 2.617 | 3.158 | 3.597 | 1.854 | 2.217 | 2.596 | 3.128 | 3.560 |
| 19 | 1.841 | 2.198 | 2.567 | 3.084 | 3.501 | 1.831 | 2.182 | 2.546 | 3.054 | 3.465 |
| 20 | 1.821 | 2.167 | 2.523 | 3.018 | 3.416 | 1.811 | 2.151 | 2.501 | 2.989 | 3.380 |
| 21 | 1.803 | 2.139 | 2.483 | 2.960 | 3.342 | 1.793 | 2.123 | 2.462 | 2.931 | 3.305 |
| 22 | 1.787 | 2.114 | 2.448 | 2.908 | 3.275 | 1.777 | 2.098 | 2.426 | 2.879 | 3.239 |
| 23 | 1.772 | 2.091 | 2.416 | 2.861 | 3.215 | 1.762 | 2.075 | 2.394 | 2.832 | 3.179 |
| 24 | 1.759 | 2.070 | 2.386 | 2.819 | 3.161 | 1.748 | 2.054 | 2.365 | 2.789 | 3.125 |
| 25 | 1.746 | 2.051 | 2.360 | 2.780 | 3.111 | 1.736 | 2.035 | 2.338 | 2.751 | 3.075 |
| 26 | 1.735 | 2.034 | 2.335 | 2.745 | 3.067 | 1.724 | 2.018 | 2.314 | 2.715 | 3.031 |
| 27 | 1.724 | 2.018 | 2.313 | 2.713 | 3.026 | 1.714 | 2.002 | 2.291 | 2.683 | 2.990 |
| 28 | 1.715 | 2.003 | 2.292 | 2.683 | 2.988 | 1.704 | 1.987 | 2.270 | 2.653 | 2.952 |
| 29 | 1.705 | 1.989 | 2.273 | 2.656 | 2.953 | 1.695 | 1.973 | 2.251 | 2.626 | 2.917 |
| 30 | 1.697 | 1.976 | 2.255 | 2.630 | 2.921 | 1.686 | 1.960 | 2.233 | 2.600 | 2.885 |
| 40 | 1.636 | 1.885 | 2.129 | 2.451 | 2.697 | 1.625 | 1.868 | 2.107 | 2.421 | 2.661 |
| 50 | 1.600 | 1.831 | 2.056 | 2.348 | 2.569 | 1.588 | 1.814 | 2.033 | 2.318 | 2.533 |
| 60 | 1.576 | 1.796 | 2.008 | 2.281 | 2.486 | 1.564 | 1.778 | 1.985 | 2.251 | 2.450 |
| 80 | 1.546 | 1.752 | 1.948 | 2.199 | 2.385 | 1.534 | 1.734 | 1.925 | 2.169 | 2.349 |
| 100 | 1.528 | 1.726 | 1.913 | 2.151 | 2.326 | 1.516 | 1.708 | 1.890 | 2.120 | 2.290 |
| 200 | 1.493 | 1.674 | 1.844 | 2.057 | 2.212 | 1.480 | 1.656 | 1.820 | 2.026 | 2.175 |
| 500 | 1.471 | 1.643 | 1.803 | 2.002 | 2.145 | 1.458 | 1.625 | 1.779 | 1.970 | 2.108 |
| 1000 | 1.464 | 1.633 | 1.789 | 1.983 | 2.123 | 1.451 | 1.614 | 1.765 | 1.952 | 2.086 |

| | df1 = 19 | | | | | df1 = 20 | | | | |
|---|---|---|---|---|---|---|---|---|---|---|
| | | | $\alpha$ | | | | | $\alpha$ | | |
| df2 | 0.10 | 0.05 | 0.025 | 0.01 | 0.005 | 0.10 | 0.05 | 0.025 | 0.01 | 0.005 |
| 1 | 61.658 | 247.686 | 991.797 | 6200.576 | 24803.36 | 61.740 | 248.013 | 993.103 | 6208.730 | 24835.97 |
| 2 | 9.439 | 19.443 | 39.445 | 99.447 | 199.447 | 9.441 | 19.446 | 39.448 | 99.449 | 199.450 |
| 3 | 5.187 | 8.667 | 14.181 | 26.719 | 42.826 | 5.184 | 8.660 | 14.167 | 26.690 | 42.778 |
| 4 | 3.849 | 5.811 | 8.575 | 14.048 | 20.210 | 3.844 | 5.803 | 8.560 | 14.020 | 20.167 |
| 5 | 3.212 | 4.568 | 6.344 | 9.580 | 12.942 | 3.207 | 4.558 | 6.329 | 9.553 | 12.903 |
| 6 | 2.842 | 3.884 | 5.184 | 7.422 | 9.625 | 2.836 | 3.874 | 5.168 | 7.396 | 9.589 |
| 7 | 2.601 | 3.455 | 4.483 | 6.181 | 7.788 | 2.595 | 3.445 | 4.467 | 6.155 | 7.754 |
| 8 | 2.431 | 3.161 | 4.016 | 5.384 | 6.641 | 2.425 | 3.150 | 3.999 | 5.359 | 6.608 |
| 9 | 2.305 | 2.948 | 3.683 | 4.833 | 5.864 | 2.298 | 2.936 | 3.667 | 4.808 | 5.832 |
| 10 | 2.208 | 2.785 | 3.435 | 4.430 | 5.305 | 2.201 | 2.774 | 3.419 | 4.405 | 5.274 |
| 11 | 2.130 | 2.658 | 3.243 | 4.123 | 4.886 | 2.123 | 2.646 | 3.226 | 4.099 | 4.855 |
| 12 | 2.067 | 2.555 | 3.090 | 3.883 | 4.561 | 2.060 | 2.544 | 3.073 | 3.858 | 4.530 |
| 13 | 2.014 | 2.471 | 2.965 | 3.689 | 4.301 | 2.007 | 2.459 | 2.948 | 3.665 | 4.270 |
| 14 | 1.970 | 2.400 | 2.861 | 3.529 | 4.089 | 1.962 | 2.388 | 2.844 | 3.505 | 4.059 |
| 15 | 1.932 | 2.340 | 2.773 | 3.396 | 3.913 | 1.924 | 2.328 | 2.756 | 3.372 | 3.883 |
| 16 | 1.899 | 2.288 | 2.698 | 3.283 | 3.764 | 1.891 | 2.276 | 2.681 | 3.259 | 3.734 |
| 17 | 1.870 | 2.243 | 2.633 | 3.186 | 3.637 | 1.862 | 2.230 | 2.616 | 3.162 | 3.607 |
| 18 | 1.845 | 2.203 | 2.576 | 3.101 | 3.527 | 1.837 | 2.191 | 2.559 | 3.077 | 3.498 |
| 19 | 1.822 | 2.168 | 2.526 | 3.027 | 3.432 | 1.814 | 2.155 | 2.509 | 3.003 | 3.402 |
| 20 | 1.802 | 2.137 | 2.482 | 2.962 | 3.347 | 1.794 | 2.124 | 2.464 | 2.938 | 3.318 |
| 21 | 1.784 | 2.109 | 2.442 | 2.904 | 3.273 | 1.776 | 2.096 | 2.425 | 2.880 | 3.243 |
| 22 | 1.768 | 2.084 | 2.407 | 2.852 | 3.206 | 1.759 | 2.071 | 2.389 | 2.827 | 3.176 |
| 23 | 1.753 | 2.061 | 2.374 | 2.805 | 3.146 | 1.744 | 2.048 | 2.357 | 2.781 | 3.116 |
| 24 | 1.739 | 2.040 | 2.345 | 2.762 | 3.092 | 1.730 | 2.027 | 2.327 | 2.738 | 3.062 |
| 25 | 1.726 | 2.021 | 2.318 | 2.724 | 3.043 | 1.718 | 2.007 | 2.300 | 2.699 | 3.013 |
| 26 | 1.715 | 2.003 | 2.294 | 2.688 | 2.998 | 1.706 | 1.990 | 2.276 | 2.664 | 2.968 |
| 27 | 1.704 | 1.987 | 2.271 | 2.656 | 2.957 | 1.695 | 1.974 | 2.253 | 2.632 | 2.928 |
| 28 | 1.694 | 1.972 | 2.251 | 2.626 | 2.919 | 1.685 | 1.959 | 2.232 | 2.602 | 2.890 |
| 29 | 1.685 | 1.958 | 2.231 | 2.599 | 2.885 | 1.676 | 1.945 | 2.213 | 2.574 | 2.855 |
| 30 | 1.676 | 1.945 | 2.213 | 2.573 | 2.853 | 1.667 | 1.932 | 2.195 | 2.549 | 2.823 |
| 40 | 1.615 | 1.853 | 2.086 | 2.394 | 2.628 | 1.605 | 1.839 | 2.068 | 2.369 | 2.598 |
| 50 | 1.578 | 1.798 | 2.012 | 2.290 | 2.500 | 1.568 | 1.784 | 1.993 | 2.265 | 2.470 |
| 60 | 1.553 | 1.763 | 1.964 | 2.223 | 2.417 | 1.543 | 1.748 | 1.944 | 2.198 | 2.387 |
| 80 | 1.523 | 1.718 | 1.904 | 2.141 | 2.316 | 1.513 | 1.703 | 1.884 | 2.115 | 2.286 |
| 100 | 1.505 | 1.691 | 1.868 | 2.092 | 2.257 | 1.494 | 1.676 | 1.849 | 2.067 | 2.227 |
| 200 | 1.468 | 1.639 | 1.798 | 1.997 | 2.142 | 1.458 | 1.623 | 1.778 | 1.971 | 2.112 |
| 500 | 1.446 | 1.607 | 1.757 | 1.942 | 2.075 | 1.435 | 1.592 | 1.736 | 1.915 | 2.044 |
| 1000 | 1.439 | 1.597 | 1.743 | 1.923 | 2.053 | 1.428 | 1.581 | 1.722 | 1.897 | 2.022 |

# 부록-2

## Excel을 사용한 확률계산

Excel을 사용하면 정규분포, t-분포, 카이제곱분포, F-분포에서의 확률을 손쉽게 구할 수 있다. 확률분포에 따라 제공하는 정보의 형태가 조금씩 다르므로 주의할 필요가 있다. 다음은 Excel에서 제공하는 통계함수의 일부를 정리한 것이다. 보다 상세한 내용은 Excel의 도움말을 참고하면 된다.

| 확률분포 | 계산 | Excel 함수 |
|---|---|---|
| $X \sim N(0,1)$ | $P(X < x)$ | =NORMSDIST( $x$ ) |
| | $P(X < x) = p$ 되는 $x$ | =NORMSINV( $p$ ) |
| $X \sim N(\mu, \sigma^2)$ | $P(X < x)$ | =NORMDIST( $x, \mu, \sigma, TRUE$ ) |
| | $f(x)$ | =NORMDIST( $x, \mu, \sigma, FALSE$ ) |
| | $P(X < x) = p$ 되는 $x$ | =NORMINV( $p, \mu, \sigma$ ) |
| $X \sim t_{(df)}$ | $P(X > x)$ | =TDIST( $x, df, 1$ ) $df \geq 0$ 정수 |
| | $P(\lvert X \rvert > x)$ | =TDIST( $x, df, 2$ ) |
| | $P(\lvert X \rvert > x) = p$ 되는 $x$ | =TINV( $p, df$ ) |
| | $P(X > y) = p$ 되는 $y$ | =TINV( $2 * p, df$ ) |
| $X \sim \chi^2_{(df)}$ | $P(X > x)$ | =CHIDIST( $x, df$ ) |
| | $P(X > x) = p$ 되는 $x$ | =CHIINV( $p, df$ ) |
| $X \sim F_{(df1, df2)}$ | $P(X > x)$ | =FDIST( $x, df1, df2$ ) |
| | $P(X > x) = p$ 되는 $x$ | =FINV( $p, df1, df2$ ) |

**예제.** 다음의 값을 엑셀로 구해보자.

(a) $X \sim N(0,1)$ 인 경우 $P(X < 1.23)$ 을 구하기 위해서는 다음과 같이 Excel을 실행한다.

표준정규분포에서 $P(X \leq 1.23)$ 를 계산하기 위해서는 먼저
=NORMSDIST(1.23) 을 입력하고 엔터 키를 누른다.

Excel에서 $P(X \leq 1.23)$ 를 계산한 결과가 나타난다.

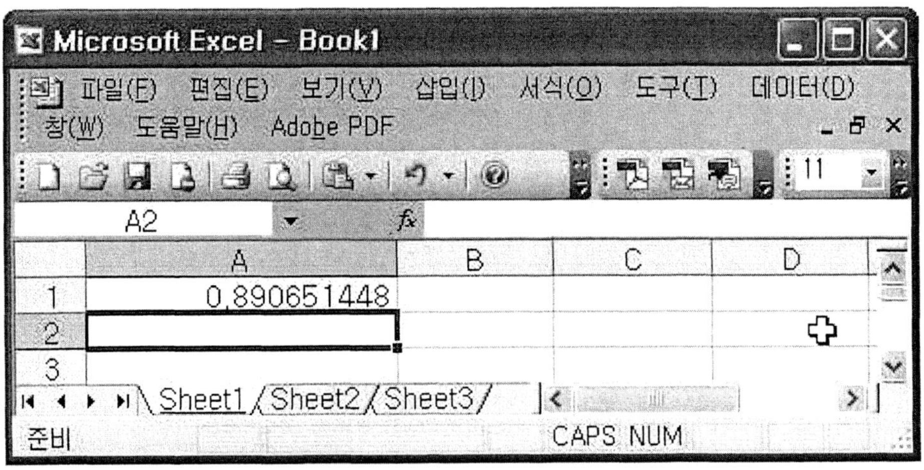


**계산 결과 :** $P(X \leq 1.23)$ =**0.8907**

(b) $X \sim N(0,1)$ 인 경우 $P(X < x) = 0.95$ 를 만족하는 $x$ 을 구하기 위해서는 다음과 같이 Excel을 실행한다.

표준정규분포에서 $P(X < x) = 0.95$ 를 만족하는 $x$ 을 구하기 위해서는 먼저
=NORMSINV(0.95) 을 입력하고 엔터 키를 누른다.

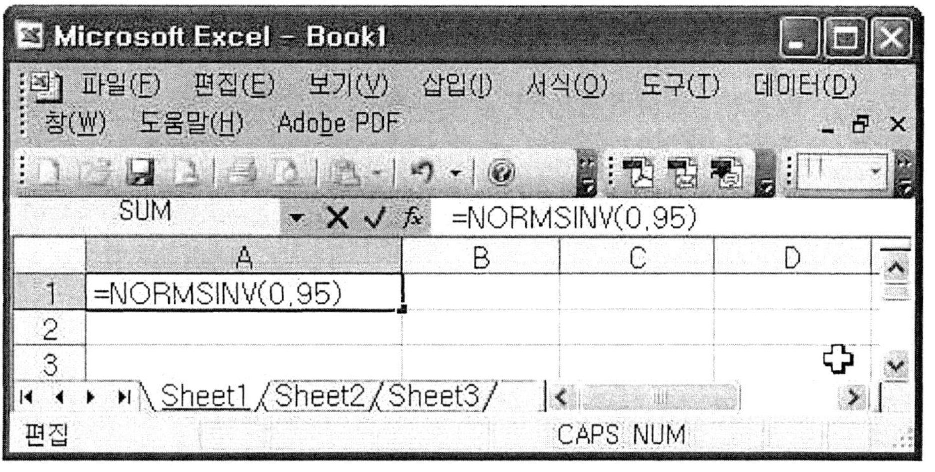


Excel에서 $P(X < x) = 0.95$ 를 만족하는 $x$ 을 계산한 결과가 나타난다.

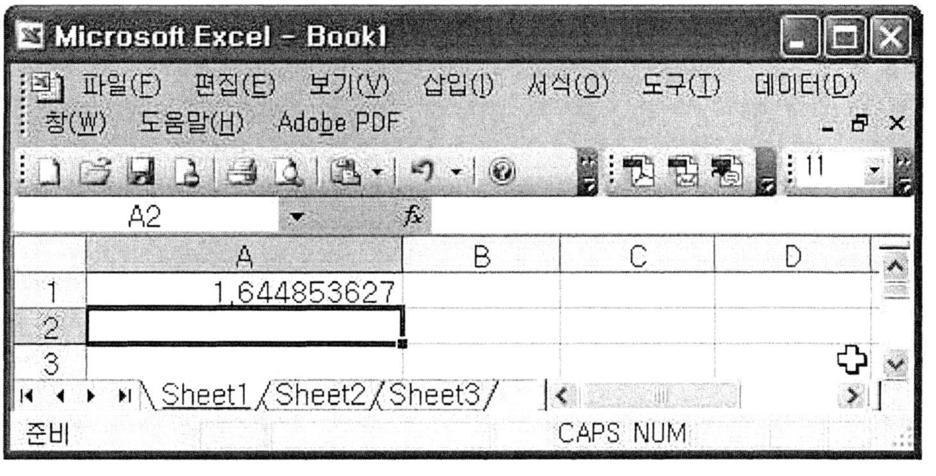


**계산 결과 : $x$ =1.6449**

(c) $X \sim t_{(9)}$ 인 경우 $P(X > 1.1)$ 을 구하기 위해서는 다음과 같이 Excel을 실행한다.

자유도가 9인 $t-$분포에서 $P(X > 1.1)$ 를 구하기 위해서는 먼저 =TDIST(1,1 9, 1) 을 입력하고 엔터 키를 누른다.

그러면 Excel에서 $P(X > 1.1)$ 를 계산한 결과가 나타난다.
**계산 결과 :** $P(X > 1.1)$ **=0.1499**

(d) $X \sim t_{(9)}$ 인 경우 $P(|X| > 1.1)$ 을 구하기 위해서는 다음과 같이 Excel을 실행한다.

자유도가 9인 $t-$분포에서 $P(|X| > 1.1)$ 를 구하기 위해서는 먼저 =TDIST(1,1 9, 2) 을 입력하고 엔터 키를 누른다.

그러면 Excel에서 $P(|X| > 1.1)$ 를 계산한 결과가 나타난다.
**계산 결과 :** $P(|X| > 1.1)$ **=0.2999**

이 값은 =TDIST(1.1, 9, 1)*2 로 계산할 수도 있다.

(e) $X \sim t_{(7)}$ 하에서 $x < 0$ 인 경우 확률계산은 아래 식을 참고하면 된다.

$$P(X > -3.1) = P(X < 3.1) = 1 - P(X > 3.1)$$

(f) $X \sim t_{(7)}$ 인 경우 $P(|X| > x) = 0.10$ 를 만족하는 $x$ 을 구하기 위해서는 다음과 같이 Excel을 실행한다.

자유도가 7인 $t-$분포에서 $P(|X| > x) = 0.10$ 를 만족하는 $x$ 을 구하기 위해서는 먼저 =TINV(0.10, 7) 을 입력하고 엔터 키를 누른다.

Excel에서 $P(|X|>x)=0.10$ 를 만족하는 $x$ 을 계산한 결과가 나타난다.
**계산 결과 : $x$ =1.8946**

(g) $X \sim t_{(7)}$ 인 경우 $P(X>x)=0.025$ 를 만족하는 $x$ 을 구하기 위해서는 다음과 같이 Excel을 실행한다.

자유도가 7인 $t-$ 분포에서 $P(X>x)=0.025$ 를 만족하는 $x$ 을 구하기 위해서는 먼저 =TINV(2*0.025, 7) 을 입력하고 엔터 키를 누른다.

Excel에서 $P(X>x)=0.025$ 를 만족하는 $x$ 을 계산한 결과가 나타난다.
**계산 결과 : $x$ =2.3646**

(h) $X \sim \chi^2_{(9)}$ 인 경우 $P(X>16.919)$ 을 구하기 위해서는 다음과 같이 Excel을 실행한다.

자유도가 9인 카이제곱분포에서 $P(X>16.919)$ 를 구하기 위해서는 먼저 =CHIDIST(16.919, 9) 을 입력하고 엔터 키를 누른다.

그러면 Excel에서 $P(X>16.919)$ 를 계산한 결과가 나타난다.
**계산 결과 : $P(X>16.919)$ =0.05000**

(i) $X \sim \chi^2_{(9)}$ 인 경우 $P(X>x)=0.05$ 를 만족하는 $x$ 을 구하기 위해서는 다음과 같이 Excel을 실행한다.

자유도가 9인 카이제곱분포에서 $P(X>x)=0.05$ 를 만족하는 $x$ 을 구하기 위해서는 먼저 =CHIINV(0.05, 9) 을 입력하고 엔터 키를 누른다.

Excel에서 $P(X>x)=0.05$ 를 만족하는 $x$ 을 계산한 결과가 나타난다.
**계산 결과 : $x$ =16.9190**

(j) $X \sim F_{(2,3)}$ 인 경우 $P(X > 16.04)$ 을 구하기 위해서는 다음과 같이 Excel을 실행한다.

자유도가 (2,3)인 $F-$분포에서 $P(X > 16.04)$ 를 구하기 위해서는 먼저 =FDIST(16.04, 2, 3) 을 입력하고 엔터 키를 누른다.

그러면 Excel에서 $P(X > 16.04)$ 를 계산한 결과가 나타난다.
**계산 결과 :** $P(X > 16.04)$ **=0.02501**

(k) $X \sim F_{(3,5)}$ 인 경우 $P(X > x) = 0.05$ 를 만족하는 $x$ 을 구하기 위해서는 다음과 같이 Excel을 실행한다.

자유도가 (3,5)인 $F-$분포에서 $P(X > x) = 0.05$ 를 만족하는 $x$ 을 구하기 위해서는 먼저 =FINV(0.05, 3, 5) 을 입력하고 엔터 키를 누른다.

Excel에서 $P(X > x) = 0.05$ 를 만족하는 $x$ 을 계산한 결과가 나타난다.
**계산 결과 :** $x$ **=5.40945**

(l) $X \sim N(2,3^2)$ 인 경우 $P(X < 5.1)$ 을 구하기 위해서는 다음과 같이 Excel을 실행한다.

평균이 2, 표준편차가 3인 정규분포에서 $P(X < 5.1)$ 를 구하기 위해서는 먼저 =NORMDIST(5.1, 2, 3, true) 을 입력하고 엔터 키를 누른다.

그러면 Excel에서 $P(X < 5.1)$ 를 계산한 결과가 나타난다.
**계산 결과 :** $P(X \leq 5.1)$ **=0.8493**

(m) $X \sim N(2,3^2)$ 인 경우 $f(5.5)$ 을 구하기 위해서는 다음과 같이 Excel을 실행한다.

평균이 2, 표준편차가 3인 정규분포에서 $f(5.5)$ 를 구하기 위해서는 먼저 =NORMDIST(5.5, 2, 3, false) 을 입력하고 엔터 키를 누른다.

그러면 Excel에서 $f(5.5)$ 를 계산한 결과가 나타난다.

**계산 결과 :** $f(5.5)$ **=0.06733**

(n) $X \sim N(2,3^2)$ 인 경우 경우 $P(X < x) = 0.95$ 를 만족하는 $x$ 을 구하기 위해서는 다음과 같이 Excel을 실행한다.

평균이 2, 표준편차가 3인 정규분포에서 $P(X < x) = 0.95$ 를 만족하는 $x$ 을 구하기 위해서는 먼저 =NORMSINV(0.95, 2, 3) 을 입력하고 엔터 키를 누른다.

Excel에서 $P(X < x) = 0.95$ 를 만족하는 $x$ 을 계산한 결과가 나타난다.

**계산 결과 :** $x$ **=6.9346**

# 찾 아 보 기


[ㄱ]
가우스 분포 65
가중값 24
가중평균 23
거리 32
검정통계량 88
결과 59
결정계수 195
결측치 153
계급 3
계급마크 12
계급중앙점 12
계급폭 8
고유편의 3
관측값 1
관측도수 177
교사건 50
교호작용효과 141
구간추정 85
귀무가설 86
그룹자료 22
극단값 22
극단 이상값 40
급간변동 144
급내변동 144
기각 87
기각역 88
기대도수 177
기술통계학 1

[ㄴ]
누적도수 7
누적상대도수 7
누적확률분포함수 56

[ㄷ]
다섯숫자요약 41
다중비교 151
단봉 26
단순회귀분석 190
대립가설 86
대응비교 128
데이터세트 21
도수 4
도수다각형 12
도수분포 3
독립 53, 110
독립변수 185

독립성 검정 180
독립표본 T-검정 110

[ㅁ]
막대그래프 10
모분산 57
모비율 165
모비율에 대한 가설검정 168
모비율에 대한 신뢰구간 167
모비율차에 대한 가설검정 172
모비율차에 대한 신뢰구간 171
모상관계수 186
모수 3
모수모형 142
모수인자 141
모집단 2
모평균 57
모평균에 대한 가설검정 95,99,102
모평균에 대한 신뢰구간 93, 97
모평균차에 대한 가설검정 114, 116, 119, 132
모평균차에 대한 신뢰구간 111, 117, 129
모표준편차 57
미수정제곱합 33

[ㅂ]
반복측정자료 128
반응값 141
버림함수 29
범위 31
베르누이 59
변동계수 35
변량모형 142
변량인자 141
변수 1
보간법 113
분산 33
분산분석표 145
분포의 좌우대칭 36
분포함수 56
분할표 180
불편추정량 85
뾰족한 분포 38
뾰족함의 정도 36

[ㅅ]
사건 49
사분위범위 34
사분위수 27
사전-사후 연구 128
산술평균 22
산점도 185
산포의 측도 31
상대도수 6
상위 $\alpha$ 지점 70

상자그림 42
상자수염그림도 42
상호작용효과 141
서로 배반 50
선형보간법 28
성공 59
수정제곱합 33
수정항 33, 145
수준 141
순서통계량 26
순한 이상값 40
승법정리 52
시계열그래프 15
시행 49
신뢰계수 86
실패 59
쌍 128
쌍체 T-검정 129
쌍체비교 128

[ㅇ]
양적변수 2
양쪽검정 86
여사건 50
연속변수 2
연속확률변수 54
오른쪽으로 기운 분포 37
오차변동 144
완전임의배열법 142
왜도 37
왼쪽으로 기운 분포 37
요인 141
원자료 3
유의수준 87
이봉 27
이산변수 2
이산확률변수 54
이상값 22, 39
이표본 T-검정 110
이항분포 61
이항분포의 정규근사 166, 170
이항실험 60
이항확률변수 60
인자 141
일원배치법 139
일표본 T-검정 92, 100, 129
일표본 Z-검정 92, 95, 129
임계값 88

[ㅈ]
자료 1
자료값 2
자료집합 2
자유도 73, 145
잔차변동 144
잔차제곱합 191, 194

적합도 검정 177
전수조사 2
절대편차 32
절단평균 31
절사평균 29
점도표 9
점추정 85
정규분포 65
제1사분위수 27
제1종 오류 85
제2사분위수 27
제2종 오류 85
제3사분위수 27
제곱합 33
조건부확률 52
종속변수 141, 185
주효과 141
줄기-잎 그림 13
중심경향의 측도 21
중앙값 24
질적변수 2

[ㅊ]
채택 87
처리 141
첨도 37
총변동 144
총제곱합 144, 194
최빈값 26
최소제곱법 190
최소제곱추정량 191
추론통계학 1
추정회귀직선 191
측정값 1

[ㅋ]
카이제곱 검정 177
카이제곱분포 73
코드화 2

[ㅌ]
탐색적 자료분석 39
통계량 3
통계적 가설 86
통계적 추론 85
통계적으로 유의하다 87
통계학 1
특성값 141

[ㅍ]
파이그래프 14
편차 32
평균 22
평균제곱 145
평균편차 32
평편한 분포 38

표본 2
표본공간 49
표본분산 33
표본비율 165
표본상관계수 186
표본평균 22
표준정규분포 67
표준편차 34
표준화 68

[ㅎ]
한쪽검정 86
합동표본비율 173
합사건 50
혼합모형 142
확률 51
확률밀도함수 54
확률변수 2, 54
확률분포 55
확률표본 3
회귀제곱합 194
효과 141
히스토그램 11

[기타]
F-분포 78
$p$-값 접근방법 88
$p$-값 88
r×c 분할표 180
Satterthwaite 자유도 77, 112
t-분포 75
z-값 40, 68
z-점수 68
1-α 분위수 70
$\alpha$-접근방법 87

• 저자소개 •

**김 영 훈** 현재 국립안동대학교 교수
**신 재 경** 현재 국립창원대학교 교수
**고 정 환** 현재 국립안동대학교 교수

## 기초통계학

2011년 2월 25일 초 판 인쇄
2011년 3월 3일 초 판 발행

저 자 / 김영훈 · 신재경 · 고정환
발행자 / 오판근
발행처 / 교우사

주 소 / 서울 동대문구 제기2동 148-19
전 화 / 925-2861~2, 편집부 / 925-2825
팩 스 / 925-2860

E-mail / kyowoo@kyowoo.co.kr
http://www.kyowoo.co.kr

등록 / 1994. 3. 24 제6-0256호

ISBN 978-89-8172-880-9 (93310)

값 13,000 원